農村政策の変貌

その軌跡と新たな構想

小田切徳美——著

農文協

はしがき

　本書は、日本の農村政策にかかわる拙稿を拾遺し、一冊の本にするために必要な修正を施し、成り立っている。その初出時期は古いもので 2000 年、最新のものでは 2020 年までの幅がある。それらをまとめて、あえて上梓するからには、その理由にかかわる説明が必要であろう。

※

　第 1 に、なぜ「農村」を語るのか。これは、筆者の研究テーマにもかかわる論点である。

　農村研究は、農業経済学・農政学の中では、少なくとも主流ではない。「食料・農業・農村」に「法」を付けたいわゆる「新基本法」の文脈でも、農村は最後に配置されている。しかし、それは重要度が低いという意味ではない。食料—農業の間には、加工・流通過程があり、両者は等価で結ばれる。それに対して、農業—農村の関係は異なる。当然のことながら、農村には農業以外の産業もあり、また産業的な要素だけではなく、生活、景観を含む環境、文化、福祉などの側面も持つ。つまり、農村にはそこに暮らす人びとの多様な暮らしと息づかいがあり、そのすべてが農村である。したがって、農村は最後ではなく、基盤にある。

　だからこそ、「農村」は一筋縄ではいかず、常にそれを構成する要素の多面性を認識し、現実の姿の多様性の中に本質を見なくてはならない。分析（研究）も政策も少なくない困難が伴っており、農村研究や農村政策は、それぞれの中で敬遠されがちである。行政のみでなく、研究もまた「縦割り」であるからだろう。

　ところが、行政には変化が見られる。「新基本法」で 5 年ごとに作成が義務づけられている 2020 年の「食料・農業・農村基本計画」は、農村政策をめぐって、「地域政策の総合化」を打ち出した。「計画」の中にはこの言葉が多用され、しかも括弧付きで書き込まれている。これは、農政当局が、取り扱いが難しい農村政策への対応に逡巡しているうちに、本書で縷々述べるように複数の他省庁において、実質的な「農村政策」が実施されていることを背景としている。それを、他省庁とともに、農林水産省が中心となり体系的

に実施する必要を、わざわざ括弧付きの「総合化」として表現しているものと認識し、歓迎したい。しかし、その場合、「総合化」とは、単にいろいろな要素を寄せ集めればよいというものではない。そこには、集める「筋」が必要であり、農村政策にも農村研究にもそれが欠かせない。あえて、古い論考も集めて、その「筋」を考えようとしたのが、本書である。

　第2に、なぜ「農村政策」を取り上げるのか。

　一般的に農業経済学において、「農政」とした場合、国や地方自治体の政策（公共政策）のみでなく、それは現場（農業者、集落、組織等）レベルでの問題解決への発想、手段、プロセスを含め、「どのように問題に対応し、解決するのか」という方向性を意味している。つまり、そこでは"広義"の「政策」が意識されている。しかし、本書における「政策」はむしろ、"狭い"意味で使い、例えば「地域おこし協力隊」などのような国や地方自治体における具体的な施策や制度を対象としている。

　これは、広義の政策の重要性を認識しつつも、この動きを支えるためには、個々の政策が重要であると意識しているためである。そのために、通常の政策研究よりもより具体的な個々の政策を対象とする論考も意識的に集めている。

　そして、同じ視点から、筆者は研究対象としてのみでなく、本書に登場する諸政策の形成や運用に、様々な府省庁レベルの委員会や意見交換会を通じて、直接に関与した。その最初の機会は、1999年の「新基本法」の制定を受けて制度設計が行われた中山間地域等直接支払制度（2000年度開始）であった。そのため、本書ではこの制度に関する論考を集め、第3部としてまとまった位置づけを与えている。

　なお、広義の「政策」については、新書版という形ではあるが、『農山村は消滅しない』（岩波書店、2014年）でまとめている。体裁や形は、まったく異なるが、"狭義"の「政策」を中心に編集した本書は、それとセットとなるべき姉妹編である。

　そして、第3に、なぜ、「今」なのか。

　先にも触れたように、本論文に収めた拙稿で一番古いものは、2000年に発表したものであり、20年以上が経過している。時間の経過により、もは

や効力のない「古証文」と言われてもおかしくない文章もある。しかし、それを含めて、あえて、現時点でこのように取りまとめたのは、2つの意図がある。

1つは、筆者自身が政策形成に関わったものの中には、その「原点」が曖昧化しているものもある。政策は、状況に応じて、その形を柔軟に変えるべきものであろう。ところが、その変化の中で、いつの間にか目的さえも変質し、混乱をきたすこともある。本書でも取り上げた「ふるさと納税」をめぐる周知の問題はその典型である。そうしたものに対して、政策形成の末席にいたものとして、その時代的状況を記録する必要をしばしば感じることがあった。いささか後ろ向きではあるが、「今」をめぐる1つの意図はここにある。

2つは、先にも触れた、2020年「食料・農業・農村基本計画」による「地域政策の総合化」の提起である。このような農政当局による前向きな提起に対して、それでは研究レベルでも、どのような範囲の政策を、どのように「総合化」するのかをより積極的に論じることが求められている。本書では、全体として、それへの筆者なりの回答を出す場と位置づけている。

その点にかかわるが、第3部から第5部の多くの章の末尾には、コラム欄を付した。これは、筆者が定期的に執筆機会を得ている媒体（「町村週報」、「自治日報」、「日本農業新聞」等）に書いた短文を転載したものである。その日刊や週刊という性格から、時々の政策課題について、比較的幅広く触れたものが多い。当然、そのようなものだけに、政策自体が変わり、文字どおり風化した文書もあるが、農村政策の領域の拡がりや総合性を示すものとして、あえて掲載している。

なお、本書には、「農村」「農山（漁）村」「中山間地域」という類似する用語が登場する。「農村」は非都市地域を意味する広い概念であり、漁村も含んでいる。「農山村」はその中でも条件不利性が高い地域（山村や離島）などであり、多くが「中山間地域」と重なる。一応はこのようなことを意識しているが、現実には、「農村」全体に条件不利性が広がる状況の中で、これらの用語が混在する部分もあることをお断りしておきたい。

※

このような多角的な意図から、「農村」の「政策」にかかわる拙稿を「今」あえてまとめたのが、本書である。過去を主な対象とした本書ではあるが、未来の農村政策の可能性や展望、そして最終的には農村の再生に関する議論と実践に少しでも資することができれば、筆者にとって望外の幸せである。

　なお、初出一覧は巻末にまとめた。本書の性格上、複数の出版社から再録の快諾をいただいた。記して感謝申し上げたい。

　　2021 年 1 月

小田切　徳美

目　次

第1部 農村問題の理論と政策
―その枠組みと再生への展望

1　農村問題の視点—課題の設定

（1）　農村問題の原点—課題地域問題

　農村をめぐる地域問題の原点は、都市と農村の「地域格差問題」であった。

　日本では、経済成長が始まった頃には、格差は政治的な問題となっていた。それをいち早く問題視して、政策課題化したのは、他ならぬ農政であった。政府の農林漁業基本問題調査会は、当時の農工間所得格差を「農業の基本問題」と把握し、「民主主義的思潮と相容れ難い社会的政治的問題」と認識した。そのため、「農業の向うべき新たなみちを明らかにし、農業に関する政策の目標を示すため」に制定された「農業基本法」（1961年）は「他産業従事者と農業従事者の所得・生活水準格差」と「他産業と農業の生産性格差」という2つの格差の是正を目的としていた。

　この農工間格差を地理的平面に置き換えたのが、基本法の翌年（1962年）に閣議決定された全国総合開発計画（全総）であった。そこでは、「既成大工業地帯以外の地域は、相対的に生産性の低い産業部門をうけもつ結果となり、高生産性地域の経済活動が活発になればなるほど低生産性地域との間の生産性の開きが大きくなり、いわゆる地域格差の主因を作り出した」という実態認識から、「地域間の均衡ある発展」を目標とした。この「相対的に生産性の低い産業部門」の典型が農林漁業であった。

　これ以降、「全総」を名乗る4次にわたる国土計画は、比重を変えながらもこの「国土の均衡ある発展」を追求した。「拠点開発」（一全総）から「交流ネットワーク」（4全総）まで、開発方式は異なるが、基本的に公共投資による地域格差是正が目指されていた。

　つまり、農村をはじめとする地方は、経済成長の過程における、「相対的に生産性の低い産業部門をうけもつ地域」として位置づけられ、「課題（がある）地域としての農村問題」と認識されていたのである。そこでは都市的生活様式へのキャッチアップが目標となり、その改善が目指され（農村の都

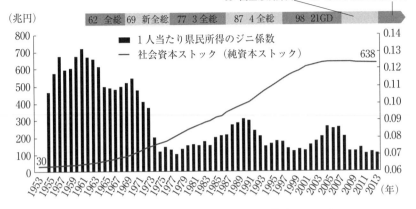

図1-1 国土における地域間格差と社会資本ストック

注1) 資料：国土交通省『国土交通白書』（2018年度）より引用（一部改変）。
 2) 各指標の出所は次の通り。
 　社会資本ストック：内閣府「日本の社会資本2017」より国土交通省作成。
 　1人当たり県民所得のジニ係数：内閣府「県民経済計算」、総務省「国勢調査
 報告」、「人口推計年報」および「日本の長期統計系列」より国土交通省作成。
 3) 純資本ストックとは、供用年数の経過に応じた減価（物理的減耗、陳腐化等に
 よる価値の減少）を控除した値（2011年暦年価格基準の実質値）を示す。
 4) 図上部の略称は次の各計画を示している。
 　62 全総：全国総合開発計画（1962年）
 　69 新全総：新全国総合開発計画（1969年）
 　77 3全総：第3次全国総合開発計画（1977年）
 　87 4全総：第4次全国総合開発計画（1987年）
 　98 21GD：21世紀の国土のグランドデザイン（1998年）
 　08 国土形成計画：国土形成計画（2008年）
 　15 第2次国土形成計画：第2次国土形成計画（2015年）

市化）、その対策は必然的に「財政（投資）による格差是正」となる。

　そのことを意識した最近の『国土交通白書』（2018年度）は、図1-1を掲
げ、「戦後、我が国は社会資本整備を急速に進めることにより、国土のすが
たを変化させてきた。1953年度時点で約30兆円であった社会資本ストック
（純資本ストック）は、近年、横ばい傾向にあるものの、2014年度時点で約
638兆円と大きく増加している。さらに、このように社会資本ストックが増
加していく過程において、1人当たり県民所得の格差は総じて縮小してい
る」と、全総やそれに基づく社会資本投資による格差是正を誇っている（図

1-1 中には、全総や国土形成計画の閣議決定時期があえて記されている）。

確かに、図中の1人当たり県民所得のジニ係数が示しているように、高度成長期の大きな地域格差は、1973年の石油危機を契機とする低成長への基調変化後、急速に縮小している。また、それ以降は、景気変動に応じて格差が開くことはあっても、高度成長期の状態にまで戻ることはない。それは、「農村の都市化」の成果と言えるであろう。

（2） 新しい農村問題―価値地域問題

このように問題がある程度緩和するにともない、新しいアプローチが生まれた。それは、「課題地域としての農村問題」に対して、「価値地域としての農村問題」と言える。それまでとは異なり、農村空間が持つ多様な個性に価値を認め、その維持や発展を目標とし、その価値の低下や衰退を問題とする認識である。

その「価値」にかかわる議論の代表例として、欧州農政に早くから取り入れられている農業・農村の多面的機能論がある。日本の農政においてもその淵源は古く、『農業白書』では1971年度まで遡ることが可能である[1]。その後、1999年に制定された食料・農業・農村基本法の理念の1つとしても位置づけられている。

このように国民的な価値意識の変化は既に70年代、特に石油危機以来始まっていたことは予想される。しかし、政府が地域問題として、積極的にそれを位置づけたのはだいぶ後のこととなり、「5全総」[2]に相当する「21世紀の国土のグランドデザイン」（1998年）の「多自然居住地域」論や2000年の過疎地域自立促進特別措置法（2000年過疎法）だろう。

前者は、計画本文において、「中小都市と中山間地域等を含む農山漁村等の豊かな自然環境に恵まれた地域を、21世紀の新たな生活様式を可能とする国土のフロンティアとして位置付けるとともに、地域内外の連携を進め、都市的なサービスとゆとりある居住環境、豊かな自然を併せて享受できる誇りの持てる自立的な圏域として、『多自然居住地域』を創造する」とし、農山村を「国土のフロンティア」とする、地域の新しい可能性を論じている。ところが、この頃から顕在化した全総それ自体の影響力の低下もあり、明確

な新しい政策に収斂することなく終わった。

　他方で、後者の2000年過疎法は政策に直結した。この過疎法では、第1条の目的が、「この法律は、人口の著しい減少に伴って地域社会における活力が低下し、生産機能及び生活環境の整備等が他の地域に比較して低位にある地域について、総合的かつ計画的な対策を実施するために必要な特別措置を講ずることにより、これらの地域の自立促進を図り、もって住民福祉の向上、雇用の増大、地域格差の是正及び美しく風格ある国土の形成に寄与することを目的とする」と規定されており、このなかで「美しく風格ある国土の形成」という文言が旧法（過疎地域活性化特別措置法、1990〜1999年度）の目的規定に付加されている。それにともない、第3条の「対策の目標」に、「起業の促進」（第1項）、「情報化を図り」（第2項）、「地域間交流を促進すること」（同）、「美しい景観の整備、地域文化の振興等を図ることにより、個性豊かな地域社会を形成すること」（第4項）が新たに書き込まれている。

　議員立法である同法の提案議員はこの部分については、「…これからの過疎地域は、豊かな自然環境や広い空間を活用した新たな生活様式を実現する場として整備されるとともに、美しい景観や地域文化に恵まれた個性豊かな地域として都市地域と相互に補完し合いながら、懐深い風格ある国土を形成する地域となっていくことが求められております」[3]と論じており、従来とは異なる、積極的な過疎地域の役割の期待が表明されている。こうしたことを、学界サイドから早くから主張し、この2000年過疎法の議論にかかわった宮口侗廸氏（地理学）は、「従来の過疎法に比べて現行の過疎法は、よりオリジナルに地域をつくっていくことを支えるものになっていることがわかる」[4]と指摘している。

　過疎地域と農村は完全に重なるものではないが、「価値地域としての農村問題」の典型的な問題認識をここに見ることができる。先の「課題地域としての農村問題」への対応が「農村の都市化」であるとすれば、これは「農村の個性的農村化（または地域化）」と言えよう。

(3) グローバリゼーション下の農村問題—今日の課題

これまで見たように、戦後日本における農村問題は、「課題地域問題」と「価値地域問題」という2つの問題領域が存在して、経済成長の進展や公共投資の累積によるある程度の地域格差の縮小により、前者から後者への移行が進んでいる。

この点は、先に「21世紀の国土のグランドデザイン」を後者の考えを代表する文書として位置づけたように、国土計画の流れにも強く反映している。

表1-1は7回の国土計画（全総、国土形成計画）について、2つの農村問題を象徴する言葉の登場頻度をまとめたものである。それぞれの文書のボリュームが異なる点に注意が必要であるが、3全総までは「格差」「均衡」という「課題地域」にかかわる用語が多出するが、「21世紀の国土のグランドデザイン」以降になるとその頻度が低下し、「個性」「自立」という「価値地域問題」を象徴する言葉の比重が増える。特に、第2次国土形成計画では「個性」が91回も登場するのに対して、「格差」はわずかに5回という状況であり、2つの問題の位置の転換を象徴する。

しかし、この表は別の変化も示唆している。「グランドデザイン」以降、「競争」という言葉の頻度が増え、国土形成計画では最頻出用語の1つとなっている点である。言うまでもなく、90年代以降本格化するグローバリ

表1-1　各「国土計画」におけるキーワードの登場頻度

用語	全国総合開発計画					国土形成計画	
	第1次	第2次	第3次	第4次	GD	第1次	第2次
	1962年	1969年	1977年	1987年	1998年	2008年	2015年
格　差	**12**	**12**	13	8	10	15	5
均　衡	**20**	7	**43**	**22**	8	3	3
個　性	0	2	10	**40**	**61**	25	**91**
自　立	1	3	1	8	**58**	**46**	39
競　争	0	1	1	11	40	**73**	**80**

資料：1）各計画書より作成。
　　　2）「GD」は「21世紀の国土のグランドデザイン」。
　　　3）用語頻度には各計画書の「目次」を含む。
　　　4）太字は各計画書で1位、2位の用語を示す。

ゼーションを反映した変化であろう。

　グローバル規模の大競争下では、格差の拡大や貧困の増大がしばしば指摘されている。ところが、地域格差については、冒頭の図1-1の1人当たり県民所得ジニ係数の変化を見れば、先にも指摘したように、低成長期以降は景気変動を反映しながらも、低位の水準を維持しており、少なくも高度成長期のような状況に戻ってはいない。この点については、橋本健二氏（社会学）は「すでに産業化と都市化が全国のすみずみまで進行し、産業構造の均質化が進んでいるから、多少の格差拡大は生じるとしても、極端に高い水準にまで拡大することはない」[5] としている。また、同氏は、同時に1992年から2012年の都道府県内格差の拡大を指摘しており、地域をめぐる格差は都道府県間というよりも同一県内で発生しているのであろう。

　そして、興味深いことに、このような地域格差について、グローバリゼーションをめぐり立場が異なる論者が、実は認識を共有しているのである。1人は、冨山和彦氏（元産業再生機構COO、経営コンサルタント）である。氏はグローバリゼーションの当事者でもあり、2014年にスタートした地方創生の議論にも深く関わっている。冨山氏は、現在の国内経済をローカル経済とグローバル経済に別け、「この時代［かつて加工貿易立国だった時代—引用者］、ローカル企業の多くがこうした下請けメーカーだった。このようにグローバル経済圏とローカル経済圏が直結している時代であれば、トリクルダウンは起こる」が、現在では両者が分離しており、「グローバル経済圏が好調でも、そう簡単にローカル経済圏が潤わない」[6] とする。これは、むしろ安倍政権の「アベノミクス」が強調したトリクルダウンの否定である。

　他方で、グローバリゼーションの諸問題を批判する田代洋一氏は、それを地理的に表現して、「…日本の国土は〈首都圏—太平洋ベルト地帯—その他地域〉に三層化した。このような構造ができあがってしまった下では、経済成長はものづくり的なものであれ（太平洋ベルト地帯）、カネころがし的なものであれ（首都圏）、〈首都圏—太平洋ベルト地帯〉の外には出ない」[7] として、同様にグローバリゼーション下での地域間のトリクルダウンを否定している。

　このような共通する認識は、国内の地方、特に農村地域がグローバリゼーションの影響から遮断、隔絶されていることを意味しており、新たな地域問題の発生を示唆している。いわば、「（グローバリゼーションによる）隔絶地域としての農村問題」と言えよう。

　つまり、今日の農村地域には、①課題地域としての農村問題、②価値地域としての農村問題、③隔絶地域としての農村問題の3者が存在していると理解できる。本稿では、こうした新旧3つの地域問題を意識して、グローバリゼーション時代の農村の動態とそれに対する対抗軸づくり、そしてその政策のあり方を論じたい。対象とする期間は、グローバル資本主義が本格化する1990年前後から現在までであり、これは「平成」の時代とほぼ重なる。その点で本稿は、「平成期」の農村問題と農村政策の総括をも意識している。なお、ここにおける農村や農山村（農村の中の過疎地域等の条件不利地域）には、漁村を含んでいる。

2　農村地域の実態―経済とコミュニティの危機

(1)　経済とコミュニティの危機

　筆者は、農村の動態として、以前より「3つの空洞化」を論じていた。それは条件不利な農山村で典型的にみられ、「人の空洞化」（人口減少）、「土地（利用）の空洞化」（農林地の荒廃）、「ムラの空洞化」（集落機能の脆弱化）と段階的に起こる空洞化現象を指している（詳しくは第2部1章を参照）。

　この中で「ムラの空洞化」は、「限界集落」という用語を象徴としており、それが、1991年（平成3年）に高知県農山村の実態から、大野晃氏（社会学）により提起されたことはよく知られている。つまり、本稿が対象とする「平成期」はこの「ムラの空洞化」からスタートした。

　しかし、大野氏は、このような集落を例外的なものとすることなく、多くが限界化のプロセスを経て、集落消滅に向けて移動すると考えた。既に各方面で言及されているように、この議論は性急に将来を描きすぎている（この点、後述）。しかし過疎化・高齢化の問題は、ある段階に至ると、農村コ

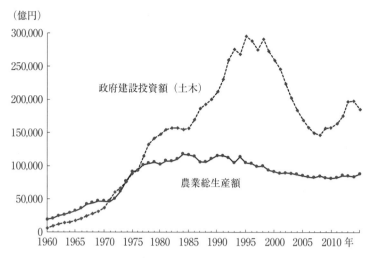

（億円）

図 1-2　農業総生産額と政府建設投資額（土木事業）の推移
　　　　（全国、1960 年〜 2015 年）

資料：農業総生産額は農林水産省「生産所得統計」、政府建設投資額は国土
　　交通省「建設投資見通し」（建設投資額の 2015 年度は「見込み」）より
　　作成。

ミュニティ自体の揺らぎとして現れるという問題提起は正しかった。

　このような過疎化・高齢化に伴う集落問題は、西日本の農山村を起点とし
て「東進」し、東日本にも拡大する。また、過疎化は平地に「里下り」し、
西日本では平地農村でも同様の現象が始まる。このようなプロセスで、問題
は日本列島の多くの農村に広がることとなる。農村における「コミュニティ
の危機」の時代の始まりである。

　しかし、この 90 年代は同時に農村に「経済の危機」が覆い始めていた時
期でもある。図 1-2 は農業総産出額と政府建設投資額（土木）の推移を見た
ものである。農業総産出額は 1980 年代半ばにピークとなり、その後停滞し
1990 年代半ばから本格的に縮小を始める。そして、あたかもそれを補完す
るように土木事業への建設投資が急増する。ところが、それも 90 年代末を
ピークとして、逆に急減が始まる。したがって、90 年代末からは両者がと
もに減少する局面となっている。2010 年代には、「国土強靱化」のかけ声に
より、建設投資額が反転するが、それでもピーク時の 3 分の 2 の水準である。

表 1-2　農家の形態別に見た所得構成およびその変化（全国、1998〜2003 年）

（単位：1,000 円、％）

		農家計		主業農家		準主業農家		副業的農家	
2003 年	農業所得	1,103	14.3	4,744	61.8	852	10.1	332	4.4
	農外所得	4,323	56.1	851	11.1	5,568	65.8	4,773	63.5
	年金等	2,286	29.6	2,061	26.8	2,042	24.1	2,408	32.1
	農家総所得	7,712	100.0	7,676	100.0	8,462	100.0	7,513	100.0
1998 年〜 2003 年の 増減率	農業所得	-11.5		-12.1		-25.9		32.0	
	農外所得	-18.6		-16.2		-10.5		-21.1	
	年金等	7.7		16.9		2.0		6.7	
	農家総所得	-12.1		-6.3		-9.7		-12.2	

資料：農林水産省「農業経営動向調査」（各年版）より作成。

　その影響を、住民レベルで見るために、表 1-2 で、この時期の農家の類型別所得の動向をまとめてみた。各農家類型とも 5 年間で 10％前後の所得減少が見られるが、全体の減少をリードするのが、副業的農家である。しかも、その要因は、20％を超える農外所得の縮小である。表示は略すが、2003 年には、副業農家の農外所得による家計費充足率は 100％を切る状態となる（96.7％）。かつて、梶井功氏は同じ指標を用いて、小規模農家の農外所得が家計費を充足し始めたことから、「土地持ち労働者の形成」[8] を論じたのであるが、その表現を借りれば、農外所得の減少による、「土地持ち労働者の崩壊」が生じている。

　このように 1990 年代以降は、農村では「コミュニティ」と「経済」の 2 つの危機が併進している。日本経済・社会の「失われた 20 年」は農村にとっては、このような問題として現れたことを確認しておきたい。

(2)　集落の実態

　以上のことを集落レベルで考察しよう。条件不利地域市町村（過疎地域指定市町村に加えて、振興山村、離島地域、半島地域、特別豪雪地帯を有する市町村）を対象とするアンケート調査（国土交通省『過疎地域等条件不利地域における集落の現況把握調査報告書（2015 年度)』）で確認したのが表 1-3 である。ここでは、質問票（回答者は市町村担当者）に示された 40 項目の

表1-3 集落で生じている諸問題（過疎地域等条件不利地域）(単位：%)

順位		集落で発生している問題（複数回答）ⓐ	特に深刻な問題（3つまで選択可）ⓑ	ⓑ／ⓐ
1	空き家の増加	82.9	40.1	48.4
2	耕作放棄地の増大	71.6	28.5	39.8
3	働き口の減少	68.6	30.5	44.5
4	商店・スーパー等の閉鎖	64.0	14.3	22.3
5	住宅の荒廃（老朽家屋の増加）	62.3	12.6	20.2
6	獣害・病虫害の発生	61.9	26.9	43.5
7	公共交通の利便性の低下	51.3	12.1	23.6
8	森林の荒廃	45.3	6.7	14.8
9	伝統的祭事の衰退	43.2	2.1	4.9
10	運動会や収穫祭など集落・地区で行ってきた行事の減少	38.8	1.3	3.4
11	小学校等の維持が困難	36.1	8.6	23.8
12	伝統芸能の衰退	35.4	1.1	3.1
13	集会所・公民館等の維持が困難	33.4	2.8	8.4
14	住民による地域づくり活動の停滞・減少	33.3	4.6	13.8
15	地域の伝統的生活文化の衰退	32.8	1.8	5.5
16	集落としての一体感や連帯意識の低下	32.7	5.4	16.5
17	医療提供体制の弱体化	32.1	9.2	28.7
18	不在村者有林の増大	31.5	1.0	3.2
19	道路・農道・橋梁の維持が困難	27.6	5.1	18.5
20	土砂災害の発生	26.6	2.8	10.5
21	ごみの不法投棄の増加	26.1	1.3	5.0
22	棚田や段々畑等の農山村景観の荒廃	23.5	0.4	1.7
23	冠婚葬祭等の日常生活扶助機能の低下	21.3	0.9	4.2

注 1) 資料：国土交通省「過疎地域等条件不利地域における集落の現況把握調査報告書」(2015
　　年) より作成。
　2)「過疎地域等条件不利地域」とは過疎法、山村振興法等の地域振興5法で指定された地域
　　を指し、対象市町村は1,042団体（一部指定を含む）。ⓐ、ⓑは1,042団体に対する割合。
　3)「問題」には40選択肢が示されており、その中でⓐの値が20％を超えるものを表示した。

問題点のなかで、「多くの集落で発生している問題や現象」に該当する「す
べての問題等（複数回答）」および「特に深刻な問題等（3つまで）」をまと
めている。

　様々な問題が指摘されているが、第10位までを見ると、①空き家の増加、
②耕作放棄地の増大、③働き口の減少、④商店・スーパー等の閉鎖、⑤住宅

の荒廃（老朽家屋の増加）、⑥獣害・病虫害の発生、⑦公共交通の利便性の低下、⑧森林の荒廃、⑨伝統的祭事の衰退、⑩運動会や収穫祭など集落・地区で行ってきた行事の減少であり、現代農山村の問題状況が浮かび上がってくる。これらは概ね4割以上の集落で「問題」と認識されており、集落に現れた問題の実相といえよう。

　これらを分類すれば、その多くが直接に人口や担い手の減少に伴う問題であるが、「③働き口の減少」は、やや質が異なる問題であろう。それは、むしろ人口減少の要因である。また、「⑨伝統的祭事の衰退」、「⑩運動会や収穫祭など集落・地区で行ってきた行事の減少」は、地域の基盤となる力の低下を問題としているのであろう。つまり、人口減少に伴う諸現象とは別に、より本質的な問題として、③、⑨、⑩という「経済とコミュニティの危機」が地域からも問題提起されているのである。

　加えて、注目されるのは、表1-3に指標として示した「ⓑ／ⓐ」である。これは発生している問題に対する、特に深刻な問題の割合を示しており、問題の「深刻さ」という質的側面の指標と考えられる。この値は、大雑把には、ⓐの大きさが高い問題群で高く、問題の量的な拡がりと質的な深刻さが重なっている。しかし、注目されるのは、ⓐの値が小さくとも「ⓑ／ⓐ」が高い項目として「⑪小学校等の維持が困難」、「⑰医療提供体制の弱体化」がみられる点である。これらは、問題としての広がりはそれほど大きくはないが、深刻度においては高い問題領域と言えよう。教育と医療にかかわる地域サービスの欠落は、将来の地域の再生産にかかわる問題点として、条件不利地域の現場からも認識されている。

　それでは、このような問題に直面している集落は、将来的には、どのようになっていくのであろうか。表1-4は集落の世帯規模、高齢化率等のいくつかの指標で区分した集落の予想動態（市町村担当者による判断）をまとめたものである（対象地域は表1-3と同じ）。

　世帯規模や高齢化率は、地域の過疎化傾向を反映したものであり、それにともなう集落の将来動態が注目される。確かに世帯規模が小さくなるほど「存続」の割合は小さくなり、「10世帯未満」の小規模集落になるとその割合は63％まで低下する。ただし、この区分の集落は条件不利地域全体の

表1-4　過疎地域等の条件不利地域集落の消滅可能性（アンケート調査、2015年）

		存続	消滅可能性あり			無回答	合計	（分布）
			小計	10年以内	いずれ			
世帯数規模	10世帯未満	62.8	30.6	6.7	23.9	6.7	100.0	9.6
	10～19世帯	84.7	5.8	0.3	5.5	9.5	100.0	16.9
	20～29世帯	89.1	2.2	0.0	2.2	8.6	100.0	13.8
	30～49世帯	90.9	0.9	0.0	0.9	8.2	100.0	18.2
	50～99世帯	91.3	0.8	0.0	0.8	7.9	100.0	19.6
	100世帯以上	93.1	0.3	0.0	0.3	6.5	100.0	19.4
	無回答	83.5	6.3	1.9	4.4	10.2	100.0	2.5
地域区分	山間地	80.7	11.9	2.1	9.8	7.5	100.0	29.5
	中間地	89.3	2.9	0.3	2.6	7.8	100.0	28.9
	平地	90.8	1.2	0.1	1.0	8.1	100.0	31.1
	都市的地域	93.1	0.5	0.1	0.4	6.4	100.0	8.8
	無回答	70.3	0.6	0.0	0.6	29.2	100.0	1.6
高齢化率	50％未満	90.7	1.7	0.1	1.5	7.6	100.0	75.3
	50～75％	80.5	10.3	1.0	9.3	9.2	100.0	17.2
	75～100％	55.2	37.5	5.1	32.4	7.3	100.0	2.3
	100％	35.0	61.2	28.1	33.1	3.9	100.0	1.1
	（再掲・50％以上計）	75.3	16.0	2.8	13.2	8.7	100.0	20.6
	無回答	83.5	5.7	1.5	4.2	10.8	100.0	4.1
転入者の有無	あり	88.7	2.9	0.3	2.6	8.5	100.0	40.0
	なし	67.8	22.8	5.7	17.1	9.3	100.0	5.9
	わからない	92.1	0.9	0.6	0.4	6.7	100.0	49.8
	無回答	72.7	4.0	1.1	2.9	23.4	100.0	2.5
合　計		87.2	4.8	0.8	4.0	8.0	100.0	100.0

資料：表1-3と同じ報告書より作成。

10％に満たない。同様に、高齢化率も高くなるほど、「存続」の割合は低下し、高齢化率100％の集落では35％まで低下する。しかし、この区分も全体の中で1％に過ぎない。さらに言えば、しばしば「限界集落」の定量的定義として利用されている「高齢化率50％以上」[9]（表中に再掲）では「存続」は75％を示し、「こうした限界集落の動きは消滅集落への“一里塚”を示すにほかならず、ここに集落崩壊の危機的状況をみることができる」[10]（大野晃氏）という傾向は表面的には見えてこない。

その結果、条件不利地域集落全体（総数で7万5662集落）で、「10年以内で消滅」（0.8％）、「いずれ消滅」（4.0％）をあわせても消滅可能性集落は5％にも満たないのである。これは、「限界集落論」のみならず、「地方消滅論」と言われる「増田レポート」[11] が描くイメージともギャップは大きい。

それは、なぜか。同じアンケートに1つの示唆がある。それは「転入者の有無」による集計である。ここで、「転入者」（質問票では「平成22年以降」と限定）とは、純粋に「移住者」に限定されたものではなく、幅広く捉えている概念であり、また特に広域合併市などの回答者（市町村職員）と現場の遠さを反映して「わからない」が50％も占めている点も注意が必要である。しかし、この転入の有無で「存続」の割合は20ポイント以上の差がある（「あり」89％、「なし」68％）。もちろん、立地条件等を反映していることも予想されるが、このような人の動きが、集落の持続性に影響を与えていることは間違いないであろう。つまり、市町村単位で人口を扱う「地方消滅論」には、集落レベルで起こる、こうした動きは反映されていないのではないだろうか。さらに言えば、「経済とコミュニティの危機」に抗する地域での動きや政策の効果を捨象している。そこで、次節でその体系的把握を試みたい。

3 「平成期」農村の動態

(1) 時期区分─「平成期」の位置

約30年間続いた「平成期」は、農村問題にとっては、ほぼ10年単位で3つの時期区分が可能である。これ以降の議論を一部先取りすることになるが、あらかじめその位置づけをしておこう。

①平成前期（概ね1990年代）─ムラの空洞化の発現とリゾートブームの発生・崩壊

②平成中期（概ね2000年代）─地域づくりの本格スタートと市町村合併・「構造改革」による攪乱

③平成後期（概ね2010年代）─田園回帰と「地方消滅論」を契機とする

地方創生のスタート

　「前期」は、先にも見たように、「限界集落」という言葉が生まれた時期（1991年）と重なる。「ムラの空洞化」の時期であり、先に見たようにコミュニティの危機が顕在化した時期である。農政的には、1992年のいわゆる「新政策」（「新しい食料・農業・農村政策の方向」）が、後の食料・農業・農村基本法（1999年）を先取りし、農村政策を公式に農政に位置づけたことも注目された時期である。しかし、日本全体ではバブル経済の発生とその崩壊期という、激しい変動期であった。農村現場でも、リゾート開発ブームが生まれ、農政的な動きより、そのインパクトが、現場的には上回っていた時期と言える。

　「中期」は、その混乱からの再生の時期と言える。現場や学界で「地域づくり」が認識され始めたのがこの頃である。ところが、この動きも順調ではなく、1999年から本格化する市町村合併の動きは、始動し始めたばかりの「地域づくり」に強い負のインパクトを与えた。また、小泉内閣における「構造改革路線」では都市重視の傾向が生じ、国全体として農山村を疲弊させる力となる。先の図1-1（11頁）でも、1人当たり県民所得のジニ係数は拡大期にあり、様々な「格差」をめぐる議論が活発化した。「前期」に登場した「限界集落」という学術用語がマスコミを通じて急速に一般化するのもこの時期である。他方では、農政では1999年に「食料・農業・農村基本法」が制定され、それに基づき2000年より中山間地域等直接支払いが始まり、農村問題にある程度の影響力を発揮する。

　それに続く「後期」を特徴づけるのは、都市の若者を中心とした田園回帰の動きである。それは、それ以前から始まっていたが、2011年3月に発生した東日本大震災により、加速化された。この大きなインパクトにより、自らのライフスタイルを変えた若者も多かったからである。この田園回帰に呼応するように、市町村合併等により、一時的に停滞していた地域づくりの動きも再度活発化する。その背景となったのは、2008年頃から始まる「地域再生」の諸政策であり、地域おこし協力隊をはじめとする制度がこの時期から一斉に登場する。この背景には2007年の参議院選挙における政権与党の地方部における敗北があり、前の時期の「構造改革路線」への反作用が起

こっていると言える。また、その後のこととなるが、2014 年「地方消滅論」は農山村の集落現場に対して、強いインパクト（一部には「諦め」を含む—注 11 も参照）をもたらすが、逆にそれを引き金として、「地方創生」が始まり、現在に至る。

このように「平成期」を位置づけると、見えてくることがある。それは、第 1 に、農村全体の人口減少の持続的傾向から、しばしば、この時期を一面的な「農村衰退期」とする理解がなされるが、それは必ずしも実態を反映していないことである。人口減少の中でも、地域づくりや田園回帰傾向、正負両面に影響を及ぼす政治や政策の動きもあり、その動向は単純ではない。

第 2 に、冒頭で論じた、グローバリゼーション下の農村問題（隔絶地域問題）に対して、「平成期」の「中期」「後期」における農村の取り組みは、そのまま実践的挑戦の時期に他ならない。トリクルダウンがもはや期待されない中で、農村の内発的な動きも一部ではあるが生まれ、それをめぐる様々な政策的な対応を見ることができる。「隔絶地域問題」への地域としての対応や政策はこの時期の総括から導かれることが期待される。

以下では、そのような文脈で、各期の農村の動きをより詳細に整理してみたい。

（2） リゾートブームとその頓挫—平成前期

1987 年に閣議決定された第 4 次全国総合開発計画（4 全総）は、「今後予想される自由時間の大幅な増加に対応し、都市住民の自然とのふれあいのニーズを充足するとともに、交流を生かした農山漁村の活性化を図るため、海洋・沿岸域、森林、農村等でその特性を生かした多目的、長期滞在型の大規模なリゾート地域などの整備を行う」と、農山漁村活性化のために、リゾート開発が提起されている。そして、この政策文書の公表とほぼ同時にリゾート法（総合保養地域整備法）が制定された。

その背景には、日米貿易不均衡下にあり、アメリカからの強い圧力により、日本経済の構造を外需（輸出）依存から内需主導への転換を図ろうとする当時の政権（中曽根内閣）の戦略があった。折からの大都市におけるバブル経済もあり、農山漁村にも、投機を目的とする開発の風が吹き荒れること

となった。そこでは、ホテル、ゴルフ場、スキー場（またはマリーナ）の「3点セット」と言われる民間資本による大規模リゾート施設の誘致が、地域活性化のあたかも「切り札」として議論されていた。

　農山漁村の背景には、1970年代の農村工業導入政策により立地した電気機械工業を代表とする工場が、80年代のグローバリゼーションの初発期にあたり、急速に海外移転していくという現実があった。したがって、リゾートは、それがいかなるものであっても、農山村に再び来た企業誘致のチャンスであり、しかもリゾート施設の特性から、今までとは異なり遠隔地域にもその可能性があると考えられた。さらに、先述のように「限界集落」という言葉が生まれるほどの「コミュニティの危機」が始まっていたこともあり、このリゾートブームに乗れるか否かが、地域の将来のクロスロード（分かれ道）と考えられていたのである。そのため、地元の首長を先頭に、リゾート法上の重点整備地域の地域指定やリゾート開発会社への陳情が華々しく行われた。

　ところが、このブームは、バブル経済の崩壊とともに一気にしぼみ、リゾート構想の多くが頓挫した。その状況は、政府内からさえ、「本政策の実施による効果等の把握結果からは、本政策をこれまでと同じように実施することは妥当でなく、社会経済情勢の変化も踏まえ、政策の抜本的な見直しを行う必要がある」[12]と指摘されている。しかし、リゾート法により国立公園や森林、農地における土地利用転換の規制緩和が図られたため、開発予定地が未利用地として荒廃化し、それが国土の大きな爪痕として、いまも残されている。

（3）　地域づくりの発生とその普及—平成中期

　こうした平成最初の約10年間の混乱の中から、「平成中期」に農山村で登場したのが「地域づくり」運動である。とりわけその体系化を意識したのが、1997年からはじまる鳥取県智頭町の「ゼロ分のイチ村おこし運動」であった。地域の内発力により、①主体形成、②コミュニティ再生、③経済（構造）再生を一体に実現しようとした運動であり、行政による集落への手上げ方式による一括交付金の複数年支払いなどの支援もあり、全国から注目

された。そのため、地域づくりは農山村で広がり、①から③を一体的に進めようとする取り組みは、特に「コミュニティと経済の危機」が先発していた西日本中心に各地で見られるようになった。

これらの地域づくりの特徴をまとめれば3点が指摘できる。

第1に、地域振興の「内発性」の強調である。その直前の時期に、農山村で進んだ大規模リゾート開発は、典型的な外来型開発であった。外部資本により、カネも意思も外部から注入され、地域の住民は土地や労働力の提供者に過ぎなかった。そうではなく、自らの意思で地域住民が立ち上がるというプロセスを持つ実践であることが特に意識されている。

第2に、多様性である。リゾートブームの下では、都市で発生したバブル経済がそのまま持ち込まれ、経済面に著しく傾斜した地域活性化が意識された。また、どこでも同じような開発計画が並ぶ、「金太郎アメ」型の地域振興もこの時期の特徴であった。そのような単品型・画一的な地域活性化から、福祉や環境等を含めた総合型、そして地域の実情を踏まえた多様性に富んだ取り組みへの転換が求められた。地域づくりでは、基盤となる地域資源や地域を構成する人に応じて、多様な発展パターンがある。

そして、第3に、「革新性（イノベーティブ）」も重要である。地域における困難性を地域の内発的エネルギーにより対応していくとなれば、必然的に従来とは異なる新たな仕組みが必要であろう。農山村では人口が多かった時代の仕組みに寄りかかり、それが機能しないことを嘆くことがしばしば見られた。しかし、人口は減少することを前提として、人口がより少ない状況を想定し、地域運営の仕組みを地域自らが再編し、新しいシステムを創造する「革新性」が求められる。

こうした特徴を持つ地域づくりの進展が、リゾートブームの崩壊以降の時期と重なり合うのは偶然ではない。この間に、農村のリーダーの一部に「地域は内発的にしか発展しない」という覚悟が生まれ、それが原動力となっているからである。

また、この地域づくりでは、多くのケースで、都市農村交流活動が積極的に取り組まれている。ここで、「交流活動」とは、農村で行われる小さなイベントから農家民泊まで、幅広く、多様な取り組みであるが、それらは地域

づくりとの強い親和性を持つことも、実践から明らかになった。

その要因は、1つには、交流活動は、意識的に仕組めば、地元の人びとが地域の価値を、都市住民の目を通じて見つめ直す効果を持っているからである。それを、筆者は、都市住民が「鏡」となり、農村の「宝」を写し出すことから、「都市農村交流の鏡効果」と呼んだ[13]。都市住民（ゲスト）の農村空間や農村生活、農林業生産における新たな発見や感動が、逆に農村サイド（ホスト）の再評価につながる。

2つには、このようにゲストとホストが学び合うことができるのが交流であることから、都市農村交流を産業として考えた場合、一般的な観光業とは異なり、この学び合いが「付加価値」となり、多くのリピーターを獲得しているからである。その点で、交流は、「交流産業」として成長する条件を持つ。

（4） 田園回帰と関係人口の顕在化—平成後期

「平成後期」には、そこに「援軍」が生まれた。若者を中心とした都市の人びとの移住である。この動きを先駆的に明らかにしたのが藤山浩氏（地域経済論）である。氏は独自の計数整理を行い、島根県内中山間地域の基礎的な 218 の生活圏単位（公民館や小学校区等）の人口動向（住民基本台帳ベース）を解析した。その結果、2008 〜 2013 年の 6 年間に、全生活圏単位の 3 分の 1 を超える 73 のエリアで、4 歳以下の子供の数が増えていることが明らかにされている。幼少人口の増加は、当然のことながら、その親世代の増加に伴うものであり、そこに若者を中心とした農山村移住の増大を確認することができる[14]。

こうした実態が「田園回帰」である。その傾向を、世代別に見れば、20 〜 30 歳代の移住者が目立っている。たとえば、鳥取県のデータ[15] によれば、2018 年度に移住した 1536 世帯のうち、世帯主年齢が 39 歳以下の世帯が全体の 68.5％を占めている。他方で、60 歳代以上は 10.8％に過ぎない。したがって、この間の動きは、期待されていた「団塊の世代」の退職にともなう地方移住が主導した傾向とは言えず、若い世代の移住が特徴となっている。

　また、性別では、女性比率が確実に増えている。この点のデータはないが、実態調査によれば、単身の女性の移住ケースが目立つことに加え、夫婦や家族での移住も増大しているという認識を得ることができる。従来の若者移住者は圧倒的に単身の男性であったことを考えると、大きな変化であろう。移住にもつながる地域おこし協力隊の性別構成を見ると、女子比率は38.4％（2017 年 12 月末—総務省調査）となっており、移住者全体でも概ねこのような割合になっていることが推測される。

　これは次の点で重要である。先に触れた「増田レポート」は、20 〜 39 歳女性の大幅な減少という推計結果から、個別の市町村単位の「地方消滅」を論じた。ところが、実はこの階層にこそ変化が見られる。「増田レポート」における推計は 2010 年の統計数値をベースとするものであるが、それ以降、とくに活発化した動きを見逃していたのである。

　より詳しい調査結果を紹介しておこう（表 1-5）。その調査研究（総務省「『田園回帰』に関する調査研究会報告書」、2018 年 3 月）では、国勢調査の個票を使い、過疎地域に居住するが 5 年前には都市部であった者を「移住者」と捉え、その数や地域分布、属性などを調べている。このような定義であるために、転勤などによる転入人口も含まれており、逆に 5 年前以前の移住はカウントされていない点に注意する必要がある。しかし、「移住」の概ねの傾向は反映されていると思われる。

　表 1-5 にあるように 5 年前と比べて、移住者を増やした区域（「区域」は平成大合併前の 1999 年 4 月時点の市町村）の数は、2000 〜 2010 年の 108 区域に対して、2010 〜 2015 年には 3.7 倍の 397 区域に増加している。これは過疎地域の全区域の 26％に相当する。また、地域別に見れば、沖縄（48％）、四国（38％）、中国（32％）が高い。これらの地域では、従来から田園回帰の事例がしばしば紹介されていたが、データにもはっきりと現れている。さらに、これを 30 歳代の女性に限定してみれば（表中の右欄）、2010 〜 2015 年に移住者が増大しているのは 536 区域となり、全体の 35％にも及ぶ。全年齢階層の中で、やはりこの世代の女性に動きが強く出ていることがわかる。

　資料の呈示は省略するが、移住者を増やした区域を、地図上で見れば、沖

表 1-5　移住者数が増加した区域数（過疎地域）

	区域数	移住者総数				30歳代女性の移住者			
		移住者増加区域数		増加区域の割合（％）		移住者増加区域数		増加区域の割合（％）	
		2000→2010年	2010→2015年	2000→2010年	2010→2015年	2000→2010年	2010→2015年	2000→2010年	2010→2015年
北海道	176	15	52	8.5	29.5	43	63	24.4	35.8
東　北	305	26	82	8.5	26.9	49	117	16.1	38.4
関　東	136	9	32	6.6	23.5	31	47	22.8	34.6
東　海	76	2	11	2.6	14.5	11	17	14.5	22.4
北　陸	39	1	10	2.6	25.6	10	17	25.6	43.6
近　畿	107	6	20	5.6	18.7	11	35	10.3	32.7
中　国	205	12	66	5.9	32.2	63	77	30.7	37.6
四　国	133	10	51	7.5	38.3	32	57	24.1	42.9
九　州	323	23	62	7.1	19.2	72	96	22.3	29.7
沖　縄	23	4	11	17.4	47.8	9	10	39.1	43.5
全　国	1,523	108	397	7.1	26.1	331	536	21.7	35.2

注 1) 資料：総務省「『田園回帰』に関する調査研究報告書」（2018 年）の記載データより作成。
原資料は国勢調査の組み替え集計。
2)「区域」は 1999 年 4 月時点の市町村。

縄では離島部に多く、中国、四国では、特に山地の脊梁部である県境付近で
この傾向が見られる。また、それは他の地域でも確認される（例えば紀伊半
島や中部地方）。

　このような移住をめぐる地域的分布は、「平成中期」から始まる地域づく
り運動と田園回帰が無縁でないことを示唆している。移住の要因は多様であ
るが、しかし、先にも触れたような、内発性・多様性・革新性を特徴とする
地域づくりの実践が若者を中心とする移住者を惹きつけている。また、こう
した人びとが、地域づくりに、いわゆる「よそ者」として参加して、さらに
農山村を輝かしている事例も少なくない。つまり、「地域づくりと田園回帰
の好循環」である。

　この田園回帰傾向にかかわり、「関係人口」という概念がこの時期に生ま
れている。この提唱者の１人である指出一正氏（『ソトコト』編集長）は、
「関係人口とは、言葉のとおり『地域に関わってくれる人口』のこと。自分
のお気に入りの地域に週末ごとに通ってくれたり、頻繁に通わなくても何ら

かの形でその地域を応援してくれるような人たちである」[16] とし、農山村などに関心を持ち、何らかの関わりを持つ人びとを「関係人口」と呼んだ。そして、若者を中心に、このような人びとが増えていることを指摘しながら、そこに地方部、とくに農山村の展望があるとしている。

　人びとの地域に対する行動のこのような幅広い捉え方は、今まで見えなかったことを可視化する。第1に、頻繁に地域に通う人もいれば、地域にアクセスはしないものの、思いを深める者もいるように、人びとの地域への関わり方には大きな多様性があることが明らかになる。移住だけでない、地域への多彩な関わりが、「平成後期」に顕在化した特徴なのであろう。

　第2は、その多様性のある関わり方の中に、あたかも階段のように、農山村への関わりを深めるプロセスが見られる（これを「関わりの階段」と呼ぶ）。例えば、何気なく訪れた農山村に対して、①地域の特産品購入、②地域への寄付（ふるさと納税等）、③頻繁な訪問（リピーター）、④地域でのボランティア活動、⑤準定住（年間のうち一定期間住む、2地域居住）という流れがある。このようにプロセスを"見える化"してみると、今までの移住論議や政策は、必ずしもこうした過程を意識していないことがわかる。そして、あるべき移住促進政策とは、それぞれの段階からステップアップを丁寧にサポートすることと認識できよう。

　以上のことから、田園回帰はこの関係人口の厚みと広がりの上に生まれた現象であると理解することが可能である。つまり、若者をはじめとする多彩な農山村への関わりが存在し、その1つの形として移住者が生まれている。逆に言えば、この裾野の広がりがなければ、地方移住は今ほど活発化していなかったであろう。

4　農村政策の展開

（1）　先発する地方レベルの政策

前節でみた農村現場の動きへの政策の対応をまとめてみよう。

「平成中期」に始まった地域づくりへの対応は、中央省庁ではなく、地方

自治体の対応が先発した。このフレームワークを認識し、それへの支援をいち早く体系化したのは、先にも論じた鳥取県智頭町「ゼロ分のイチ村おこし運動」とそれへの支援策である。1997年より始まるこの運動は、住民の自主的組織（活性化プロジェクト集団）から提案されたものであるが、町はそれをただちに政策化した[17]。

　具体的には、集落の全住民で組織された「集落振興協議会」が、地域の10年後のあるべき姿を設定し、その目標を実現するために、3項目の柱（住民自治、地域経営、交流・情報）について、具体的な計画を作り上げる。そして、町はそのような協議会を認定し、事業実施の1〜2年目は50万円、3年以降10年目まで25万円、10年間の合計で300万円のソフト事業への支援を行う。また、行政は専門家のアドバイザーの招聘や派遣も支援し、さらに熟度の高い取り組みの要請があった時には、ハード施設の整備の支援も個別に対応している。

　集落からの内発性（自主的な計画作り）を基盤に、地域づくりの3要素（先述の①主体形成、②コミュニティ再生、③経済（構造）再生）の組み立てを促進しようとする支援策である。また、使途の自由度が高い交付金が使われており、さらに支援期間が10年間と長期にわたる点も、従来の単年度補助金が当たり前であった点から見れば、特徴的である。まさに、「コミュニティと経済の危機」を意識した自治体レベルにおける革新的な政策と言えよう。

　その成果を見ると、町内89集落中16の集落がこの運動に取り組み、「集落まるごとNPO法人化」により地域の伝統文化である人形浄瑠璃を活かした交流活動等を展開して著名な新田集落をはじめ、多様な地域づくりが実践されている。

　智頭町で先発したこの動きは、各地の自治体に広がっていったが、他の地域では、必ずしも集落にこだわらず、むしろ旧小学校区や大字、あるいは旧村（昭和合併時）等の複数集落を地域づくりの単位とする事例が多かった。しかし、地域からのボトムアップの動きを複数年度、一括交付金により支援する点ではほぼ共通していた。また、同様の事業は、都道府県レベルにも広がり、その1つの到達点として鳥取県の中山間地域活性化交付金（2001〜

2004年度）がある。独自の採択方法や3年間の事業継続を担保するための
債務負担行為の設定等で話題となった[18]。

(2)　立ち後れた国レベル（農林水産省）の対応

こうした地方自治体の先駆的な対応と比べて、国の対応は立ち後れた。例
えば、グリーンツーリズムなどの個別的な支援政策は早くから見られるが、
その受け皿としてコミュニティ自体を位置づけた政策、あるいはそれを含め
て地域づくりを意識した取り組みを支援する政策が動き出すのは、2000年
以降であり、より明確な体系化が行われるのは、さらにその後である（2015
年、後述）。そこには、次の諸要因があったと考えられる。

第1に、農政全般における地域コミュニティの位置づけの希薄さである。
戦後農政において、集落等の地域コミュニティを最も強く意識したのが、
1977年からはじまる「地域農政」であった[19]。しかし、それが1986年か
らの国際化農政（1986年農政審議会報告「21世紀における農政の基本方向」
が画期）に転換するなかで、農政の中で集落等の位置づけは急速に薄れ、
1990年代もその延長線上にある。「『農村政策』というかたちで地域政策が
農政上の重要課題として初めて明言されたと言って良いであろう」[20]と農
林水産省自ら（大臣官房企画室）が位置づける1992年の「新政策」でも、
農村政策という領域は登場するものの、地域コミュニティやそれをベースと
する地域づくりはほとんど意識されていない。

第2に、その「新政策」後、ガット・ウルグアイ・ラウンド（UR）農業
合意の受け入れにともない、農村政策は国境調整の「アフターケア」として
の公共事業を中心とするUR対策に傾斜することになる。しばしば指摘され
るようにこの対策は、6兆100億円の過半（52.8%）が公共事業に充てられ
ており、後に農林水産省自身が「施策手法としてはハード事業を中心に実
施」、「UR関連対策以後、農林水産関係予算では公共から非公共へのシフト
が大きく進んでおり、（中略）多様な施策手法が導入されている」と、その
手法を消極的に評価[21]するものである。こうした中で、ソフト事業を中心
とし、しかも地域コミュニティを意識した取り組みは農村政策の主要な位置
に納まることはなかったのである。

そして、第3に、地方分権改革の影響もある。1995年に発足した地方分権推進委員会は、すでに1997年の第1次答申の段階から「地域づくり（「土地利用、産業、交通、港湾、空港、道路、自然環境等」のより広い領域を指す―引用者）とは、地域で暮らすさまざまな人びとの多様な活動を囲む空間そのものを創造するものであり、総合的な行政主体である地方公共団体こそが主体的に取り組まなければならない行政分野である」としていた。農村の地域づくり支援を地方自治体でなく、国が行う論理が問われ、それが政策展開の制約になり始めていた。

（3） 食料・農業・農村基本法
―中山間地域等直接支払制度と都市農村交流

1999年には「食料・農業・農村基本法」（新基本法）が制定され、「農村の振興」を法律に明示する新しい農政がスタートする。従来は、地域としての「農村」は農林水産省（やそれ以前の農林省）単独の担当ではなく、以前の国土庁や建設省とともに共同して対応していた（いわゆる「共管」）。ところが、新基本法が生まれ、さらに2001年の中央省庁改革により、「農山漁村及び中山間地域等の振興」（「農林水産省設置法」―1999年）という新たな役割が、農林水産省の所管に付け加えられた。そこで、歴史上はじめて、農林水産省内に「農村」という単語を含む部局が「農村振興局」として立ち上がったのである。農政関係者にとっては、それは「悲願」の達成であったとしても大げさではない。

新基本法の条文でも、「国は、地域の農業の健全な発展を図るとともに、景観が優れ、豊かで住みよい農村とするため、地域の特性に応じた農業生産の基盤の整備と交通、情報通信、衛生、教育、文化等の生活環境の整備その他の福祉の向上とを総合的に推進するよう、必要な施策を講ずるものとする」（34条第2項）として「農村の総合的な振興」（同条のタイトル）が特に意識されている。

しかし、実はその制定経緯を見ると、新法の生みの親となった食料・農業・農村基本問題調査会（農村部会）における検討においても、また法律上の構成においても、その総合的な振興の対象となるべき農村コミュニティは

ほとんど意識されていない[22]。

その点で、新基本法（35条第2項）で規定された中山間地域等直接支払制度（2000年度から開始）が、集落協定という仕組みを導入し、集落・農村コミュニティを強く意識している点（集落重点主義）は、実は農村政策の流れからすると、「突然変異」とさえ言える。

その集落協定の締結や協定におけるビジョン策定と交付金の活用という仕組みは、各地で始まった地域づくりとの連携が可能なものであった。実際に、制度運用後の第三者委員会による政策評価では、「集落における若者や女性も含めた話合いの活発化、集落としての一体感の強まり等が確保され、自分達の集落は自分達で守ろうとの意識が高まり、集落機能の回復・向上が見られる」[23]と認識されている。また、直前に指摘した、地方分権化による制約も、本事業は、条件不利性を是正し、ナショナル・ミニマムを実現する政策として、クリアしている点で安定性も認められる。

とはいうものの、この制度のみで、農村の新たな地域づくりが実現できるものではない。この点で、「中山間地域農業に対する直接支払いは、必要とされる総合的施策のうち、一部を分担しているに過ぎないのである。このまま総合的な施策が明確に打ち出されない状況が続くならば、画期的ともいえる中山間地域の直接支払制度は、いわば孤立した政策として、地域社会の後退とともに舞台から退場することになりかねない」[24]という生源寺眞一氏の提起は重要であろう。

なお、新基本法をめぐっては、都市農村交流についても触れておきたい。農政が都市農村交流に取り組んだのは比較的古い。既に1981年代には、『農業白書』に「都市農村交流」の項目が設置されている。しかし、基本法に「国は、国民の農業及び農村に対する理解と関心を深めるとともに、健康的でゆとりのある生活に資するため、都市と農村との間の交流の促進、市民農園の整備の推進その他必要な施策を講ずるものとする」（第36条第1項）と交流事業が位置づけられたことの意義は大きい。その後の「経済財政運営と構造改革に関する基本方針2002」（いわゆる「骨太方針」、2002年6月25日閣議決定）において、「都市と農山漁村の共生・対流の推進」が書き込まれ、農村政策の中で、安定した位置を占めている。先に指摘した、地域づくりに

おける交流活動の重要性を考えると、この点は高く評価されて良い。

（4）　農政における「車の両輪」論

新基本法下の農政では、「産業政策と地域政策の車の両輪」という表現がしばしば使われている。それが登場するのは、2005年に作成された「経営所得安定対策大綱」からである。具体的には「経営所得安定対策」と「農地・水・環境保全向上対策」の導入を意識した表現であり、それぞれが産業政策と地域政策を代表する政策であり、それらを車の両輪として農政が運営することが意識されている。

これは、「産業政策と地域振興政策を区分して農業施策を体系化する観点」（同大綱）からの政策形成であり、その根源は、2005年の食料・農業・農村基本計画において「これまでの政策展開においては、農業を産業として振興する産業政策と農村地域を振興・保全する地域振興政策について、その関係が十分に整理されないまま実施されてきた面があり、両者の関係を整理した上で、効果的・効率的で国民に分かりやすい政策体系を構築していく」という点にある。

ここで設立された、農地・水・環境保全向上対策（「農地・水」の部分は後に「多面的機能支払い」（後述）に再編される）は、「農業生産にとって最も基礎的な資源である農地・農業用水等の保全向上」（大綱）のための施策であり、農業者や地域住民による地域資源管理活動の維持と高度化を支援するものである。いうまでもなく、地域資源管理は集落機能の１つであり、その点で「コミュニティの危機」を正しく意識した政策だと言える。

とはいうものの、それは、農業内の地域政策（面的政策）であり、強いて言えば、狭義の「農村政策」[25]（これを便宜的に「農業（の）地域政策」とする）である。基本法でも位置づけられた「総合的な農村振興」（「農村（の）地域政策」とする）の一部であろう。つまり、農村政策には、狭義の「農業地域政策」とそれを含む広義の「農村地域政策」があり、おそらくは多くの人びとは後者を「農村政策」と意識しているのではないだろうか。

このことが、やや複雑な問題を生み出すことになる。第１に、「農村政策」として論じられるイメージが「農業地域政策」と「農村地域政策」に分裂

し、農政当局が「農村政策」という場合には、狭義の「農業地域政策」であることが多くなる。その点で、新基本法に定められた「農村の総合的な振興」が、このころから既におざなりにされる傾向が生まれている。「車の両輪」という表現自体が、その意図とは別に、農村政策の間口を狭める効果を持っていたのである。

第2に、両輪を〈産業政策—農業地域政策〉として理解しても、その性格は次第に変化している。2015年の食料・農業・農村基本計画では、「農業の構造改革や新たな需要の取り込み等を通じて農業や食品産業の成長産業化を促進するための産業政策と、構造改革を後押ししつつ農業・農村の有する多面的機能の維持・発揮を促進するための地域政策を車の両輪として進めるとの観点」（傍点は筆者）とあるように、むしろ産業政策を補完する位置づけに変わっていく。その具体的政策が、2014年度から実現した多面的機能支払いであり、そのパンフレット等では、一層明確に「担い手に集中する水路・農道等の管理を地域で支え、農地集積を後押し（する）」と表現されている。それは、もはや担い手育成・安定化という産業政策に従属する政策であり、筆者は「車の両輪」から「農村政策の産業政策の補助輪化」と表現している[26]。

このように見ると、「車の両輪」論の登場により、広義の農村政策は農政の対象から遠くなり、また「補助輪化」により、狭義の農村政策も自立した存在でなくなっている。

（5） 農村をめぐる総合的政策化の試み
—農村政策のプロジェクト化

しかし、広義の農村政策は、「コミュニティと経済の危機」の深まりの中で、その必要度を高めていた。加えて、平成後期には、東日本大震災による被災、田園回帰傾向や関係人口の形成の強まりもそれを求めていた。

そうした状況の中で、2015年に作成されたのが、農林水産省・活力ある農山漁村づくり検討会「魅力ある農山漁村づくりに向けて—都市と農山漁村を人々が行き交う『田園回帰』の実現」（2015年）である[27]。同報告は、2015年に改訂された食料・農業・農村基本計画の「参考資料」であり、今

後の農村政策のあり方を示す位置にもある。その内容は、3つの柱からなり、報告書では次のようにまとめられている。

「①農山漁村に住む人々がやりがいをもって働き、家族を養っていけるだけの収入が確保されなければならない。②今後更に人口減少・高齢化が進む集落においても、人々が安心して暮らし、国土が保全され、多面的機能が発揮されるよう、地域間の結び付きを強化しなければならない。③魅力ある農山漁村は国民の共通財産である。農山漁村の直面する課題を農山漁村だけの問題として捉えるのではなく、都市住民も含め、国民全体の問題として考えなければならない」

つまり、①経済（しごとづくり）、②コミュニティ（集落間連携）、③都市と農村の共生が、新しい局面における農村政策の構成要素とされ、その組み立てにより、さらに「都市と農山漁村を人々が行き交う『田園回帰』の対流型社会を実現し、若者も高齢者も全ての住民が安心して生き生きと暮らしていける環境を作り出（す）」（同報告書）ことを農村政策の目的としたのである。

より詳細な内容や構成を表1-6（次頁）に示した。順序やその細部は異なるが、同表に示した「2015年基本計画」に一応は反映されている。その点で、本稿で強調する「コミュニティと経済の危機」の深まりや新しい要素としての田園回帰などを意識した農村政策は、2015年の段階では、少なくとも計画レベルにおいては前進したと言える（その不十分点については本稿の7〔補説〕で論じる。

しかしながら、現実には農林水産省の農村政策はこの通りには動かなかった[28]。それは、同じ表に「参考」と示した「農林水産業・地域の活力創造プラン（2018年改訂版）」で確認することができよう。この「プラン」は、第2次安倍政権がスタートしたときに設置された「農林水産業・地域の活力創造本部」により、毎年作成されるものであり、それは「今後の農政のグランドデザイン」（農林水産大臣談話、2013年12月10日）と位置づけられている。表では、最新改訂バージョン（2018年）の農村政策の部分を示している。これを見ると、農村政策としての体系化はほとんど意識されていない。例えば③の「優良事例の横展開・ネットワーク化」は政策上の手法であ

表 1-6　「平成後期」の政策文書に見る農村政策の構成

	農林水産省「魅力ある農山漁村づくりに向けて」	食料・農業・農村基本計画（2015 年改訂）（農村の振興に関する施策）
作成時期	2015 年 3 月	2015 年 3 月
内容	1.　農山漁村にしごとをつくる—むら業・山業・海業の創生 (1)地域資源を活かした雇用の創出と所得の向上 (2)多様な人材の活躍の場づくり 2.　集落間の結び付きを強める—集落間ネットワークの創生 (1)地域コミュニティ機能の維持・強化 (2)地域資源の維持・管理 3.　都市住民とのつながりを強める—都市・農山漁村共生社会の創生 (1)都市と農山漁村の結び付きの強化 (2)多様なライフスタイルの選択肢の拡大	1.　多面的機能支払制度の着実な推進、地域コミュニティ機能の発揮等による地域資源の維持・継承等 (1)多面的機能の発揮を促進するための取り組み (2)「集約とネットワーク化」による集落機能の維持等 (3)深刻化、広域化する鳥獣被害への対応 2.　多様な地域資源の積極的活用による雇用と所得の創出 (1)地域の農産物等を活かした新たな価値の創出 (2)バイオマスを基軸とする新たな産業の振興 (3)農村における地域が主体となった再生可能エネルギーの生産・利用 (4)農村への農業関連産業の導入等による雇用と所得の創出 3.　多様な分野との連携による都市農村交流や農村への移住・定住等 (1)観光、教育、福祉等と連携した都市農村交流 (2)多様な人材の都市から農村への移住・定住 (3)多様な役割を果たす都市農業の振興

[参考]

	農林水産業・地域の活力創造プラン（2018 年改訂）（「人口減少社会における農山漁村の活性化」）	食料・農業・農村白書（2018 年度）（「地域資源を活かした農村の振興・活性化」）
作成時期	2018 年 11 月	2019 年 5 月
内容	①農山漁村の人口減少等の社会的変化に対応した地域コミュニティ活性化の推進 ②福祉、教育、観光、まちづくりと連携した都市と農山漁村の交流等の推進による魅力ある農山漁村づくり ③優良事例の横展開・ネットワーク化 ④消費者や住民のニーズを踏まえた都市農業の振興 ⑤歴史的景観、伝統、自然等の保全・活用を契機とした農山漁村活性化 ⑥持続的なビジネスとしての「農泊」によるインバウンド需要の取り込み ⑦鳥獣被害対策とジビエ利活用の推進	1.　社会的変化に対応した取り組み (1)農村の人口、仕事、暮らしの現状と課題 (2)「田園回帰」と「関係人口」を通じた交流・移住・定住の動き (3)農村の地域資源を活用した雇用と所得の創出（農村の仕事） (4)住み続けられる地域への挑戦（農村の暮らし） 2.　中山間地域の農業の振興 3.　農泊の推進 4.　農業・農村の有する多面的機能の維持・発揮 5.　鳥獣被害への対応 (1)鳥獣被害の現状と対策 (2)消費が広がるジビエ 6.　再生可能エネルギーの活用 7.　都市農業の振興

るが、それが政策上の項目として掲げられているのは珍しい。また、「農泊」「ジビエ利活用」も重要な要素であるが、いずれも農村における「しごとづくり」の一要素であろう。

　推察するに、このプラン作成者の判断は、体系性を追求するよりも、必要といわれている個別プロジェクトをリストアップし、そこに力を注ぐことが重要だとしているのであろう。それは「農村の総合振興」というよりも、「農村政策のプロジェクト化」とも言えるものであり、「コミュニティと経済の危機」の時代に必要な体系性はむしろ犠牲にされている。

　また、このことは、『食料・農業・農村白書』の農村振興の記述にも反映している（同表）。『白書』という場にもかかわらず、「プラン」と同様に、「農泊」「鳥獣被害」に加えて「再生可能エネルギー」も並び、「プロジェクト」色が全面に出ていることは否めない。

　以上の動きの根源には、先の「農林水産業・地域の活力創造本部」がある。この本部は、本部長を内閣総理大臣、副本部長を内閣官房長官および農林水産大臣が務め、総理官邸で開催される。経済財政諮問会議等の他の会議体を含めて、官邸主導で決まる農政は「官邸農政」[29]と言われるが、農村政策にもそれが及んでいる（官邸プロジェクト化）。そして、ここで取り上げた農林水産省・活力ある農山漁村づくり検討会報告による農村政策の新しい体系化（別の言葉で言えば「正常化」）の試みもその力を乗り越えることができなかったのであろう。それは、先の「車の両輪」論からみれば、「総合的農村振興」を果たすべき農村政策（広義）の「脱輪」に他ならない。

　なお、「農村政策のプロジェクト化」の典型である「農泊」「ジビエ」、それに加えて「農福連携」は、総理官邸において、「連絡会議」「タスクフォース」「推進会議」が設置されており、その議長はいずれも内閣官房長であり、首相官邸がこれらの「プロジェクト」を重く位置づけていることやその「力」の源泉を知ることができる。

　このように、広義・農村政策の「脱輪化」、狭義・農村政策の「（産業政策の）補助輪化」により、農水省による農村政策は空洞化が進んでいくこととなる（次頁、図1-3）。

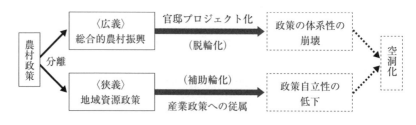

図1-3　農村政策空洞化の構図

（6）　農村政策の他省庁への拡がり
―農村政策の非農林水産省化

　農水省による「農村政策の空洞化」が進行することとともに、農村政策はむしろ他省庁にも広がり、そこで本格的な展開や新しいチャレンジがなされる事態も生まれている。こうした動きは、既に2000年代後半からも見られるが、「平成後期」に本格化している。

　表1-7に、農林水産省サイドの体系化の項目（前述の「魅力ある農山漁村づくりに向けて」の目次）に対応する、内閣官房・地方創生本部（まち・ひと・しごと創生本部）、総務省、国土交通省の特徴的な地域振興政策（対象は農村のみではない）をあてはめてみた。いうまでもなく、各省庁内のすべての政策を網羅的に把握することは困難であり、その分類も容易ではなく、暫定的な資料と言えよう。それでも、これにより、農村政策の他省庁への拡がりは確認できる。

　例えば、「1－（2）多様な人材の活躍の場づくり」では、「多様な人材が、地元の人が意識していない埋もれた未利用資源を発見したり、途絶えつつある伝統技能・文化を再生することによって、地域全体で新たな6次産業化やグリーンツーリズムへの取組に発展させていくことも期待される」として、その「人材」には「地域おこし協力隊」（総務省による特別交付税措置）や「田舎で働き隊」（農林水産省交付金）が挙げられている。

　しかし、その後、「田舎で働き隊」は「地域おこし協力隊」に名称を統合されたのみでなく、その活動は、「農泊」等の調整業務が中心であり、農村の地域課題全般に対応するような広がりがない。それに対して、総務省では

表1-7　農林水産省の農村政策と他省庁の取り組みとの関係

農林水産省（「魅力ある農山漁村づくりに向けて」（2015年）の項目）			内閣官房（地方創生本部）		総務省（地域力創造グループ）		国土交通省（国土政策局）
1.　農山漁村にしごとをつくる—むら業・山業・海業の創生	(1)地域資源を活かした雇用の創出と所得の向上	①「地域内経済循環」のネットワーク構築 ②社会的企業が活躍できる環境整備			・地域経済好循環推進プロジェクト		
	(2)多様な人材の活躍の場づくり	①女性の担い手が活躍できる環境整備 ②社会経験を積んだ者が活躍できる環境整備			・地域おこし協力隊 ・集落支援員 ・地域おこし企業人		
2.　集落間の結び付きを強める—集落間ネットワークの創生	(1)地域コミュニティ機能の維持・強化	①拠点への機能集約とネットワークの強化 ②住民主体で進める土地利用の実現	・小さな拠点／地域運営組織 ・地域再生土地利用計画	地方創生に関わる各種交付金	・地域運営組織 ・集落間ネットワーク	過疎債（ソフト事業）	・小さな拠点
	(2)地域資源の維持・管理	①地域全体で多面的機能を維持・発揮させる取り組みの促進 ②地域の暮らしを支える取り組みの促進	・地域再生法人		・認可地縁法人の活性化（検討中）		
3.　都市住民とのつながりを強める—都市・農山漁村共生社会の創生	(1)都市と農山漁村の結び付きの強化	①国民の理解の増進 ②都市と農山漁村の交流の戦略的な推進	・関係人口／副業支援		・関係人口 ・ふるさとワーキングホリデー		・関係人口
	(2)多様なライフスタイルの選択肢の拡大	①農山漁村への移住の促進 ②「田舎で働き隊」等のさらなる活動の促進	・移住（起業）		・移住コーディネーター		・2地域居住

資料：各省庁の資料等より作成。

「地域おこし協力隊」（都市から移住するサポート人）のみならず、「集落支援員」（地元在住サポート人）、「地域再生マネージャー」（プロのサポート人―コンサルタント）、「地域おこし企業人」（民間企業勤務のサポート人）等の多様なメニューをそろえ、農村のみではないが地域に必要な外部サポート体制を拡大させている。

　これは、一例に過ぎないが、コミュニティ振興、地域経済振興、都市農村交流のすべての分野において、先の農村政策の空洞化が進む一方で、このような「農村政策の非農林水産省化」が進んでいる。また、過疎地域では、2010 年より過疎債のソフト事業が導入されたことにより、農村の地域課題に対しては、ほとんどの政策に過疎債を適用することが可能となっていることから [30]、この傾向はさらに強まっている。さらに、2015 年からの地方創生の各種交付金も同じ役割を果たしている。

　このように、真に農村政策が必要な局面（コミュニティと経済の危機）で、しかも制度的（農林水産省設置法の改正）にも「悲願」の農村政策が可能となった段階において、逆に「農村政策の非農林水産省化」が進行しているのである。もちろん、総合的な農村振興（基本法 34 条第 2 項が根拠）のすべてを農林水産省が担えるものではない。しかし、農村を対象とする政策における総合調整を実質的に農林水産省が行えていないとすれば、それは基本法にも同省の設置法にも背くものであろう。

5　グローバリゼーション下の農村再生の論点

(1)　新しい地域経済のあり方―新たな論点①

　冒頭で見た、「隔絶地域としての農村問題」が進行し、それに対する農村現場での対応や農政には限らないものの農村政策も展開している。そうした中で、理論・実践を問わず、様々な論点が浮上している。

　その点にかかわり、田代洋一氏は、グローバリゼーションの中で、「地域は、経済成長や公共事業、トリクルダウン効果に頼らない経済を自ら創っていくしかない。それが今日の地域経済論のメインテーマである」[31] とする。

表 1-8　就業機会を創出するための産業のタイプ（市町村アンケート結果）

（単位：％）

		回答市町村	内発的産業育成 ①	どちらかというと内発的 ②	どちらかというと地域外 ③	地域外からの誘致 ④	合計	指標	
								内発志向 ①＋②	外来志向 ③＋④
人口別	5万人未満	1,011	16.8	41.7	35.5	5.4	100.0	58.5	40.9
	5～10万人	238	15.9	40.0	37.5	6.0	100.0	55.9	43.5
	10万人以上	216	9.7	39.4	41.2	5.1	100.0	49.1	46.3
合　計		1,465	14.9	39.9	38.0	5.9	100.0	54.8	43.9
うち過疎地域		553	21.0	49.2	26.0	3.4	100.0	70.2	29.4
うち三大都市圏		190	13.7	25.8	47.9	8.9	100.0	39.5	56.8

注 1)　資料：農林水産省「就業機会の拡大に関する検討会」のアンケート結果より加工作成。
　　2)　アンケートは全国の全市町村を対象としている（回収率 = 85.2％、2015 年実施）。
　　3)　アンケートの選択肢は以下の通り（「無回答」の表示は略した）。
　　　　①地域の資源を活用した内発的な産業の育成、②どちらかというと地域の資源を活用した内発的な産業の育成、③どちらかというと地域外からの工場等の誘致、④地域外からの工場等の誘致

　実は、この点は地域でも共有化されている。農林水産省「農村における就業機会の拡大に関する研究会」（2015 年 3 月設置）による市町村アンケートの結果がそれを示している（表 1-8）。そこでは、地域における「就業機会を創出する産業のタイプ」が尋ねられているが、過半の市町村が「地域の資源を活用した内発的な産業」（「どちらかというと」を含む）と回答している。しかも、自治体の人口が少ないほどその傾向は強く、特に過疎地域ではその値は 7 割以上にも及んでいる。それは、「地域外からの誘致」が過半を占める三大都市圏の自治体とは対照的である。

　つまり、農村では、行政自体も、従来のように、企業誘致やリゾート開発ではなく、地域内発的な産業育成を経済振興の主なターゲットとして意識している。農林水産省のこの研究会は、もともとは農村工業等導入促進法の改正（おもに業種の拡大等）を意識したものであったが、このような自治体の意向が明らかになる中で、「今後は、こうした地域外からの企業誘致との視点に加え、農村の豊かな地域資源を活用して、地域づくりを絡めた取組やこれまで農村の地域外に流出していた経済的な価値を域内で循環させる地域内

経済循環型産業を進めることも重要である」とその方向性をまとめている（同研究会「中間報告」2016年3月）。

そして、ここで言われた「地域内経済循環型産業」のあり方については、研究面での前進も見られる。藤山浩氏（先述）は農山村における独自の家計調査の分析を通じて、生活資材が予想以上に地域外からの供給に依存していることを明らかにし、このことから、逆に「現在の外部への依存や流出がはなはだしいほど、これから地域内へ取り戻していく可能性が大きく広がっている」[32]とした。同氏が具体的に分析した島根県益田圏域では、「商業」「食料品」「電気機械」「石油」が取り戻しの重点分野と分析され、そのために実践が提起されている。

このような議論には、自治体レベルからの共感が広がっている。例えば、長野県では、県版の地方創生の戦略である「人口定着確かな暮らし実現総合戦略」において、食、木材、エネルギーの分野における「地消地産」の推進が位置づけられている。これは、地域の消費実態に応じて、地域内の生産を変えていくことを意味しており、藤山氏の言う「取り戻し」に他ならない。具体的な食の地消地産の取り組みとしては、宿泊施設や飲食店、学校給食、加工食品等で活用する農畜産物について、県外産から信州産オリジナル食材等への「置き換え」が推進されている。同県では食料の他、木材や工業製品についても同様の施策が始まっており、地域経済の方向性が戦略的に明示された点で画期的だと言えよう。

ただし、こうした議論には批判もある。冨山和彦氏（先述）は「『域外経済への富の流出を防ぐために生産性の高低にもかかわらず域内の生産物を買おう』なんていう話は、それこそ重商主義か原始共産主義みたいなナンセンスな議論。これではかえって地域経済は貧しくなります」[33]と指摘する。これは、「域内完結」の政策的な推進が生産性の低い企業を温存する可能性があることから、この路線の機械的な適用を批判しているのであろう。

しかし、「取り戻し」、「地消地産」は、それを担う生産者（企業）のイノベーションのチャンスとなることに注意したい。確かに、指摘されるような状況はあり得るが、具体的な消費傾向を認識し、現状からの「置き換え」を意識すること自体が域内供給者（生産者）の刺激となる。身近な消費者との

連携が力となる新しい経済への移行が期待されるのである。長野県の戦略が「地産地消」ではなく、「地消地産」としているのは、それを多分に意識しているものであろう。その点で、地域内循環型産業には地元消費との近接性を意識した絶えざる革新が求められる。

つまり、新しい地域経済は、古色蒼然とした自給経済のイメージではなく、新しい要素を伴うものである。

(2) 新しい内発的発展論―新たな論点②

この経済循環を含めた農村部における「内発的発展論」も、「隔絶地域問題」下ではさらなるアップデートが要請されている。

その点に関して、改めて振り返って見れば、平成中期に発生し、農村から定式化された地域づくりの動きは、日本における新しい内発的発展論の展開を意味している。それは、人口減少という要素に加えて、グローバリゼーションが本格化した時期に相当し、「隔絶地域問題」への地域からの対抗の意義を持っていた。

そして、その特徴は、既に指摘したように、都市農村交流活動が積極的に取り組まれていたことである。例えば、地域づくりの先駆けとなり、先にも触れた鳥取県智頭町「ゼロ分のイチ村おこし運動」では、「交流」を重視し、その理由として「村の誇りをつくるために、意図的に、外の社会と交流を行う」（同運動企画書、1997 年）ということを、既にこの段階で論じている。

これは、先にも論じた「交流の『鏡』効果（機能）」であり、この活動は、戦略的に仕組めば、都市住民が「鏡」となり、地元の人びとが地域の価値を都市住民の目を通じて見つめ直す効果を持つ。最近では、グリーンツーリズム活動のなかで、農村空間や農村生活、農林業生産に対する都市住民の発見や感動が、逆に彼らをゲストとして受け入れる農村住民（ホスト）の自らの地域再評価につながっていることが、具体的に指摘されている。

そして、この交流活動は、さらに「協業の段階」へと変化した [34]。体験・飲食・宿泊を通じた交流だけではなく、ボランティアやインターン、短期定住等をともなう労働提供やさらに本格的な企画提案への参加の形での「交流」も進み始めている。その先駆けとなったのが、2000 年より始まっ

た、旧国土庁の「地域づくりインターン事業」（学生を数週間農山村に派遣し、地域づくりにかかわる事業）[35]であるが、その後、新潟県中越地震被災地の復興支援員の設置を経て、「平成後期」には、先述の集落支援員、地域おこし協力隊等の国レベルの多様な「地域サポート人」への支援が本格化している。

　以上で見たように、農山村において、地域づくりという形をとる内発的発展は、様々な形での交流活動が重要なポイントとなっていた。つまり、そこにおける内発的発展の道筋は、「内発的」といえども、人的な要素をはじめとする外部アクターの存在が強調されることとなる。

　もちろん、従来からも、内発的発展は「閉ざされた」ものでないことは、多くの論者により強調されている。例えば、保母武彦氏は、「内発的発展論は、地域内の資源、技術、産業、人材などを活かして、産業や文化の振興、景観形成などを自律的に進めることを基本とするが、地域内だけに閉じこもることは想定していない」[36]とする。

　しかし、単に閉じられた状態を否定するのではなく、むしろ外と開かれた意図的な交流が地域の内発性を一層強めているのが現在生じている現実であろう。筆者はそれを「交流を内発性のエネルギーとする『新しい内発的発展』（交流型内発的発展論）」[37]と規定した。ここでの「交流」とは、行論のように、都市農村交流を典型とするが、より幅広く内外の様々な主体（人、組織）との接触、相互交渉を指している。そして、そのプロセスを意識的に組み入れた取り組みが「新しい内発的発展」と言え、「平成中期」に生まれ、「平成後期」にはその姿が鮮明化している。つまり、地域づくり活動のなかで自然発生的に生まれ、その後農村がますます「隔絶地域」化していくなかで、農村サイドがより積極的に取り組む対応として、位置づけることができる。

　なお、既に別稿で指摘したが[38]、グローバリゼーション時代における「新しい（ネオ）内発的農村発展」（Neo-Endogenous Rural Development）にかかわる議論は欧州、特に1990年代に英国でも見られる。それは、地域内部の力のみではなく、地域外部の作用力を認識し、利用することの重要性を強調している点で、ここでの議論との共通性を持つ。しかし、他方で、そ

の場合の「外部の力」の典型は、EUの共通農業政策（1990年代以降、共通農業政策（CAP）が農村政策に傾斜することを背景とする）であり、「外部の力」のスケールは異なる。

　要するに、外部アクターが必要とされている要因やアクターの具体像において、日欧の議論は必ずしも同一ではないが、内発性は外部との接触の中で鍛えられるという枠組みでは両者は近似している。グローバリゼーション時代の共通性と言えよう。そして、最近の論考では、英国におけるその議論の提唱者自らが、「ネオ内発的発展論の貢献は開発モデルの提供ではなく、むしろ農村開発に対する考え方であった」[39]と論じている。そのような抽象的な「ネオ内発的発展論」に対して、日本の現実は、その具体像を提供しているものであり、日欧農村に共通する議論の前進に貢献するものであろう。

（3）　地方自治体のあり方―新たな論点③

　すでに見たように、グローバリゼーション下の「隔絶地域問題」の発生の中で、いち早く動いたのは、農村の現場に近い地方自治体であった。特に、基礎自治体としての市町村の役割は大きい。

　しかし、その市町村自体の脆弱化が、いわゆる「平成の大合併」により進行したことも明らかであろう。平成の合併は、「平成中期」の1999年より本格化する。その合併促進政策のターゲットとされたのは、小規模自治体であり、その大多数は農村に立地していた。資料は省略するが、農業地域類型別に見た合併率（1999年度当初の市町村が2005年度末の段階で合併した割合）は、都市的地域が41％であるのに対して、平地66％、中間68％、山間67％という値を示しており、その格差は歴然としている（詳細は第2部1章の表2-1-4（75頁）を参照）。

　つまり、「コミュニティと経済の危機」が生じた時期と場所に集中して、市町村合併は進められたのである。したがって、それを進める中央政府[40]にはこのような問題状況を認識し、配慮をすることが求められていたが、それを踏まえた形跡はほとんどみられない。むしろ、その危機を逆手に取り、地方交付税をめぐるアメとムチにより、合併を強力に促進した。

　そして、合併後の自治体では、合併の目的とされた「政策形成能力の向

上」と逆の事態が生じている。とりわけ、都市と周辺部の農村が合併した自治体では、かつて町村役場であった総合支所は、合併後に人員が削減されたばかりでなく、決済権の縮小により、その機能が様変わりしている。地域の課題解決のための拠点とは無縁の「単純窓口」化が一部では生じている。そこには地域の情報が集まらないために、問題把握ができず、その地域に独自な政策形成もできないという問題が生じている。

こうした事態が見られる中で、都道府県による補完のあり方、さらには分権の原則の下での国の農村政策へのかかわり方の基本デザインが再度検討されるべきであろう。分権の論理が、いわゆる「補完性の原理」の硬直的運営により、都道府県や国の地域づくり支援政策の希薄化を生んでいるからである。さらに言えば、地方分権を理由に、国からの財政的な支援が抑制されることがあれば、本末転倒であろう。

しかし、実はこのような検討は別の形で既に始まっている。総務省・自治体戦略2040構想研究会「第2次報告」(2018年) は、人口減少下の地方自治体のあり方として、公務員数も大幅減少は不可避として、①圏域単位の行政のスタンダード化、②都道府県・市町村の二層制の柔軟化、③県域を越えたネットワークの形成等を提言している。それの研究会にかかわった総務省幹部は「これからの人口減少局面においては、これまでとは異なる発想が求められていると思われます。それは地方政府のサービス供給体制の思い切った効率化による再構築です」[41]とその背景を説明する。

これに対して、岡田知弘氏は「中央集権的な性格を帯びたものである。つまり、地方自治を無視し、あくまでも国家の統治機構の一つとして地方公共団体を位置づけ、団体自治はもとより住民自治すなわち国民主権をも抑制する改革構想である」[42]と強く批判している。

重要なポイントは、新たに構想されている新しい自治体像が、試行錯誤の過程を経て生まれてきた農村における地域づくりやその要素としての地域内循環型経済づくり、そして新しい内発的発展をサポートする担い手となりうるか否かである。しかし、総務省報告書では都市機能の維持に関心が集中しており、市町村の持つ地域づくりに対するサポート主体としての役割はほとんど意識されていない。グローバリゼーションにより、ますます地域が「隔

絶地域化」することが予想されるなかで、「思い切った効率化」ではなく、地方自治体の地域づくりサポートの機能強化こそが要請されている。

6 課題の展望―「課題の3層化」の中で

本稿では、日本における農村問題を「3つの問題」と認識し、分析を進める（表1-9）。それにより、それぞれの問題において、今後の課題も展望されるからである。

① 課題地域としての農村問題

高度成長期に顕在化した都市農村間の格差は、道路整備をはじめとする社会資本整備によりある程度緩和した。しかし、他方で公共事業は、現在、老朽化した道路、橋梁、上下水道や諸施設の更新問題に直面しており、引き続き格差是正の視点が欠かせない。

また、近未来においては、通信技術投資にかかわる地域格差を意識した対応が必要であろう。特に、過疎農山村においては、地域課題と関連して、遠隔医療、自動運転や遠隔地教育の実用化が期待され、その基盤技術として、「5G」が位置づけられている。したがって、その整備なしに、医療、生活交通、学校教育に関する地域課題の緩和はあり得ない状況となることが予想される。

このように、ともすれば、一段落したようにも思われる「課題地域問題」は、むしろ今後その重要性がますます高まることとなろう。その点で、当面

表1-9 3つの「農村問題」

農村問題の局面	時期	問題	戦略	対策	理論
課題地域としての農村	1950年代から（高度成長期）	地域間格差の拡大	格差是正	（画一的な）都市化	地域開発論
価値地域としての農村	1970年代から（低成長期）	地域価値の低下	内発的発展	（個性的な）地域化	内発的発展論
隔絶地域としての農村	1980年代から（グローバリゼーション化期）	格差の固定化と分断	都市農村共生	（地域間の）連携	（新しいグランドセオリー）

する焦点の 1 つが、2021 年 3 月末に失効する現行過疎法（過疎地域自立促
進特別措置法）への対応であろう。通信技術投資を含めた「格差是正」が、
後継する「ポスト過疎法」にどのように位置づけられるのか否か、農村問題
の視点からも注視する必要がある⁽⁴³⁾。

②　価値地域としての農村問題

　石油危機以降、人びとの農村に対する期待も多様化し、そこは「遅れた地
域」ではなく、多面的機能をも提供する「価値地域」であるという認識は
徐々に一般化した。それに対して、農村の現場では、リゾートブームが崩壊
した 1990 年代中頃以降、このような価値を維持・創造しようとする内発的
な発展が、地域づくり活動として生まれ、展開した。

　この活動では、地域外部との交流により、その内発的エネルギーを高める
傾向が認識されており（交流型内発的発展論）、それは、一部の農村では、
地域づくりが田園回帰等を呼び込む「地域づくりと田園回帰・関係人口の好
循環」を生み出している。

　しかし、そうであるが故に生じているのが、都市・農村間の格差（まち・
むら格差）ではなく、農村間の格差である（むら・むら格差）。「好循環」が
大きく動き出した地域とその契機さえもつかめない地域との開差が同じよう
な条件にある農村間で既に見られ、今後はそれがさらに拡大することも予想
される。「好循環」の契機となることが期待される外部サポート人材による
横展開の本格化が求められる。

③　隔絶地域としての農村問題

　1980 年代からのグローバリゼーションの展開は、農村に対して「隔絶地
域」という新たな問題を上乗せした。この問題は、「課題地域問題」とは異
なり、公共事業による「農村の都市化」により解消するものではなく、むし
ろその格差は長期にわたり固定化するものであることが予想される。

　そうした中で生じるのが、グローバル地域と非グローバル地域の「分断」
であり、農村の大部分は後者に含まれることになる。この分断構造のなか
で、都市と農村の対立を扇動し、農村を国土の「お荷物」とする言説が起

こっている ⁽⁴⁴⁾。さらに、グローバル地域に属する人や組織が、その生き残りのために、「農村たたみ」を提起する可能性もある。

　つまり、「都市・農村共生社会」という一見するとユートピア的なスローガンが、「分断」の対抗軸として、リアリティを持つ時代となっている。その点で、注目されるのが、「平成後期」に顕在化した若者を中心とする関係人口である。彼らの一部は、農村部に新しいライフスタイルとビジネスモデルを発見し、「都市と農村のごちゃまぜ」をあるべき社会として展望している ⁽⁴⁵⁾。したがって、関係人口には、実は、単なる移住候補者という位置を超えて、グローバリゼーション時代の「隔絶地域問題」を草の根的に乗り越える契機を作る可能性があると考えられる。その持続性などには課題があるが、それをどのように政策的サポートをするか、新しい時代の農村政策の対象として浮上しているのである ⁽⁴⁶⁾。

　以上のように、現代農村では３つの問題が、積み重なり、その比重を変化させながら、現在に至っている。その結果、「格差是正」「内発的発展」「都市農村共生」という３つの課題の解決が同時に要請されている（課題の３層化）。それは、おそらく政策サイドにとっても、理論陣営にとっても未経験の事態であり、それぞれに新しい課題が迫っている。

　１つは農村政策のあり方として、状況により変化する３層の課題の比重を的確に把握して、さらに地域ごとに異なるそのプライオリティーを認識する統合的な政策主体の形成が欠かせない。国レベルで言えば、本稿で論じた「農村政策の空洞化」「農村政策の非農林水産省化」という動きがある中で、あらためてそれを農政（農林水産省）が担うのであれば、相当の立て直しの準備が必要であろう。また、地方自治体でも同様に、「課題の３層化」に対応する主体強化が求められている。

　２つは、「隔絶地域問題」の対抗軸となる理論構築である。先の表1-9にも記したように、「課題地域問題」の時代には国内外で地域開発論が生まれ、「価値地域問題」には内発的発展論が成熟化した。しかし、グローバル資本主義の時代の地域にかかわる理論形成はいまだに未成熟である。地域（農村現場）の積極的実践が既に動き出している中で、研究サイドの立ち後れは否

めず、新しいグランドセオリーの形成が要請されている。

7 〔補説〕2020 年新基本計画における農村政策

(1) 新基本計画の争点

　本稿で論じたように、2010 年代末になると、農村政策の空洞化は誰の目からも明らかであった。そのため、2020 年「食料・農業・農村基本計画」（以下、新基本計画）の見直しでは、「農村政策」が 1 つの大きな争点となっていた。

　本稿で行った整理からすれば、その論点は明らかであろう（前掲図 1-3（40 頁）を参照）。1 つは、農政の産業政策側面が重視され、地域資源管理政策（狭義・農村政策）のそれへの従属傾向がある中で、自立性を取り戻すことである（論点 1）。2 つは、農村政策のプロジェクト化により、その輪郭が曖昧化した総合的地域政策（広義・農村政策）としての体系化を追求することであろう（論点 2）。

　この 2 つの論点に対して、今回策定された新基本計画はどのように応えただろうか。本稿の「補説」として論じてみたい。

(2) 2 つの論点への対応

①論点 1

　新基本計画では、第 1 章の「食料、農業及び農村に関する施策についての基本的な方針」の冒頭で、「前基本計画の下で、農業の成長産業化を促進するための産業政策と、農業・農村の有する多面的機能の維持・発揮を促進するための地域政策を車の両輪として、若者たちが希望を持てる『強い農業』と『美しく活力ある農村』の創出を目指し、食料・農業・農村施策の改革を進めてきた」と書かれている。そして、この 5 年間の政策や情勢変化を概観し、「以上のように、産業政策と地域政策を引き続き車の両輪として推進し、将来にわたって国民生活に不可欠な食料を安定的に供給し、食料自給率の向上と食料安全保障の確立を図ることが、本基本計画の課題である」とする。

新基本計画の中で「車の両輪」という表現が出てくるのは、この２カ所であり、各界の「車の両輪への正常化」の大合唱に対する回答が書かれているように読める。しかし、そこで強調されているのは、「引き続き車の両輪として推進し」という表現にあるように、「この路線を従来から維持している」というものだった。確かに、前回の基本計画でも「車の両輪」という言葉は登場しているが、その文章は、むしろ産業政策に従属する地域政策のイメージが強く、後の農政運営のなかでその傾向はさらに強まった。

　また、文章中の「農業・農村の有する多面的機能の維持・発揮を促進するための地域政策」という表現も気になる。これは、狭義の農村政策そのものであり、より幅広く総合的な農村政策は、ここでは意識されていない。総じて、この論点を巡っては、前基本計画以来の問題点が検証されておらず、むしろ逆に、「前計画と同じでなにが悪い」と強弁しているようである。そのため、計画次元ではなく、今後の農政運営における対応の評価が必要であろう。なお、基本計画の審議は過去の取り組みの検証という意味を持つことから考えても、このような文章が計画本体に残ることは残念なことである。

②論点２

　農村政策の体系をめぐっては、新基本計画には、次のような記述がある。

　「農村の振興に当たっては、第１に、生産基盤の強化による収益力の向上等を図り農業を活性化することや、農村の多様な地域資源と他分野との組合せによって新たな価値を創出し所得と雇用機会を確保すること、第２に、中山間地域をはじめとした農村に人が住み続けるための条件を整備すること、第３に、農村への国民の関心を高め、農村を広域的に支える新たな動きや活力を生み出していくこと、この『３つの柱』に沿って、効果的・効率的な国土利用の視点も踏まえて関係府省が連携した上で、施策の展開を図ることが重要である」

　このようなまとまった記述は、体系性の欠如という批判に対する意識的な回答のようにも読める。したがって、ここにある、「３つの柱」の内実やそれを推進するしくみについての考察が必要だろう。次項で検討してみよう。

(3) 農村政策の体系化とその評価

　表1-10 に、新基本計画の農村政策の構成をまとめた。毎回の基本計画の構成は、意外と大きく変わり、政権交代等のその時々の政治的状況を反映している[47]（この点では、38頁、表1-6 の 2015 年基本計画の構成も参照）。ここでは、あえて、初回基本計画（2000 年）の構成を、参考として表に加えている。この 2000 年計画では、直前に制定された食料・農業・農村基本法の条文をほぼそのまま当てはめたものである。これと比較すれば、その構成が一変されていることがわかる。

　項目別に見れば、まず（1）は所得と雇用機会という経済的側面がまとめられている。そこでは、①中山間地域等の複合経営、②非農業分野を含めた多角化経済（「農村発イノベーション」と表現）と、③地域経済循環構造、④都市農業等、農村資源を利用しつつも農業以外の分野を含めた「しごと」

表1-10　2020 年食料・農業・農村基本計画の農村政策の構成

2020 年基本計画	〈参考〉2000 年基本計画
(1)地域資源を活用した所得と雇用機会の確保 　①中山間地域等の特性を活かした複合経営等の多様な農業経営の推進 　②地域資源の発掘・磨き上げと他分野との組合せ等を通じた所得と雇用機会の確保 　③地域経済循環の拡大 　④多様な機能を有する都市農業の推進 (2)中山間地域等をはじめとする農村に人が住み続けるための条件整備 　①地域コミュニティ機能の維持や強化 　②多面的機能の発揮の促進 　③生活インフラ等の確保 (3)農村を支える新たな動きや活力の創出 　①地域を支える体制および人材づくり 　②農村の魅力の発信 　③多面的機能に関する国民の理解の促進等 (4)「三つの柱」を継続的に進めるための関係府省で連携した仕組みづくり	(1)農村の総合的な振興 　①農業の振興その他農村の総合的な振興に資する施策 　②農業生産の基盤の整備と生活環境の整備その他の福祉の向上との総合的な推進 (2)中山間地域等の振興 　①農業その他の産業の振興による就業機会の増大 　②生活環境の整備による定住の促進等 　③中山間地域等における多面的機能の確保を特に図るための施策 (3)都市と農村の交流等 　①都市と農村との交流の促進 　②市民農園の整備の推進 　③都市およびその周辺の地域における農業の振興

資料：各基本計画の目次より作成。

創造の方法が多様に書き込まれている。特に、注目されるのは、先に「プロジェクト」として切り取られているとした「農泊」「ジビエ」等が、②の「農村発イノベーション」のタイプの1つとされ、必要以上に強調されてはいないことである。

(2)では、「人が住み続けられる条件」として、コミュニティ機能の維持・強化や生活インフラの確保が述べられている。大きくは「くらし」を支える条件づくりであろう。その中でも、筆頭項目に、地域コミュニティが位置づけられている点も刮目すべきと思われる。あらためて、農村における地域コミュニティの重要性がはっきりと打ち出されたと言えるからである。

また、この(2)の②として、「多面的機能の発揮の促進」が挿入されている点にも注目できる。2015年基本計画では、この点にかかわり「多面的機能支払制度の着実な推進」という項目を農村政策の3つの項目の1つとしていたが（表1-6）、今回はそうではなく、この(2)の1項目としている。つまり、多面的機能支払制度を、多面的機能の発揮促進と同時に、農村住民のくらし、コミュニティづくりにかかわる政策と整理しているのだろう。先に見たように、それだけを取り出して、「車の両輪」の1つとして位置づけられていることが多いこの制度だが、ここでは広義の農村政策の1つの部品として認識されている。

そして、(3)は「新たな動きや活力」として、多様な要素が括られている。その中心は、「地域を支える体制および人材づくり」であり、地域運営組織、人材、関係人口が網羅されている。これらは、いずれも最近、新たな動きが見られる対象であり、先に「農村政策の非農林水産省化」と論じたように（40～42頁）、むしろ農水省以外の他省庁（総務省、国交省、内閣府）での政策対応が進んだ分野だった。それを基本計画のなかで積極的に取り扱った意義は小さくないであろう。

なお、この(3)の②「農村の魅力の発信」には、「農村で副業・兼業などの多様なライフスタイルを実現するための、農業と他の仕事を組み合わせた働き方である『半農半X』やデュアルライフ（二地域居住）を実践する者等を増加させるための方策や、本格的な営農に限らない多様な農への関わりへの支援体制の在り方を示す」（傍点—引用者）という文章がある。この場所

に書かれているため、目立つものではないが、その内容は農業の担い手の1つとして、「半農半X」（新しい兼業農家）も含めて「多様な農への関わり」を位置づけ、支援することを明示しているものであろう。それは、農村政策サイドから、従来の「担い手選別」的な農業政策の転換を誘導しているように読める。そうであれば、先の「論点1」として指摘した「農村政策の従属傾向」ではない動きの明確化であり、重大なことであろう。この点は、今後の政策の具体化のなかで明らかになろう。

　以上の（1）、（2）、（3）を計画本文では、農村政策の「3つの柱」としており、その説明資料では、「しごと」「くらし」「活力」としている。要するに、「しごとづくり」「くらしづくり」「活力づくり」を農村政策の3要素とする体系化が、今回示されたと言える。

　この3本の柱立ては、現場における地域づくりの実践からも納得できる内容と言えそうである。例えば、長野県飯田市は積極的な地域づくりで有名な地域だが、そこでは「持続可能な地域づくりのためには、出来るだけ多くの若い人たちがこの地域で子育てをし、次の世代を育む『人材のサイクル』を作っていくこと」を市政のメインテーマとして掲げている。具体的には、①帰ってこられる産業づくり、②帰ってくる人材づくり、③住み続けたいと感じる地域づくりが政策課題となっている。そして、①に対しては、「外貨獲得・財貨循環」（地域外からの収入を拡大し、その地域外への流出を抑える）をスローガンに地域経済活性化プログラムを実施している。また、②では「飯田の資源を活かして、飯田の価値と独自性に自信と誇りを持つ人を育む力」を「地育力」として、家庭―学校―地域が連携する「体験」や「キャリア教育」を主軸とする教育活動を展開している。そうすることにより、いつでも戻ってくるような人材を作ることに注力しているのである。そして、③に関しては、地域づくりの「憲法」とも言える自治基本条例を策定し、さらに地域活動の基本単位となっている公民館ごとに自治組織（地域運営組織）を立ち上げ、その運営を市の職員が全面的にサポートする体制が構築されている。ここでは①～③が戦略的にパッケージ化されているのが特徴である(48)。

　これと比べて見ても、新基本計画の「しごと」は飯田市の①、「くらし」

は飯田市の③、「活力」には多様な要素が詰め込まれているが、人材を中心に捉えれば、飯田市の②に照応すると理解することも可能であろう。この点で、現場レベルでの地域づくりの動きにも対応する体系化と評価できるのではないだろうか。

(4) 「地域政策の総合化」とは―まとめ

このように農村政策を体系化して、幅広く捉えればとらえるほど、それを「総合化」することが必要になり、新基本計画では、それも次のように強調されている。

「『地域政策の総合化』に当たっては、…（中略）『3つの柱』に沿って、効果的・効率的な国土利用の視点も踏まえて関係府省が連携した上で都道府県・市町村、事業者とも連携・協働し、農村を含めた地域の振興に関する施策を総動員して現場ニーズの把握や課題解決を地域に寄り添って進めていく必要がある」

もちろん、この「地域政策の総合化」という文言を書き込むだけで、中央省庁の連携が進むものではなかろう。しかし、あえて、それを括弧書きにしているのは、20年前の「食料・農業・農村基本法」で「総合的農村振興」を言いながらも、その調整役を果たせなかったことへの総括と、それへの再チャレンジに強い意欲があると理解したい。その点で、農水省の今後の具体的なアクションが注目される。

さらに、「総合化」と地方自治体は、当然、無関係ではない。むしろ、「中央分権・地方集権」[(49)] と言われたように、各省・各局・各課・各班に政策が細分化されている中央省庁と異なり（中央分権）、自治体農政の現場では、まさに省庁さえ越えた政策の「総合化」が必要である（地方集権）。つまり、「地域政策の総合化」は地方自治体を主役にしたものであるべきであろう。その点では、地方自治体の在り方が改めて論点となる。「自治体農政」へのサポート、特にその人材育成支援が農水省の農政としても意識されるべきであろう。

2020年新基本計画には、進行していた農村政策の空洞化に抗して、その再生が期待されていた。これに対して、現実に策定された新計画には、それ

に応えた内容も見られ、前向きに評価できる部分も多い。しかし、①狭義と広義の農村政策の位置づけの明確化、②体系化された農村政策の具体化、③書き込まれた「多様な農への関わり」と農業政策との関係、④「地域政策の総合化」の主体としての自治体農政の再生など、今後さらに検討されるべきものも少なくない。

そうした新基本計画で残された論点を含めて、より大きくは、本稿の結論として論じた「課題の3層化」への対応を行う農村政策の再構築が求められている。

〔注〕

(1) 拙著『日本農業の中山間地域問題』（農林統計協会、1994年）、第7章を参照。

(2) 「5全総」に相当する「21世紀の国土のグランドデザイン」は、あえて「全総」を名乗っていない。この点の経緯については、川上征雄『国土計画の変遷—効率と衡平の計画思想』（鹿島出版社、2008年）を参照。

(3) 衆議院地方行政委員会（2000年3月14日）における斎藤斗志氏による提案理由（同委員会、議事録による）。

(4) 宮口侗廸『新・地域を活かす』（原書房、2007年）、101頁。

(5) 橋本健二『格差の戦後史〔増補版〕』（河出書房新社、2013年）、226頁。

(6) 冨山和彦『なぜローカル経済から日本は甦るのか』（PHP研究所、2014年）、52〜53頁。

(7) 田代洋一「地域格差と協同の破壊に抗して」農文協編『規制改革会議の「農業改革」』（農山漁村文化協会、2014年）、25頁。

(8) 梶井功『小企業農の存立条件』（東大出版会、1973年）、第1章。

(9) 大野晃『山村環境社会学序説』（農山漁村文化協会、2005年）によれば、限界集落は「65歳以上の高齢者が集落人口の50％を超え、独居老人世帯が増加し、このため集落の共同活動の機能が低下し、社会的共同生活の維持が困難な状態にある集落」（同書、22〜23頁）と定義されており、前半の定量的規定（集落の高齢化率）に加え、後半の質的規定の両者から成り立っている。しかし、同書において、大野氏自身も、「限界集落」の特定はもっぱら前半の高齢化比率によって行っている。

(10) 前掲・大野『山村環境社会学序説』、107頁。

(11)「増田レポート」(日本創成会議人口減少問題分科会レポート(2014 年 5 月)からはじまる増田氏を中心に作成された一連の文書・レポート等)については、拙稿「農山村の歴史的位置」(小田切徳美・尾原浩子『農山村からの地方創生』筑波書房、2018 年)を参照。なお、次の点は重ねて強調したい。「増田レポート」の指摘する事実や議論の領域は、必ずしも目新しいものではないが、このレポートは次の 2 点においては十分に衝撃的であった。第 1 に、特定の自治体を「消滅可能性都市」「消滅する市町村」として名指しした点である。それにより、名指しされた地域の住民をはじめとする国民的関心を集めることに成功した。そして第 2 に、この「消滅可能性」の宣告とセットで、「選択と集中」が語られたことである。これにより、従来の抽象的な「切り捨て論」とは異なり、個々の地域に対する「消滅するから撤退すべき」という呼びかけになった。これらの点で、このレポートの政治性は際立っている。

(12) 総務省「リゾート地域の開発・整備に関する政策評価書」(2003 年)、90頁。

(13) 拙著『農山村再生―限界集落問題を超えて』(岩波書店、2009 年)。

(14) 藤山浩「田園回帰時代が始まった」(『季刊地域』No.19、2014 年)。

(15) 鳥取県交流人口拡大本部ふるさと人口政策課資料(2019 年 7 月公表)による。なお、このデータは、県外から県内市町村への移住を対象としており、県内移住者は含まない。

(16) 指出一正『ぼくらは地方で幸せを見つける』(ポプラ社、2016 年)、219 頁。

(17) その詳細は、寺谷篤志・澤田廉路・平塚伸治(小田切徳美解題)『創発的営み―地方創生へのしるべ』(今井出版、2019 年)を参照のこと。

(18) その紹介と分析として、拙稿「新政権の農山村対策」(『農業と経済』2010年 1・2 月合併号、本書第 4 部 2 章として所収)および拙著『農山村は消滅しない』(岩波書店、2014 年)、第Ⅳ章を参照。

(19) 拙稿「地域農業の『組織化』と地域農政の課題」(『農林業問題研究』第 40巻 4 号、2005 年、本書第 3 部 3 章として所収)および同「農政とむら」(坪井伸広・大内雅利・小田切徳美編『現代のむら』農山漁村文化協会、2009 年)を参照。

(20) 農林水産省大臣官房企画室「地域政策の動向」(鈴木信毅・木田滋樹監修『新農業経営ハンドブック』全国農業改良普及協会、1998 年)、40 頁。

(21) 農林水産省「ウルグァイ・ラウンド関連対策の検証」(農政改革特命チーム第 4 回会合資料、2009 年 3 月 3 日)。

(22) 象徴的なこととして、新基本法を生み出した食料・農業・農村基本問題調査会答申（1998 年）には、「集落」や「（農村）コミュニティ」という用語が、長文の答申にもかかわらず、ほとんど出現しない。

(23) 農林水産省・中山間地域等総合対策検討会「中山間地域等直接支払制度の検証と課題の整理」（2004 年）。

(24) 生源寺眞一『農業再建』（岩波書店、2008 年）、240 頁。

(25) 安藤光義氏は、「（日本の農村政策は）コミュニティ政策としての性格を帯びながらも、基本的に地域資源管理への傾斜を強める方向に向かっていった」（「農村政策の展開と現実—農村の変貌と今後」『2019 年度日本農業経済学会大会報告要旨』、2019 年）と指摘するが、これは広義・農村政策から狭義・農村政策へのシフトに他ならない。

(26) 拙稿「『活力プラン農政』と地域政策」（田代洋一・小田切徳美・池上甲一『ポスト TPP 農政』農山漁村文化協会、2014 年）、67 頁。

(27) それ以前の「総合的施策」としての農村政策の検討として、農林水産省・農山村振興研究会「研究会報告」（2002 年）、農林水産省・農村政策推進の基本方向研究会「中間とりまとめ」（2007 年）があるが、いずれも農林水産省発の総合的政策化には結びつかなかった。

(28) 具体的な施策を見れば、先の報告書「魅力ある農山漁村づくりに向けて」により、農林水産省は、2015 年度に、「地域住民が主体となった将来ビジョンづくりや集落営農組織等を活用した集落間のネットワーク化を支援する」（事業要綱）ことを目的として、最大 5 年間のソフト事業・ハード事業の両面にわたる「農村集落活性化支援事業」を新たに事業化した。しかし、翌年度（2016 年度）には、整理・統合され「農村振興交付金」のメニューの 1 つになり、ソフト事業として利用できる予算は減少した。

(29) その成り立ちと性格については田代洋一「半世紀の農政はどう動いたか」（小池恒男編『グローバル資本主義と農業・農政の未来像』昭和堂、2019 年）を参照。

(30) 過疎債のソフト事業については、拙稿「改正過疎法の意義と課題」（『ガバナンス』2010 年 6 月号）を参照。

(31) 田代・前掲「地域格差と協同の破壊に抗して」、28 頁。

(32) 藤山浩『田園回帰 1％戦略』（農文協、2015 年）、第 4 章を参照。

(33) 増田寛也・冨山和彦著『地方消滅・創生戦略編』（中央公論社、2015 年）における、冨山氏の発言（21 頁）。

(34) 図司直也『地域サポート人材による農山村再生』（筑波書房、2014年）。

(35) その詳細は宮口侗廸・木下勇・佐久間康富・筒井一伸編著『若者と地をつくる』（原書房、2010年）を参照のこと。

(36) 保母武彦『内発的発展論と日本の農山村』（岩波書店、1996年）、145頁。

(37) 拙稿「内発的発展論と農山村ビジョン」（小田切徳美・橋口卓也編『内発的農村発展論』農林統計出版、2018年）を参照。

(38) 前掲・拙稿「内発的発展論と農山村ビジョン」。

(39) Menelaus Gkartzinon, Philip Lowe 'Revisiting neo-endogenous rural development', Mark Scott, Nick Gallent and Menelaos Gkartzios *The Routledge Companion to Rural Planning* Routledge, 2019, pp.55-56.

(40) なお、次の点はあえて指摘しておきたい。実は、農政は市町村合併に中立ではない。2000年の食料・農業・農村基本計画は、その本文において、「近年、一つの市町村では対応できない諸課題が増加していることを踏まえ、市町村合併を積極的に推進する」と書き込んでいる。

(41) 山崎重孝「地方統治構造の変遷とこれから」（総務省編『地方自治法施行70周年記念・自治論文集』（2018年、総務省）、940頁。山崎氏は当時の総務省自治行政局長である。

(42) 岡田知弘「市町村農政の課題と新しい役割」（『農業と経済』2019年5月号）、13頁。

(43) 現行法に代わる新しい過疎法については拙稿「過疎地域の役割と新しい対策―新過疎法を展望する」（『ガバナンス』2019年8月号）を参照。

(44) そのような言説の例として、増田悦佐『高度経済成長は復活できる』（文藝春秋、2004年）がある。そこでは「人を大都市圏に集めれば日本経済は復活する」、「過疎地がますます過疎化するのはいいことだ」と論じられ、典型的に分断が煽られていた。

(45) その実態をレポートしたものとして、前掲・指出『ぼくらは地方で幸せを見つける』および田中輝美『関係人口をつくる』（木楽舎、2017年）を参照。両者は、関係人口の実態を論じたものであるが、それは「都市農村共生社会」の入口を語っているように読める。この点で、拙稿「関係人口という未来―背景・意義・政策」（『ガバナンス』2018年2月号、本書第5部4章として所収）も参照のこと。

(46) 「日本社会の分断は、何も世代間だけで起きているわけではない。地域間格差、（中略）男女間の格差も分断の原因として無視できるものではないし、

同じ世代間でも勝ち組と負け組は必ず存在する。つまり、平成の格差社会は
きわめて複雑に分断されている。その複雑さゆえ、同じ境遇の人びとさえま
とまることがいっそう難しい」(藤井達夫『〈平成〉の正体』イースト・プレ
ス、2018年、95頁)という指摘を考える時、「共生」の小さな動きに光を当
てることが重要であり、農村政策にはその可能性があると考えたい。

(47) 基本計画の農村政策では、例えば、民主党政権下の2010年には、同党マ
ニフェストの「農業・農村の6次産業化」がトップ項目となり、自民党に政
権が戻った2015年には、同党が導入を公約していた「多面的機能支払制度の
着実な推進」が筆頭にある。

(48) 飯田市の取り組みについては、本書第5部1章の表5-1-1(265頁)も参照。
そこでは、地方創生の「まち」「ひと」「しごと」との対応関係を指摘してい
る。

(49) 今村奈良臣『補助金と農業・農村』(家の光協会、1978年)。

第 2 部 農村の変貌

1章 農村問題の構図

1 中山間地域で進む3つの空洞化

いま、農村地域には多面的な問題が発生している。特に、山がちで条件不利性が強い中山間地域を対象として、その問題状況を整理すれば、「人」「土地」「ムラ」の3つの空洞化と表現できる。それぞれの現象をまとめてみよう（図2-1-1）。

① 人の空洞化—社会減少から自然減少へ

中山間地域における過疎化は、高度経済成長期に著しく発現した。例えば、「過疎」という新語が政府文書に登場したのは1966年であり、また最初の過疎法（過疎地域対策緊急措置法）は1970年に制定されている。このように、1960年代の高度経済成長期には、その現象は山村をはじめ離島や一部の漁村を揺るがしていたのである。

現在では、当時から見れば、人口減少はテンポを緩めている。しかし、人口動態が従来とは質的に異なる状況に転化した。地域社会の「人口自然減社会化」である。図2-1-2は過疎地域の人口動態を示したものであるが、80年代後半以降、過疎地域全体を通じて、人口は自然増加から自然減少（出生者数より死亡者数が多い）に転じている。さらに、それ以降、自然減少の幅は傾向的に拡大し、他方で社会減少（転入者数より転出者数が多い）は1990年代に入るとやや沈静化傾向にある。そのため、過疎地域における人口減少の要因は、自然減少にウェイトが急速に移りつつあることがわかる。

人口の流出はやや沈静化したものの、人口構成の高齢化が進んだために、

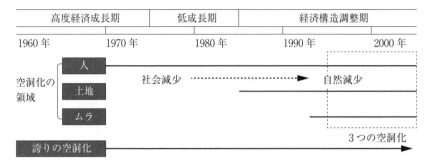

図 2-1-1　中山間地域における空洞化の進展（模式図）

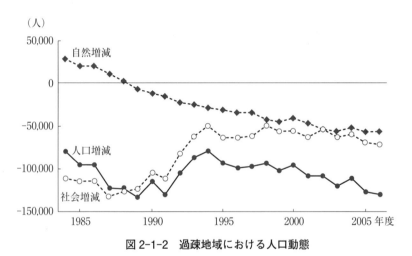

図 2-1-2　過疎地域における人口動態

注：1）総務省「住民基本台帳人口要覧」による。総務省『過疎対策の現状（過
　　　疎白書）』2007 年度版より引用。
　　2）過疎地域は、2008 年 4 月 1 日現在。
　　3）一部過疎地域のうち、データを取得できない区域（2003 年度 10 区域、
　　　2004 年度 141 区域、2005 年度 275 区域、2006 年度 278 区域）については
　　　除いている。

新しく生まれる子どもの数が少なく、そして高齢者の死亡により地域内人口
が、徐々にしかし確実に縮小していく状況こそが、現代における「人の空洞
化」の実相である。

②　土地の空洞化—農林地の荒廃

　農林業的土地利用の空洞化も、特に1980年代半ば以降、顕著である。それは、農林業の担い手不足の結果発生している「耕作放棄」「農地潰廃」「林地荒廃」等と表現される事態を指している。

　この「土地の空洞化」は、先に見た人口減少の自然減少への転化とほぼリンクしている。高度経済成長期の激しい人口社会減少（人口流出）によっても、現実には親世代が地元に残り、農林地を管理し続けることが多かった。担い手不足は、それに抗する動きとして始まった農林業の機械化・化学化による省力化と親世代の長寿化のために、広範囲には顕在化することがなかった。

　しかし、その世代がリタイア期に入り、そして人口減少も自然減少化することにより、いよいよ農林地の管理主体不足が顕在化した。その結果、特に山村部で耕作放棄地の急速な増大が発生し、「中山間地域」問題という新しい言葉で国政レベルでも問題提起され始めたのである。「中山間地域」という言葉は、中国山地等の特定の地域を指す言葉として従来から学界では使用されていたが、このように「平地の周辺部から山間地に至る、まとまった平坦な耕地の少ない地域」全体を指すように、政策サイドが使い始めたのは1988年のことである（米価審議会小委員会報告）。

③　ムラの空洞化—集落機能の脆弱化

　人や土地の空洞化は、「人が少なく、だいぶ寂しくなった」「農地が草ボウボウで、景観が荒れている」と、視覚的にも確認できるものである。しかし、「ムラ（集落）の空洞化」はそうではない。集落機能の後退は、あたかも忍び寄るように発生するものである。地方自治体の職員でさえも、管内すみずみの意識的な情報収集をしないかぎりは、なかなかその実態は見えてこない。

　少し古いデータだが、2000年の統計により図2-1-3を作成した。これは山口県内の中山間地域の集落を対象として、集落単位の壮年人口（30 〜 64歳）別の高齢化率、および寄合開催回数を示したものである。

　これによれば、当然のことながら、壮年人口が少ない集落では高齢化の進

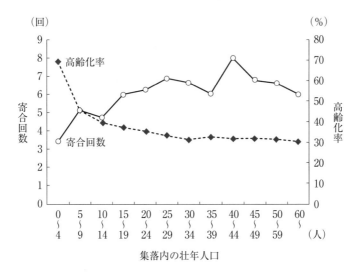

図 2-1-3 中山間地域集落における人とムラの空洞化（山口県、2000 年）

注 1) 資料：2000 年農業センサスの山口県集落調査データより作成。
　　2) 対象集落は、農林統計上の中山間地域に限定している。
　　3) 小田切徳美・坂本誠「中山間地域集落の動態と現状」（『農林業問題研究』第 40 巻 2 号、2004 年）より部分引用。

行が著しい。「人の空洞化」の実態が確認される。注目されるのは、特に壮年人口が希薄化した集落では、集落の寄合回数が少なくなっている点である。

　一般的に、集落の寄合の開催回数は、集落活動の活発さを反映している。集落が何か活動を行う時には、寄合を開催し、全戸参加で物事を決めていくからである。したがって、寄合回数が少ない集落では、活動も活発ではなく、集落の機能も停滞していることが少なくない。その点で、「人の空洞化」の進展した地域において、「ムラの空洞化」の発生を見ることができるのである。そして、この延長線上にいわゆる「限界集落」が発生している。

　「限界集落」という造語が、大野晃氏により使われ、山村における新たな現象として本格的に問題提起されたのは 1991 年と言われている（16 頁参照）。その対象地域は高知県であったが、そこでは、集落内人口規模の縮小と高齢化が進み、農林地の荒廃に引き続き、集落機能の著しい停滞が顕在化

したのである。

　このように中山間地域で段階的に発現した 3 つの空洞化は、実はそれぞれ「過疎」「中山間地域」「限界集落」という造語・新語により問題提起されて、現在に至っている。それぞれの現象は、造語が必要なほどの新たな現象であり、かつ社会的な議論を要請する重大なものだったことを表しているのではないだろうか。

2　深層で進む「誇りの空洞化」

　しかし、筆者は以上のプロセスの解明を追跡しながらも、こうした変動は事態の表層にすぎないとことを認識している。その深層ではより本質的な空洞化が進んでいる。それは、地域住民がそこに住み続ける意味や誇りを見失いつつある、「誇りの空洞化」である。

　その理解のために、次のような場面を再現しておこう。ある山村では、高齢単身女性が、年に 1 〜 2 回の子どもの帰省を待ちわびながらも、「うちの子には、ここには残って欲しくなかった」「ここで生まれた子どもがかわいそうだ」という。また、「若者定住」を力説する農協の幹部は、別の場面で「いまの若い者は、こんなところでは住まない。都会に出るのが当たり前だろう」という。筆者はこうした場面に一再ならず遭遇しているが、そのたびに、地域の人びとが地域に住み続ける意味や誇りを喪失しつつあると感じずにはいられず、それを「誇りの空洞化」と表現している。それは、かつて言われた「心の過疎」と重なるものであろう。

　おそらく、高度成長期から現在まで続く中山間地域からの人口流出の要因は、所得格差のみならず、このような根深いものではないだろうか。言うまでもなく、それは強いられた空洞化であり、地域の人びとが好んでその空洞化を受け入れている訳ではない。しかしながら、農村、特に中山間地域の再生を議論するには、こうした点にまで踏み込む必要があり、それを意識しない限り、真の再生はあり得ないのではないだろうか。

3 「空洞化」の里下り現象が始まった
—東京圏一極集中の要因

　中山間地域で、長期的過程として見られたこうした空洞化は、農村全体に拡がり始めている。その点を含めて、新しい世紀に入る前後に農村で生じた様々な変化をまとめてみよう。

　第1に、一連の地域社会の空洞化が、日本の農村全体のかなりの部分を覆い始めている点である。それを、「人の空洞化」について示したのが、次頁の表2-1-1である。

　これは、「農業センサス」で把握された2005年時点の農家の家族形態について、世帯員数を指標として示している。表中右側の山間地域について見ると、47都道府県中39で、最大の構成比を示す家族形態（黒丸で表示）が、2人世帯であることがわかる。その多くが、高齢夫婦世帯と推測されることから、「人の空洞化」により、いえの跡継ぎが同居していない農家がこのように一般化していると思われる。

　しかし、ここで問題とすべきは、同じ表の左側の平地地域である。ここでは、主として3世代家族と思われる6人世帯が多数を占める県が多い。ところが、近畿以西では2人世帯が最大を示している県も登場している。また東北でも北東北3県で3人が最大世帯である。つまり、平地地域においても、少なくない地域で農家家族の1世代化が進んでいると言えよう。

　このように、かつては山間地域でもっぱら見られた現象が、特に西日本では中間地域や平地地域まで広がり始めている。この現象は、「土地の空洞化」である農地壊廃をめぐっても進行している。一般にそれを「空洞化の里下り現象」と呼ぶことができる。いまや、地域社会の空洞化は中山間地域の専売特許とは言えない状況となっている。そして、さらに重要なことは、こうした「空洞化」のフロンティアは、現在では、農村地域を含む経済圏域で中心的都市機能を持つ地方都市に至っている点である。

　その典型例として、2004年に合併した広島県三次市を構成する旧自治体単位の人口動向を示した（表2-1-2）。三次市の周辺部における人口減少が、

表 2-1-1　農家の家族構成（世帯員数別農家戸数の分布）（2005 年）

	平地						山間					
	1人	2人	3人	4人	5人	6人	1人	2人	3人	4人	5人	6人
北海道			●					●				
青森			●					●				
岩手			●						●			
宮城						●			●			
秋田			●									●
山形						●		●				
福島						●		●				
茨城						●		●				
栃木						●		●				
群馬						●		●				
埼玉			●					●				
千葉						●			●			
東京								●				
神奈川						●		●				
新潟						●		●				
富山						●		●				
石川						●						●
福井		●						●				
山梨		●										●
長野						●		●				
岐阜						●		●				
静岡						●		●				
愛知						●		●				
三重						●		●				
滋賀						●		●				
京都						●		●				
大阪					●	●			●			
兵庫		●						●				
奈良					●			●				
和歌山		●						●				
鳥取						●		●				
島根		●						●				
岡山		●						●				
広島		●						●				
山口						●		●				
徳島		●						●				
香川		●						●				
愛媛		●						●				
高知						●		●				
福岡		●						●				
佐賀						●		●				
長崎		●						●				
熊本		●						●				
大分		●						●				
宮崎		●						●				
鹿児島		●						●				
沖縄		●						●				
全国						●		●				

注：1）農林水産省「農業センサス」より作成。

　　2）それぞれの県における世帯員数別農家戸数が最大を示すものを●で表している。

　　3）東京の平地はデータなし。

　　4）大阪の平地は5人世帯と6人世帯が同数。

表 2-1-2　広島県三次市の地区別（旧市町村）の人口増減 （単位：％、人）

	(旧)三次市	(旧)君田村	(旧)布野村	(旧)作木村	(旧)吉舎町	(旧)三良坂町	(旧)三和町	(旧)甲奴町	(新)三次市計	(新)三次市期末実人口
1965 ～ 1970 年	-4.5	-17.5	-14.5	-21.1	-11.8	-8.7	-9.6	-13.0	-8.6	65,561
1970 ～ 1975 年	2.8	-11.1	-7.5	-16.0	-8.0	-2.7	-5.5	-9.3	-2.1	64,190
1975 ～ 1980 年	1.8	-4.9	-4.2	-6.4	-5.6	-3.4	-3.6	-5.3	-0.9	63,582
1980 ～ 1985 年	2.9	-3.4	2.0	-9.7	-3.5	2.7	-3.9	-0.4	0.8	64,089
1985 ～ 1990 年	1.3	-1.5	-3.7	-8.7	-2.3	-4.1	-5.1	-3.3	-0.8	63,596
1990 ～ 1995 年	1.0	3.0	-6.9	-7.1	-1.8	1.0	-3.3	-7.3	-1.1	62,910
1995 ～ 2000 年	-0.9	-3.1	-2.9	-2.6	-5.0	-4.2	-4.5	-4.2	-2.0	61,635
2000 ～ 2005 年	-1.5	-8.2	-9.7	-10.7	-7.1	-6.6	-7.9	-7.5	-3.8	59,314

注 1) 資料：『国勢調査』（各年版）より作成。
　 2) 新三次市は 2004 年 4 月に、1 市 4 町 3 村の合併によって形成された。
　 3) 濃い網掛けは減少率 5％を超えるもの、薄い網掛けはそれ以外の人口減少を表す。

高度経済成長以来著しいことは明らかであるが、それでもいずれの旧町村でも人口減少が下げ止まった時期や反転して増加した時期も見られ、むしろ75 年以降の人口動向は人口増減が併存する「まだら」状況を示している。しかし、最近の 2000 ～ 2005 年には、すべての旧町村で再び激しい人口減少期を迎え、さらに旧三次地区での人口減少傾向が強まっている。

　つまり、ここでは、人口の「ダム機能」を果たしていた地方中小都市自体の衰退が生じているのである。地方中小都市の周辺中山間地域のみならず、その圏域全体の空洞化こそが、新たな傾向に他ならない。

　そして、実はこの対極にある現象が「東京圏一極集中」である。統計的に見ると 20 世紀末以降から現在までは、高度経済成長期、バブル経済期に続く第 3 の東京圏人口集中期である。表示は省略するが、2008 年では年間約15 万人の東京圏転入超過があり、この値はバブル期ピークの 1987 年にほぼ相当する。しかし、その背景は過去 2 回とは大きく異なり、過去の 2 回のように人びとが東京に吸引されたというよりは、むしろ人びとが地方部に戻らなくなることによって生じているからである。地方都市の実態から見れば、

それは「戻らない」ではなく、「戻れない」というべきかもしれない。そうであれば、「東京圏一極集中」ではなく「東京圏一極滞留」が正しい表現であろう。

4　空洞化の起点で生じる集落の「限界化」と消滅

　第 2 に、空洞化の起点となった中山間地域では、「ムラの空洞化」(集落機能の脆弱化) がさらに進行し、一部の地域では集落機能は急速に衰退し始めている。大野晃氏が「集落にこの世帯 (独居老人世帯) が滞留し、(中略) そのため社会的共同生活を維持する機能が低下し、構成員の相互交流が乏しくなり各自の生活が私的に閉ざされた『タコツボ』的生活に陥り、(中略) 以上の結果として集落構成員の社会的生活の維持が困難な状態となる。こうしたプロセスを経て、集落の人びとが社会生活を営む限界状況におかれている集落、それが限界集落である」[1] とした動きの広がりである。そして、その先には、集落の消滅が控えているとされた。

　2006 年に国土交通省と総務省が共同で行った過疎地域集落の全国悉皆調査によれば、その地域内に現存する約 6 万 2000 の集落のうち、消滅可能性がある集落は、2643 集落にものぼり、それは調査全集落の4.2%に相当する。

　しかし、同じデータを西日本 A 県において、より詳しく調べると (表 2-1-3)、調査対象となった集落 (過疎地域市町村の全集落) には、都市的地域や平地地域に相当する集落も少なくない (集落単位での区分)。そこで、対象を山間地域に絞り込んで見ると、地域内集落の 12%で消滅可能性が発生しており、さらに行き止まり (地形的に末端) の集落となると、その値は37%にも達する。

　「限界集落」をめぐっては、その多くが河川の最上流部の源流域に立地することから、それを「水源の里」として位置づけ、積極的に支援する京都府綾部市の取り組み (「水源の里条例」を制定し、いくつかの条件を満たす集落を「水源の里」に指定し、市による施策や予算を集中的に投入している) が注目されているが、山間地域のまさにそのような行き止まり集落では、かなりの割合で消滅の危機に瀕しているのである。

表 2-1-3　西日本 A 県における過疎地域集落の展望（2006 年、アンケート調査結果）　(単位：集落数、％)

	集落数①	消滅可能性がある集落数	
		実数②	割合 （②／①）
都　　　市	353	0	0.0
平　　　地	618	5	0.8
中　　　間	703	9	1.3
山　　　間	794	98	12.3
（山間のうち地形的行き止まり）	(126)	(47)	(37.3)
A 県合計	2,468	112	4.5
全　　　国	62,273	2,643	4.2

注：国土交通省・総務省「国土形成計画策定のための集落の状況に関する調査」（2006
年、過疎地域市町村に対する集落の調査、回収率 100％）における A 県データの筆
者による組替集計結果。全国の数値は国土交通省『国土形成計画策定のための集落
の状況に関する最終報告書』（2007 年）による。

　そして、問題はこのような集落の消滅傾向が、生み出している現実である。なぜならば、経済合理主義的な考え方を強調する論者からは、「その地域を維持する財政コストを考えれば、条件の悪い地域に住むのはやめて、都市にまとまって居住するのが合理的だ」という認識から、むしろ集落が消滅するのは当然であり、それ自体に問題を認識しない論調も見られるからである。

　例えば、経済評論家で元経済企画庁長官の堺屋太一氏は、次のように言う。

　「国土の均衡ある発展は、あらゆる地域を、あらゆるところに人口をばらまくのではなくして、ある程度効率的な生活のできる状態をつくりたいと思います。現在、集落と言われるのは三戸以上あるところだそうでありますが、それが十四万、全国にございます。その中で九戸未満、九戸以下（ママ）というのが五千七百あります。九戸以下のところというのは大体高齢化しておりまして、お年寄りがお一人で住んでいるような家が多いんですが、私は、危険もございますし、コストの問題以外に孤立した存在になるので、余り幸せな生活、九戸未満ではできないんじゃないか、せめて一番その近くのところに百戸以上ぐらいで集住できる方が幸せで安全なんじゃないかなと思

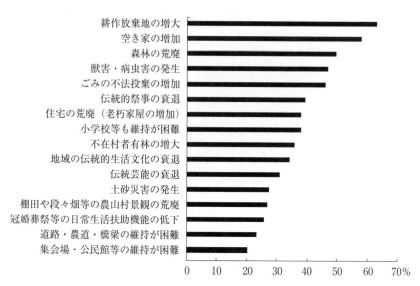

図 2-1-4　過疎地域集落で発生している問題・現象（2006 年、市町村アンケート調査結果・複数回答）

注 1）資料：国土交通省『国土形成計画策定のための集落の状況に関する最終報告書』
　　　（2007 年）掲載のデータより、加工作成。
　　2）複数回答であり、20％以上の項目のみ表示した（全 30 項目中 16 項目を表示）。

うんですね」[2]

　こうした議論もあることから、図 2-1-4 では表 2-1-3 と同じ過疎地域集落
のアンケートで、「発生している問題・現象」を尋ねた結果をまとめている
が、これは様々な事実を語っている。

　上位 3 位を占めるのは「耕作放棄地の増大」「空き家の増加」「森林の荒
廃」である。「土地の空洞化」の拡がりが確認される。しかし、これは主に
当該集落内で発生している現象である。これらに続く「獣害・病虫害の発
生」、「ごみの不法投棄の増加」は、それとは異質である。割合はいくらか低
い「土砂災害の発生」も含めて、これらは集落外への影響が懸念される現象
であろう。つまり、集落の小規模・高齢化の進行、そしてその結果としての
「限界集落」化は、災害、ゴミ（産廃を含む）、獣害という周辺および下流域
に対する負の連鎖を生みつつある。

　集落の「限界化」・消滅は、このように、周辺や下流域への影響を通じて、

多くの国土、国民にかかわる問題として、捉えるべきものであろう。集落移転により、単純に解決する問題ではないのである。

5 市町村合併により周辺化する農村

第3に、市町村合併がもたらした現実を指摘しておきたい。20世紀末から現在までの時期は、市町村合併が進展した時期でもある。「平成の大合併」と称されるこの動きは、2005年3月末に失効した旧市町村合併特例法による財政支援措置の活用が可能であった2006年3月末までに急速に進行し、その後も新合併特例法の下で2010年3月まで続いている。

その後、この合併について、政府の第29次地方制度調査会は「平成11年以来の全国的な合併推進運動については、現行合併特例法の期限である平成22年3月末までで一区切りとすることが適当であると考えられる」（同調査会答申、2009年）と宣言しているが、しかし自治体数はこの間、1999年3月末の3232団体から2010年3月末には、1760団体へ46％も減少する。

この市町村合併の状況を概観するために、表2-1-4を作成した。大合併が本格化する以前の1999年4月1日現在の市町村から旧合併特例法下の合併期限（2006年3月末）までの合併状況を、地域類型別に示したものである。

表2-1-4 地域類型別に見た市町村合併状況（1999年4月の自治体数ベース）

	合計 （①）	合併市町村 （②）	非合併 市町村	②／① （％）
都市的地域	759	310	449	40.8
平地地域	693	458	235	66.1
中間地域	1,038	701	337	67.5
山間地域	739	494	245	66.8
合　計	3,229	1,963	1,266	60.8
（うち過疎地域指定）	1,230	836	394	68.0
（うち人口1万未満）	1,557	1,094	463	70.3
（うち財政力指数0.3未満）	1,421	984	437	69.2

注1）1999年4月1日段階の自治体をベースとして、各種資料よりデータベースを作成し、それにより集計した。

2）合併状況は2006年3月末、過疎地域指定は1999年度、人口は2000年、財政力指数は1999年度時点を示す。

見られるように、合併前の全市町村の61%が、最終的な合併にかかわっている。合併協議に参加して、合併にまで至らなかった自治体が存在することを考慮すれば、実質的に合併過程にかかわった市町村の割合はさらに高いものと思われる。この間の市町村合併は「大合併」と表現するにふさわしいものであった。

そして、その地域性であるが、予想されるように都市と農村では、大きな差が生じている。都市的地域では合併に参加した市町村の割合は41%であったのに対して、平地、中間、山間の各地域では66〜68%である。大合併は農山村地域でより激しく進展したことが確認される。また、表の下欄で示したように、過疎地域指定市町村、人口1万未満市町村、財政力指数0.3未満市町村でも同様に、7割前後の合併参加割合であり、農村、人口零細、過疎地域、低財政力の市町村で共通して、合併が進んだことがわかる。

問題は、このように農村地域で激しい市町村合併が進行する中で、新たに生まれた自治体の規模である。その点を、新潟県の実態を事例に確認してみよう（表2-1-5）。同県は、今回の合併では、市町村数の減少が全国最大の県である。市町村の大きさを表す場合、面積を使用して、「東京23区よりも大きい」というコメントがしばしばみられるが、そうした指標では、なかなか変化が実感できないのが現実であろう。そこで、住民にも行政にも馴染みやすい指標である集落数により、合併前後の市町村規模を比較している。

これによれば、合併前の県内市町村の1団体当たりの平均集落数は43だった。これは、行政から見れば、全集落を十分に見渡すことが可能な規模と言えよう。しかし、合併後のそれは、3倍以上の135集落に拡大している。しかも、合併市町村に限定すれば、243集落という規模であり、さらに県内自治体を個別的に見ると、1市で400〜500集落を超えるような巨大自治体が複数誕生している。

こうした結果、一般的には農村地域、とりわけ中山間地域が、政策対象として相対的に希薄化しつつある。また、地域で発生している諸々の現実の情報が、行政（市役所）に集まらないという現象も散見される。身近なはずの基礎自治体が農村地域から遠くなり、その結果、「見えにくい農村地域」という状況が全国的に生まれているのである。それらの地域は、経済的に周辺

表 2-1-5　集落数で見た合併による市町村の規模変化（新潟県）

	「平成合併」前		「平成合併」後	
市 町 村 数	112		35	
1市町村当たり集落数	43		135	
同上（合併市町村のみ）	–		243	
同上（未合併市町村のみ）	–		38	
集落数で見た大規模市町村 （上位10位）	上越市	215	上越市	672
	新潟市	149	新潟市	584
	新発田市	146	長岡市	451
	長岡市	141	佐渡市	347
	柏崎市	128	十日町市	269
	十日町市	118	新発田市	252
	白根市	108	南魚沼市	203
	糸魚川市	108	柏崎市	185
	小千谷市	99	三条市	173
	新井市	89	阿賀野市	170

注 1) 資料：総務省資料（ホームページ）および農林水産省「農業センサス・集落調査」（2000 年）より作成。
　　2)「合併前」とは 1999 年 3 月末、「合併後」とは 2006 年 3 月末を指す。
　　3) 集落数は時期によらず、2000 年時点のものを採用している。

化するだけではなく、制度的にも周辺化が強いられていると言えよう。

　このような結果をもたらした平成の大合併が、「ムラの空洞化」が発生し始めた時期に強行された。おそらくは、集落に対する副作用が最も強く、むしろ避けるべきタイミングでの実施だったのではないだろうか。

6　急減し始めた農村の世帯所得

　第4に、経済的な実態も指摘しておきたい。周知のように、2008 年秋のいわゆるリーマンショック以来の「100 年に 1 度」とも言われている経済不況の中で、特に地域経済の厳しさが各方面から問題提起されている。

　しかし、実はそのような問題が発生する以前より農村では世帯所得の減少が発生している。それを確認するため、本書第 1 部の前掲表 1-2（18 頁）を再度見よう。すでに見たように、主業農家、準主業農家そして副業的農家に共通して大幅な減少が見られ、それをリードするのは、農産物価格の全般的

な低下に直面する主業農家ではなく、むしろ従来の第2種兼業農家や高齢農家に相当する副業的農家であった。この背景には、副業農家の世帯員の高齢化もあるが、それだけでは、こうした大きな変化は説明できない。やはり農村地域の経済的停滞傾向が、副業農家経済に強いインパクトを与えているのであろう。

そして、この副業的農家は、農村地域を代表する世帯である。かつてはその所得の相対的な高さや安定度から「社会の安定層」（1978年度版『農業白書』―第2種兼業農家に対して）という評価さえもあった。しかし、いまや少なくとも所得水準に関する限りは安定層とは言えない状況となっているのである。

そして、この統計が示す2003年以降、とりわけ2008年のリーマン・ショックを契機とする「世界同時不況」の影響がこれに重なる。派遣切り、雇用止めの直接の影響は大都市や地方都市だけで発生しているように見られがちであるが、決してそうではなく、農村地域の誘致企業でも当然発生している。むしろ、第3次、第4次の下請けに相当する農村工業では、雇用調整はより高い頻度で発生していると考えるべきであろう。

その一端は、「農家の家計実態調査」（家の光協会・JA全国女性組織協議会）にも反映している。これは統計作成を目的とした調査ではなく、農家を中心とした家計簿による生活実態把握のための調査結果であるが、それだけにリアルな実態が映し出されている。

2008年の集計対象世帯（289世帯）の総収入は、農業収入がある世帯では前年比12%の減少であり、農業収入がない世帯も同じ値を示す。1年の変化としてはかなり大幅な、しかも3年連続の減少である。その結果、家計簿記帳者の実感として、農業収入がある世帯では41%が、農業収入がない世帯では40%が「家計に満足していない」と答えている。しかも、この回答の記帳者年齢による差は大きく、教育費等の負担が重い40歳代では63%が不満としている（農業収入がある世帯とない世帯の合計）[3]。

家計費や生活水準との関係等、より詳細な実態把握は今後の課題であるが、農村における就業や所得の現実は、問題含みで推移していることは間違いないであろう。

〔注〕

(1) 大野晃『山村環境社会学序説』（農山漁村文化協会、2005 年）、99 頁。

(2) 参議院国民生活・経済に関する調査会（2009 年 1 月 28 日）における参考人
としての発言。

(3) 家の光協会『農家の家計実態調査結果報告書（2008 年）』（2009 年）。

2章 集落の動態—2000年農業センサス分析

1 中山間地域集落の動態

　「2000年農業センサス・集落調査」結果の最大の特徴は、農業センサス上の数少ない「不変数」であった農業集落数が、ついに減少し始めたことである。表2-2-1にあるように、1990年から2000年までの10年間で約5000におよぶ集落の減少数は、農村地域における新たな事態の発生を予感させるに十分なものであろう。

　しかし、こうした集落数の動向をさらに地域類型別にみれば、減少した5000集落のうち約4割に相当する2100集落余りが都市的地域で発生している。この地域の集落数の減少は、集落が無人化する状況を示すものではなく、多くが混住化の果てに農業集落としての機能と実態を失った状況を示していよう。したがって、今回見られた集落の減少すべてを、「集落消滅」とセンセーショナルに表現することは明らかに誤りである。集落調査ではその対象が、あくまでも農業集落であり、その数の減少は、一般的には「集落の

表2-2-1　農業集落数の動向（全国）　　（単位：集落数、％）

	1970年	1980年	1990年	2000年	1990～2000年の変化	
					減少数	減少率
都市的	–	–	33,726	31,588	2,138	6.3
平　地	–	–	36,709	36,443	266	0.7
中　間	–	–	44,753	43,396	1,357	3.0
山　間	–	–	24,934	23,736	1,198	4.8
全　国	142,699	142,377	140,122	135,163	4,959	3.5

注1) 農業センサスによる。本章ではことわりがない場合は同じ。
　2) 1990年の地域類型区分は2000年基準による再集計。

非農業集落化」[1] と言うべきものであろう。

とはいうものの、ここで焦点となる中山間地域、特に山間地域の減少率は都市的地域に次いで高い。また中間地域とあわせた中山間地域の減少数は2500集落を超え、全体の半数を上回る。センサスが把握した、中山間地域におけるこうした状況が何を背景として、そして何を意味しているか。その解明が重要な課題であることは間違いない。検討を進めてみよう。

その場合、特に意識したいのは、中山間地域で相変わらず顕著な農家戸数の減少の影響である。それが直接に集落の減少につながっているのであろうか。まずその点を、地域類型別に見たのが次頁の図2-2-1である。

横軸に農家戸数の減少率（1990～2000年）、縦軸に集落数の減少率（同）をとり、地域類型別に都道府県をドットした。これにより明らかなように、平地地域では農家の激しい減少も、ほとんど集落数の減少に結びついていない。それに対して都市的地域と山間地域では、農家戸数の減少率は集落数の減少につながっている現実が観察される。特に、農家戸数減少率が20％を超える都道府県では、多くの地域で集落数の減少は5％を超えており、集落の動きとしては大きな変化が発生していると言える。

また、地域内における農家戸数の減少はこのような「集落の非農業集落化」に至る過程で、集落の小規模化につながっていることは容易に予想されよう。その確認のために、図2-2-2を作成した。山間地域の集落規模を農家戸数により見たものであるが、都道府県別に大きな格差が存在していることは明らかであろう。

総じて言えば東日本、特に東北で集落内の農家戸数は多い。ここでは、岩手（19戸）、山形（18戸）を除き、20戸を超える。一方、中国や四国では鳥取（18戸）、岡山（16戸）を除き、15戸未満である。また、これに加えて関東の諸県で見られるように、畑作地帯で農家戸数規模が小さい。

こうした集落規模格差は、それぞれの地域における村落形成の論理を背景とする原生的な要素も強いと思われる。特に、東北・山間における集落の大きさは、そのように説明することが適当であろう。しかし、他方では、西日本や畑作地帯におけるその小ささは、そこで発生した激しい離農現象を大きな背景とするものであろう。このように、集落規模の地域間格差には多面的

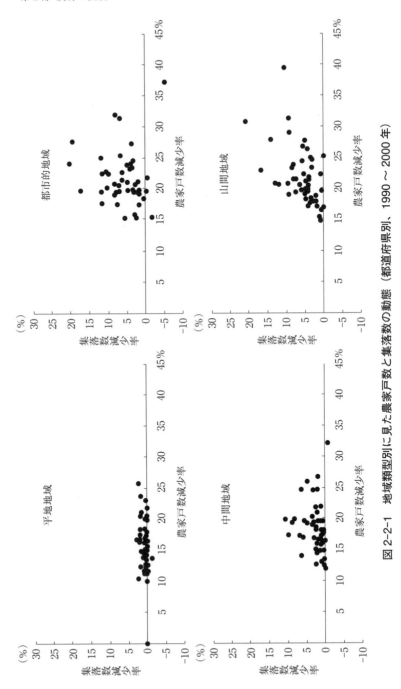

図 2-2-1 地域類型別に見た農家戸数と集落数の動態（都道府県別、1990 ～ 2000 年）

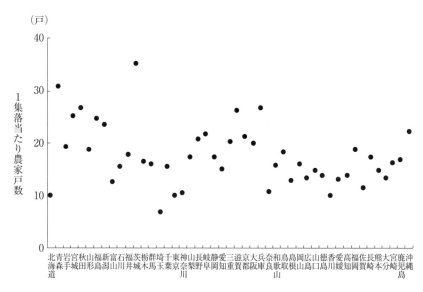

（戸）

図 2-2-2　都道府県別に見た山間地域の集落規模（2000 年）

な要素が関連していることに注意しなくてはならないが、「集落の非農業集落化」に至る過程で、集落の小規模化が発生していることは明らかであろう。

　以下では、こうした中山間地域における小規模化や「非農業集落化」との関連で、集落機能変化の実相を明らかにしてみたい。

2　地域類型別に見た集落機能の特徴

　ここでは考察の前提として、地域類型別に見た集落機能の現状をまとめておきたい。集落機能は論者によって様々なとらえ方がある。たとえば、それを、①地域資源維持管理機能、②農業生産面での相互補完機能、③生産面の相互扶助機能の 3 機能ととらえる議論 [2] は、集落の実態から支持されやすいものであろう。

　しかし、こうした機能はいずれも、集落の寄合の場で決定されていることから、その寄合の年間実施回数や議題等が集落機能分析でも重要な素材を提

表 2-2-2　地域類型別に見た寄合の回数別集落数の構成（2000年）（単位：%）

		集落数計	寄合を開催した集落									寄合を開催しなかった集落	（指標）	
			計	1〜2回	3〜4回	5〜6回	7〜9回	10〜12回	13〜15回	16〜19回	20回以上		0〜4回	13回以上
全国	都市的	100.0	97.8	12.7	17.8	17.8	10.3	16.4	10.1	5.4	7.1	2.2	32.8	22.7
	平地	100.0	99.2	7.8	15.4	20.6	11.4	21.5	9.6	4.6	8.3	0.8	24.0	22.5
	中間	100.0	98.4	11.5	18.0	20.0	9.7	21.0	9.1	3.4	5.7	1.6	31.1	18.2
	山間	100.0	98.1	12.4	18.7	19.5	8.8	22.0	8.8	3.4	4.5	1.9	33.1	16.6
	合計	100.0	98.4	10.9	17.4	19.6	10.2	20.2	9.4	4.2	6.5	1.6	29.9	20.1
山間地域	北海道	100.0	94.5	10.1	15.4	20.7	11.8	18.9	8.5	2.1	7.0	5.5	31.0	17.6
	東北	100.0	97.8	11.3	17.0	21.7	12.0	18.8	6.5	3.0	7.6	2.2	30.4	17.1
	北陸	100.0	98.7	13.6	23.6	22.6	10.2	17.4	5.6	2.1	3.6	1.3	38.5	11.3
	北関東	100.0	99.7	13.7	24.0	24.9	13.0	17.3	3.6	1.5	1.5	0.3	38.1	6.7
	南関東	100.0	98.4	10.8	21.6	27.2	12.4	16.9	5.9	1.6	1.9	1.6	34.0	9.4
	東山	100.0	98.9	10.8	17.6	17.3	8.3	24.1	10.6	5.4	4.7	1.1	29.5	20.7
	東海	100.0	99.2	8.9	16.1	19.9	12.8	27.2	7.3	3.4	3.6	0.8	25.8	14.2
	近畿	100.0	97.0	13.9	19.6	17.4	9.6	16.7	8.2	5.2	6.4	3.0	36.5	19.8
	山陰	100.0	99.4	6.8	10.4	14.5	6.4	30.0	17.6	7.3	6.4	0.6	17.8	31.3
	山陽	100.0	97.9	15.7	21.6	16.5	4.8	24.5	9.5	2.7	2.8	2.1	39.3	14.9
	四国	100.0	96.8	18.4	24.3	19.6	5.0	19.8	6.8	1.6	1.2	3.2	45.9	9.7
	北九州	100.0	98.8	12.2	18.5	23.1	8.8	21.6	8.8	2.2	3.7	1.2	31.9	14.7
	南九州	100.0	99.2	11.0	17.2	21.2	6.7	24.4	10.1	2.4	6.2	0.8	29.0	18.7
	沖縄	100.0	100.0	2.2	17.8	22.2	15.6	26.7	11.1	2.2	2.2	0.0	20.0	15.6

注）全国欄の太字は全国合計を超える値、山間地域では全国山間を超える値を示す。

供していると思われる。センサス・集落調査でも、1980年以来一貫して調査を続けている項目である。そこでここでは、寄合回数やその議題を通じて、集落機能の実態に接近してみよう。

　まず、表2-2-2では集落の寄合回数の地域類型別実態を示した。地域類型別の相違は、確かに存在している。すなわち1〜2回、3〜4回は、中間地域と山間地域で多い。逆に13回以上（平均して月1回より多い）は、平地地域および都市的地域で多い。また、寄合を開催しなかった集落もわずかではあるが、各地域に見られ、相対的には都市的地域と山間地域でそれが多いことがわかる。つまり、平地地域では、相対的に寄合の開催が活発であり、それに対して中山間地域では開催回数の少ない集落が多い。また都市的地域

では両極に分解している。

　そして、山間地域の地域性であるが、そこには大きな地域差が見られ、しかも複雑な様相を見せている。表右欄に0〜4回、13回以上の構成比を「指標」として示したが、寄合回数が少ないのは、北陸、北関東、南関東、山陽、四国であり、逆に多いのは、北海道、東北、東山、山陰、南九州である。特に山陰の回数の多い集落割合の大きさは突出している。これは、この地域における活発な集落営農の構築と関連していることが予想される。また近畿は、興味深いことに両極に偏り、5〜12回という中間層が少なく、逆に東海は、その層がかなり分厚い。

　このように農家世帯員の高齢化や家族の1世代化で同等の条件を持つ四国・山陽と山陰が、ほぼ両極に位置するように、例外も多いが、総じて高齢化や兼業化が進んだ地域での寄合の少ない集落への偏りが見られると言えよう。

　山間地域におけるその関係を図示したのが次頁の図2-2-3である。総農業集落数に対する寄合回数が4回以下の集落（開催しない集落を含む）の割合を「寄合脆弱化率」として、高齢化率との関連を都道府県別に示したものである。ここには強い相関関係が見られるとは言い難いが、それでも集落数が少ない沖縄や大阪を除外して考えれば、高齢化諸県の山間地域で寄合脆弱化傾向が発生していることが、おおむね言えるのではないだろうか。

　なお、図中に示したように、都道府県の中で「寄合脆弱化率」がもっとも高いのが山口県である。そうした地域で何が発生しているのか、この地域を対象として次節で考察してみたい。

　次に、議題別の寄合の開催状況を見よう。それぞれのテーマを議題として寄合を行った集落の総集落数に対する割合を87頁の表2-2-3に示した（その割合を「寄合開催率」とする）。

　まず全国の傾向を見よう。全国計における寄合開催率は、「祭り」（祭り、運動会等の集落行事の計画・推進）─「環境」（環境美化・自然環境の保全）─「農道・水路」（農道・農業用用排水路の維持・管理）─「生活施設」（生活関連施設等の整備・改善）─「転作」（水田転作の推進）─「福祉・厚生」（農業集落内の福祉・厚生）─「共有財産」（農業集落共有財産の利用・運

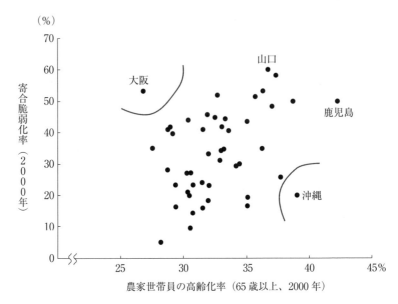

図 2-2-3　山間地域における高齢化率と寄合脆弱化率の関係（都道府県別、2000 年）

注）寄合脆弱化率＝寄合回数 4 回以下集落数／総集落数

営・管理）─「基盤整備」（土地基盤整備等の補助事業の計画・実施）の順で低くなっている。予想されるように生活関連の議題による寄合開催率が、生産や地域資源管理に関連するものを大きく上回っている。

そして地域類型別には、それぞれの特徴が鮮明である。すなわち、「祭り」「環境」「生活施設」などの生活関連の議題については、わずかの差ではあるものの、平地地域より山間地域の寄合開催率が高い。それに対して、「農道・水路」「転作」「基盤整備」「共有財産」等の農業生産や地域資源管理に関する議題では、逆に山間地域より平地地域の寄合開催率が高く、その格差は大きい。両者を統合して考えれば、山間地域では、集落の寄合が、祭りや生活関連施設などの生活面の課題に重心をおいて運営されている姿が浮かび上がってこよう。

また山間地域を地域別に見ると「基盤整備」「転作」「農道・水路」「共有財産」で格差が大きい。これは、地域における水田や共有財産自体の賦存状

表 2-2-3　議題別に見た集落の寄合開催率（2000 年）　　(単位：%)

		集落数計	土地基盤整備等の補助事業の計画・実施	水田転作の推進	農道・農業用用排水路の維持・管理	農業集落共有財産の利用・運営・管理	生活関連施設等の整備・改善	祭り、運動会等の集落行事の計画・推進	環境美化・自然環境の保全	農業集落内の福祉・厚生
全国	都市的	100.0	11.6	53.6	65.6	26.1	66.1	81.8	69.4	43.7
	平地	100.0	**23.4**	**74.1**	**76.5**	**36.4**	70.6	**87.3**	72.8	43.2
	中間	100.0	**19.3**	**65.2**	**75.8**	**32.7**	**74.6**	**88.0**	**74.8**	**48.3**
	山間	100.0	15.9	58.4	68.0	**34.4**	**72.4**	**89.0**	**74.1**	**46.8**
	合計	100.0	18.0	63.7	72.2	32.5	71.2	86.5	72.9	45.6
山間	北海道	100.0	**20.3**	31.2	35.5	27.9	64.1	83.8	67.1	46.7
	東北	100.0	15.6	**69.1**	**68.8**	31.6	72.0	88.7	**77.8**	43.2
	北陸	100.0	**23.4**	**76.0**	**78.8**	**47.8**	**72.6**	85.2	67.3	42.2
	北関東	100.0	11.0	40.8	63.1	18.2	72.4	**93.1**	70.7	17.0
	南関東	100.0	0.5	6.3	37.8	7.7	68.1	**91.3**	70.0	23.0
	東山	100.0	12.9	45.8	**72.2**	**45.8**	**77.5**	**92.9**	**77.3**	**56.8**
	東海	100.0	**16.1**	**59.8**	**73.1**	**42.0**	70.9	**90.2**	**76.7**	42.2
	近畿	100.0	**18.3**	**65.1**	**74.4**	**48.2**	**74.0**	83.6	74.0	**55.8**
	山陰	100.0	15.6	**73.9**	65.0	**39.5**	**79.6**	**92.7**	**81.1**	**70.9**
	山陽	100.0	14.2	**67.2**	**72.7**	32.6	**77.3**	**89.8**	**78.0**	**50.7**
	四国	100.0	12.9	30.6	62.5	19.9	59.7	88.1	62.8	27.8
	北九州	100.0	15.0	**71.2**	**68.9**	22.8	**74.0**	88.3	68.1	42.0
	南九州	100.0	**23.4**	**65.5**	**76.2**	**35.7**	**77.7**	**94.1**	**87.9**	**61.7**
	沖縄	100.0	**35.6**	0.0	64.4	33.3	66.7	**95.6**	**86.7**	40.0

注 1）各議題の寄合開催率＝各議題の開催集落数／総集落数

　　2）全国欄の太字は合計を超える値、山間地域では全国山間を超える値を示す。

況に影響されている面が大きいと思われる。その点で、注目されるのが、そうした制約がない「福祉・厚生」におけるやや大きな地域格差である。その傾向は、四国は例外として、おおむね西日本の高齢化地域で高い。おそらくは、これらの地域では、高齢化の進展と関連し、集落としての「福祉・厚生」機能が、相対的ながら、強まっていることが推測できる。

　以上のことから、特に高齢化が進んだ西日本の山間地域では、寄合の開催状況の後退傾向が見られるが、それと同時に寄合の議題について、生産面から生活面への重心移動が進みつつあることが示されていると言えよう。

なお、ここでは四国が例外であるが、実は四国はほとんどの議題で寄合率が低い。北関東、南関東でも同様であることから、畑作地帯の集落の特性を反映していることも考えられる。

3 集落と集落機能変貌の実相
―山口県中山間地域の構造分析

(1) 集落小規模化の実態―集落内壮年人口への着目

前節で分析したように、一般的に中山間地域では、寄合の開催状況も活発ではなく、それは特に高齢化が進行した西日本で顕著であった。

そこで、ここでは先の図2-2-3でも見たように、寄合の開催回数を指標として、それが最も脆弱化傾向が進んでいた山口県を対象として、集落と集落機能の現状と変貌をより詳細に検討してみよう。

そのため、ここでは2000年センサス・集落調査の個別データ（いわゆる「農業集落カード」）を基礎としながらも、過去のセンサスにおける集落単位の個別データ（1970年、1980年、1990年）およびその他のデータを、センサス集落単位でマッチングさせた山口県集落データベースを利用し、その分析により課題に接近してみよう。

まず、集落小規模化のプロセスから分析してみよう。そのために作成したのが、次頁の表2-2-4である。1970年と2000年の農家戸数別集落数のマトリックスを作成し、30年間の変動を調べたものである。予想されることではあるが、激しい集落縮小のプロセスをみることができ、同一階層にとどまっている集落はごく限られている（表中の黒枠内がそれに該当する―合計199集落＝全体の8％）。

例えば、1970年に最大の集落数を示すのが20〜24戸の階級であるが、これらの集落のうち2000年には27％が10戸未満の集落へ移動している。その結果、2000年には5〜9戸の集落が、全体の26％を占めて最大層となっており、4戸以下の集落（7.2％）を加えれば、10戸未満の集落が全体の約3分の1を占めている。

表 2-2-4　農家戸数別集落の変遷（山口県中山間地域）

(単位：集落数、%)

1970年 ＼ 2000年	実数 合計	1〜4戸	5〜9戸	10〜14戸	15〜19戸	20〜24戸	25〜29戸	30〜34戸	35〜39戸	40〜44戸	45〜49戸	50戸以上	構成比 合計	1〜4戸	5〜9戸	10〜14戸	15〜19戸	20〜24戸	25〜29戸	30〜34戸	35〜39戸	40〜44戸	45〜49戸	50戸以上
データなし	21	16	3	1	1	0	0	0	0	0	0	0	100.0	76.2	14.3	4.8	4.8	0.0	0.0	0.0	0.0	0.0	0.0	0.0
1〜4戸	0	0	0	0	0	0	0	0	0	0	0	0	-	-	-	-	-	-	-	-	-	-	-	-
5〜9戸	87	36	50	1	0	0	0	0	0	0	0	0	100.0	41.4	57.5	1.1	0.0	0.0	0.0	0.0	0.0	0.0	0.0	0.0
10〜14戸	340	50	213	75	2	0	0	0	0	0	0	0	100.0	14.7	62.6	22.1	0.6	0.0	0.0	0.0	0.0	0.0	0.0	0.0
15〜19戸	472	40	179	215	38	0	0	0	0	0	0	0	100.0	8.5	37.9	45.6	8.1	0.0	0.0	0.0	0.0	0.0	0.0	0.0
20〜24戸	514	21	116	193	158	26	0	0	0	0	0	0	100.0	4.1	22.6	37.5	30.7	5.1	0.0	0.0	0.0	0.0	0.0	0.0
25〜29戸	397	11	65	101	143	74	3	0	0	0	0	0	100.0	2.8	16.4	25.4	36.0	18.6	0.8	0.0	0.0	0.0	0.0	0.0
30〜34戸	289	2	22	45	85	98	36	1	0	0	0	0	100.0	0.7	7.6	15.6	29.4	33.9	12.5	0.3	0.0	0.0	0.0	0.0
35〜39戸	162	2	3	14	38	43	51	11	0	0	0	0	100.0	1.2	1.9	8.6	23.5	26.5	31.5	6.8	0.0	0.0	0.0	0.0
40〜44戸	91	1	4	1	11	23	27	16	7	1	0	0	100.0	1.1	4.4	1.1	12.1	25.3	29.7	17.6	7.7	1.1	0.0	0.0
45〜49戸	50	0	2	0	3	4	10	20	7	2	2	0	100.0	0.0	4.0	0.0	6.0	8.0	20.0	40.0	14.0	4.0	4.0	0.0
50戸以上	75	0	1	0	3	8	12	13	12	11	12	3	100.0	0.0	1.3	0.0	4.0	10.7	16.0	17.3	16.0	14.7	16.0	4.0
合計	2,498	179	658	646	482	276	139	61	26	14	14	3	100.0	7.2	26.3	25.9	19.3	11.0	5.6	2.4	1.0	0.6	0.6	0.1

注1）2000年段階で集落調査の対象となった中山間地域（中間地域＋山間地域）の2,498集落を対象とした。
注2）1970年の「データなし」は、1980年時点で調査対象とならなかった集落（1980年集落カードのデータ利用のため）。

　また、同様のマトリックスを、農家人口についても作成した（次頁、表 2-2-5）。それは、農家戸数だけの分析では、農家家族構成の変化が反映しないからである。また、就学等の影響を排除するために 30 〜 64 歳の人口（男女合計—「壮年層人口」と呼ぶ）の集落内における絶対数の変化を表示した。ただし、データの制約で、ここでは 1980 年から 2000 年までの 20 年間の変化が対象となる。

　その結果には、よりドラスティクな変化を見ることができる。多くの階層で、半減を上回る変化が見られる。例えば、1980 年のモード（最頻値）層は 30 〜 34 人（260 集落）であるが、この中で 2000 年時点でも同じ階層に残っている集落は 1 つもない。そして、その約 3 分の 1 が 10 〜 14 人の集落となり、また 4 分の 1 が壮年人口 10 人未満の集落に変化している。こうした激しい変化の結果、山口県中山間地域全体では 2000 年には壮年層が 10 人未満の集落が、約 25 ％（611 集落）を占め、20 人未満では過半の約 58 ％（1438 集落）にも達している。

　このように集落規模の変化を考察する場合は、集落内の農家戸数よりも農家人口の絶対数に着目することに有効性があるように思われる。また、壮年人口（30 〜 64 歳）をカウントすることにより、高齢化の態様までも織り込むことが可能であろう[3]。そこで次に、この集落内壮年人口を指標として、集落小規模化と集落機能の実態について分析を進めてみよう。

（2）　集落小規模化と集落機能

　まず、先にも触れた集落機能の基盤的条件である寄合の開催状況について見たい。92 頁の図 2-2-4 は、集落内壮年人口との関連をまとめたものである。

　既に指摘したように、山口県は集落の寄合回数が少ない集落の割合が特に大きな地域である。全般的にそのような地域であるが、しかし、この図に見られるように集落内壮年人口の多寡による年間の寄合回数の相違も鮮明である。ここでは、中間地域と山間地域を図示したが、いずれにおいても、壮年人口が 15 人を切ると、寄合回数も 5 回を下回る。さらに、それが 3 人を下回る時には、4 回を切る水準まで低下している。

表2-2-5 壮年農家人口（30～64歳）別集落の変遷（山口県中山間地域）

（単位：集落数、%）

2000年（実数）

1980年	合計	0～4人	5～9人	10～14人	15～19人	20～24人	25～29人	30～34人	35～39人	40～44人	45～49人	50人以上
データなし	21	15	3	3	0	0	0	0	0	0	0	0
0～4人	0	0	0	0	0	0	0	0	0	0	0	0
5～9人	27	20	6	1	0	0	0	0	0	0	0	0
10～14人	68	34	28	6	0	0	0	0	0	0	0	0
15～19人	149	52	66	23	8	0	0	0	0	0	0	0
20～21人	211	52	80	60	17	1	1	0	0	0	0	0
25～29人	243	23	81	99	30	7	3	0	0	0	0	0
30～34人	260	15	54	91	66	28	6	0	0	0	0	0
35～39人	221	6	31	63	69	39	11	1	1	0	0	0
40～44人	193	3	12	36	66	46	27	3	0	0	0	0
45～19人	205	2	13	29	62	46	34	14	5	0	0	0
50人以上	900	2	13	31	67	133	167	153	110	67	55	102
合計	2,498	224	387	442	385	300	249	171	116	67	55	102

2000年（構成比）

1980年	合計	0～4人	5～9人	10～14人	15～19人	20～24人	25～29人	30～34人	35～39人	40～44人	45～49人	50人以上
データなし	100.0	71.4	14.3	14.3	0.0	0.0	0.0	0.0	0.0	0.0	0.0	0.0
0～4人	-	-	-	-	-	-	-	-	-	-	-	-
5～9人	100.0	74.1	22.2	3.7	0.0	0.0	0.0	0.0	0.0	0.0	0.0	0.0
10～14人	100.0	50.0	41.2	8.8	0.0	0.0	0.0	0.0	0.0	0.0	0.0	0.0
15～19人	100.0	34.9	44.3	15.4	5.4	0.0	0.0	0.0	0.0	0.0	0.0	0.0
20～21人	100.0	24.6	37.9	28.4	8.1	0.5	0.5	0.0	0.0	0.0	0.0	0.0
25～29人	100.0	9.5	33.3	40.7	12.3	2.9	1.2	0.0	0.0	0.0	0.0	0.0
30～34人	100.0	5.8	20.8	35.0	25.4	10.8	2.3	0.0	0.0	0.0	0.0	0.0
35～39人	100.0	2.7	14.0	28.5	31.2	17.6	5.0	0.5	0.5	0.0	0.0	0.0
40～44人	100.0	1.6	6.2	18.7	34.2	23.8	14.0	1.6	0.0	0.0	0.0	0.0
45～19人	100.0	1.0	6.3	14.1	30.2	22.4	16.6	6.8	2.4	0.0	0.0	0.0
50人以上	100.0	0.2	1.4	3.4	7.4	14.8	18.6	17.0	12.2	7.4	6.1	11.3
合計	100.0	9.0	15.5	17.7	15.4	12.0	10.0	6.8	4.6	2.7	2.2	4.1

注1）2000年段階で集落調査の対象となった中山間地域（中間地域＋山間地域）の2,498集落を対象とした。
注2）1980年の「データなし」は、その時点で調査対象とならなかった集落。

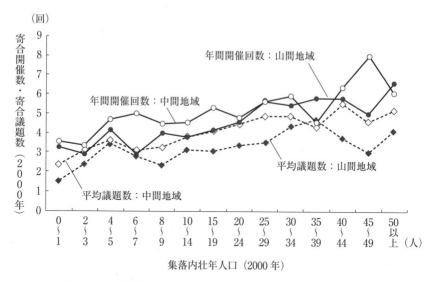

図 2-2-4　集落内壮年人口別に見た寄合回数と議題数（山口県山間地域、2000 年）

　また、同じ図には、1 集落当たりの平均議題数（センサスで寄合での話し合い有無を尋ねた 8 つの議題領域をそれぞれ 1 として、その合計値を「議題数」として集落数で除したもの―0 以上 8 以下）も示した。これについても、壮年人口が小さい集落では、議題数が少ない傾向が明らかである。例えば中間地域について見れば、壮年人口が 25 人以上いる集落では、5 つ前後の領域の議題を議論しているのであるが、10 人未満になれば、3 議題程度に低下する。そして、特に 0 ～ 1 人では、2.4 にまで低下し、集落の集まりはあっても、そこで話し合いが行われている領域は著しく限られている。

　このように寄合回数の減少は、話し合い領域の縮小を随伴していると言える。そこで、次に、寄合議題別の開催状況を調べよう。代表的な議題を取り、その議題の寄合を開催した集落の総集落数に対する割合（寄合開催率―87 頁の表 2-2-3 と同じ）を、やはり集落内壮年人口別に示した（図 2-2-5）。これによれば、議題数の減少は次のような議題内容別に見たおおむね 2 つの動きに規定されていることがわかる。

　1 つは、壮年人口 25 人水準から顕著に低下を始める「水田転作」「農道」

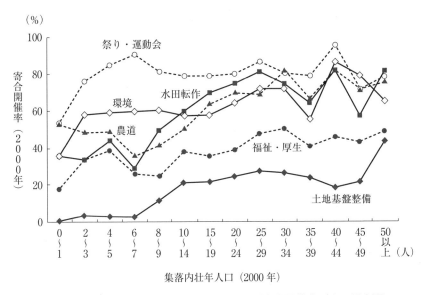

図 2-2-5　集落内壮年人口別に見た議題別寄合開催率（山口県山間地域、2000 年）

注）各議題の寄合開催率＝各議題の開催集落数／総集落数

「土地基盤整備」であり、いずれも農業生産に直接関連している議題である。特に土地基盤整備は、8 人未満からはほぼ皆無となっており、こうした話し合いと壮年人口との関連の重要性が推察される。また農道をめぐる議題の寄合開催率は、土地基盤整備の傾向と類似しているが、5 人以下となるとそれが反転上昇している点は、特徴的である。ここには、農道をめぐる性格の異なる話し合いが混在している可能性もある。

　2 つは、以上のグループに対して、壮年人口 6 人程度あるいはそれ以下まではある程度話し合いが維持され、それ以降急速に低下するのが、「祭り・運動会」「環境」や「福祉・厚生」である。これらは、集落における生活にかかわる活動であろう。そうしたものに対しては、集落はギリギリの状況まで話し合いを維持するものの、それを支える年齢階層の構成員の頭数がある段階まで小さくなると、急速に話し合う割合が低くなる様子を示しているのである。

　このように、集落規模の縮小化、特に集落内の壮年人口の減少に伴って、

まず農業をめぐる話し合いの停滞が始まり、その後、集落維持のギリギリの段階で生活一般をめぐる話し合いも少なくなっていると理解することができよう。

(3) 「限界集落」の出現とその展望

以上のことから、壮年人口がおおむね3人以下の中山間地域の小規模集落の一部で、農業に関わる活動はもちろん、生活や文化にかかわる活動までも脆弱化し始めている姿が推測できる。

しかも、その数は前掲91頁の表2-2-5にあるように、壮年人口が0～4人の集落が224集落（山口県中山間地域内2498集落の9.0％）も存在している。また、表出はしていないが、0～3人の集落数を算出しても、158集落（同6.3％—0人集落17、1人集落26、2人集落70、3人集落45）となり、無視できない割合を占めていよう。

こうした状態は、かつて社会学者の大野晃氏により「社会的共同性を基礎とした集落の自治機能が低下し、構成員の相互交流が乏しく」[4]なると描写された「限界集落」を想起させるものであろう。

事実、そうした集落を集落区分地図上に図示すれば（図2-2-6）、図中で「非農業集落化」した地域の近傍に、壮年人口3人以下の集落が出現している。先にも触れたように、「非農業集落化した地域」とはかつての農業集落で、現在ではセンサス・農業集落調査の「農業集落」定義に該当しない地域を指す。したがって、それが直ちに「無人化」した地域を意味するものではないが、これらの地域では集落機能が空白化したことが予想される。

このような「限界集落」問題は、実は2000年集落調査の実査（2000年4月15日）以降に、その動きが活発化した中山間地域等直接支払制度においても、1つの課題となっている。センサスデータと直接支払制度の実施状況のデータとのマッチングにより、その実態も示しておこう。

利用するのは、センサス集落単位での集落協定締結状況を調べた山口県農林部のデータである。また、集計対象地域は、中間地域＋山間地域でかつ直接支払制度の対象となった集落に限定している。周知のように、「集落協定」は必ずしも集落単位で締結されているものではなく、いくつかの集落を束ね

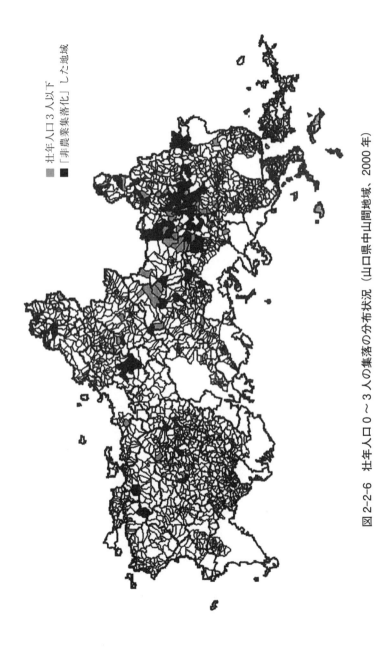

図2-2-6 壮年人口0～3人の集落の分布状況 (山口県中山間地域、2000年)

■壮年人口3人以下
■「非農業集落化」した地域

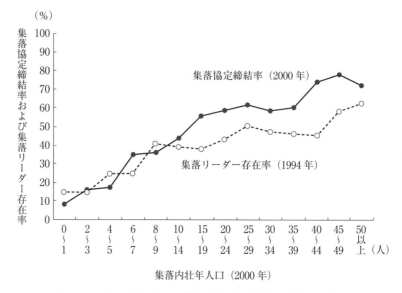

集落内壮年人口（2000年）

図2-2-7 集落内壮年人口別に見た集落協定締結率と集落リーダー存在率（山口県中山間地域・直接支払対象地域、2000年および1994年）

注1）集計対象地域は、中間地域＋山間地域でかつ中山間地域等直接支払制度の対象地域。
　2）「集落協定」は山口県資料によるセンサス集落単位での締結状況を再集計したもの。
　3）「集落リーダー存在率」は、センサス集落を対象としたアンケート調査個票（1994年山口県農林部実施）を再集計したもの。

た「複数集落協定」、また逆に集落内複数の協定が存在する「集落内部分協定（団地協定）」、さらには上記2つが複雑に混在化したケースもみられる[5]。しかし、ここではその形態はいずれであっても、センサス集落から見て、集落内農地の全部または一部を集落協定が少しでもカバーする状況の有無（集落協定締結率）を調べたものである。

　そのようにして得られた結果とセンサスの集落内壮年人口との関わりを見たのが、上の図2-2-7である。見られるように、集落内壮年人口の多寡は、集落協定締結率と強い関連を持っている。それが40人を超えるレベルでは70％以上の高締結率であるが、壮年人口の減少に伴い傾向的に減少し、4〜5人、2〜3人で20％を割り込む。そして0〜1人では実に1桁台の締結率

となっている。

　また同じ図には、やや古いデータではあるが、1994年に山口県農林部が
センサス集落単位のアンケート調査（回答者は市町村担当者）によって把握
した、集落リーダーの存在状況をも示した。ここでも集落内壮年人口と強い
関連が観察できるが、興味深いことは、その曲線の形状が、先の集落協定締
結率に酷似している点である。つまり、〈集落内壮年人口の多寡〉─〈集落
リーダーの有無〉─〈集落協定の締結の可否〉は、何らかの脈絡で連鎖して
いるのである。

　そうした関連の確定は、実態調査によるべきものであるが、高齢化が進む
集落の中で、壮年層の構成員の厚みが、集落内のリーダー（単数とは限らな
い）を生み出す条件となり、さらにそれが基盤となって、直接支払制度の集
落協定が締結に至るという脈絡が想像できる。そして、逆に壮年人口が極端
に少ない集落では、集落内リーダーを生み出す条件がないことから、協定締
結に至らない集落が大多数を占めていると考えられよう。

　このような結果は、重要な意味を持っている。直接支払制度は、平地地域
と中山間地域の農業生産の条件格差を補正し、耕作放棄等の発生を抑制する
ことを目的としている。しかし、ここで明らかになったことは、その最条件
不利地域とも言える小規模集落において、制度導入が立ち後れていることで
あった。その導入が最も望まれていた地域におけるこの現実は、直接支払制
度の導入が、結果的にはそれらの集落を1つの極として、中山間地域内部に
おける地域間格差を、一層拡大する可能性を示唆している。

　このように集落の「限界化」が、地域内に無視できない割合で特定の地域
に集中的に生じていることを、2000年センサスは問題提起していると言え
よう。とはいうものの、同時にセンサスが把握した数値は、そうした傾向へ
の対抗も、確かに始まっていることも示している点を見逃してはならない。

　最後にその点についても触れておこう。次頁の図2-2-8に、そのデータを
示した。これは2000年センサス・集落調査で初めて調べた「交流事業」に
ついて、「集落として事業に取り組んでいる」集落の集落総数に対する割合
を算出したものである。ここでも集落内壮年人口を横軸に取り、それとの関
連を見た。

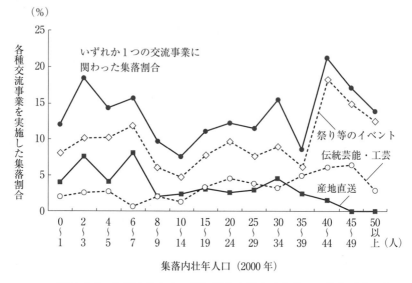

図 2-2-8　集落内壮年人口別に見た各種交流事業の実施率（山口県中山間地域、2000 年）

注) 調査した交流事業中、その数が少ない「農林漁業の体験等を介した交流」と「農山漁村留学受入れ」の図示を省略した。ただし、「いずれか 1 つの交流事業に関わった集落割合」には、それらも含む。

　この図では、今までの同種の図のように明確な右上がりのカーブは確認できない。事業種類による相違はあるものの、それを集計した「いずれか 1 つの交流事業の関わった集落割合」に見られるように、大雑把に言えば、そのカーブは U 字型を描いているように思われる。つまり、壮年人口が大きな集落と比較的小さな集落で、交流事業に取り組む集落の割合が多いと言える。壮年人口が小さな集落についてより詳しく見れば、「祭り等のイベント」では壮年人口が 6 ～ 7 人で 1 つのピークをなし、「産地直送を介した交流」では 2 ～ 3 人の集落がピークを作っている。その結果、「いずれか 1 つの交流事業」に取り組んだ集落の割合は、壮年人口 40 ～ 44 人という大きな集落で取り組む割合が 21％と最大を示し、2 番目に位置するのが実は 2 ～ 3 人集落（19％）である。さすがに壮年人口が 0 ～ 1 人の集落では、その割合が急落するものの、ボトムとなる 10 ～ 14 人の集落よりははるかに高い。

　要するに、交流事業への取り組みに関する限りは、壮年人口が小さな集落

でも、寄合やその議題数、そして集落落協定締結率で鮮明に見られた停滞的傾向は確認できないのである。これは、推察するに、交流相手が必要な「交流事業」は、両者を仲介する必要から、市町村や農業団体、あるいは都市住民の組織等からの支援がある場合が一般的であろう。そして、そうした支援は、特に小規模化した集落を、意図的にターゲットとすることはしばしば見られる。そのために、壮年人口 2 ～ 3 人レベルの高齢化と小規模化が進んだ集落でも高い取り組み割合を示しているのではないだろうか。

次頁の図 2-2-9 には、そのような取り組みを行った集落を地図上に示したものであるが、県の東部地域（周防地域）では、集中的に出現した「非農業集落化」した地域をあたかも取り囲むように交流事業実施集落が存在している。先の、95 頁の図 2-2-6 と比較してみれば、そうした集落は壮年人口が 3 人以下の集落と重なり合うケースも少なくない。あるいは行政や農業・農村関連機関・組織により、集落機能の空白化が進む地域を対象として、その拡大に対する、あたかも意図的な「防衛線」が張られているようにも見える。その実態と取り組みの効果の把握は、実態調査の課題であろう。

以上、考察の対象とした山口県の限りではあるが、新たに発現した中山間地域における集落数の減少という動きの背後には、少なくない集落の集落規模の急速な縮小が確認された。そして、そうした集落の一部では、集落機能の空洞化が進行し、それが「限界化」しつつある地域も生まれつつあった。

2000 年センサス・集落調査が把握した中山間地域におけるこのような集落の変貌過程は、山口県以外の地域でも発現しているものであろうか。さらなる実証作業の積み重ねが要請されよう。

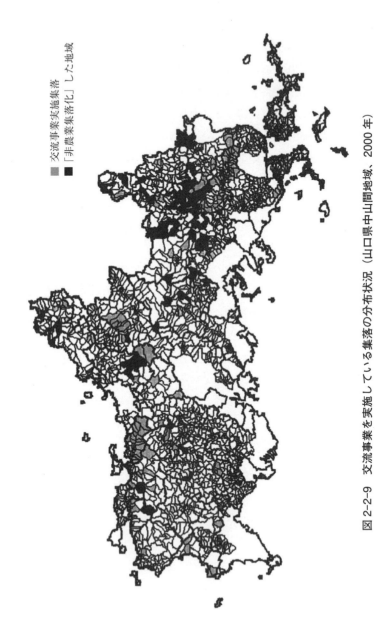

図2-2-9 交流事業を実施している集落の分布状況 (山口県中山間地域、2000年)

■ 交流事業実施集落
■ 「非農業集落化」した地域

〔注〕

(1) このような表現の必要性は山口県農業試験場・原裕美氏から示唆を受けた。

(2) 石川英夫「国土資源・環境保全の担い手としてのむら」(農林統計協会編集『むらとむら問題 (農林水産文献解題 No.24)』農林統計協会、1985 年)、49 頁。なお、石川氏によるこうした集落機能のとらえ方は、最近では『過疎対策の現況 (過疎白書)』(2000 年度) にも援用されている。

(3) ただし、以上の分析では、戸数や人口の値が農家データに限定されており、集落内の非農家をカウントしていない点には注意が必要であろう。より厳密には国勢調査と農業センサス・集落調査のマッチングが要請されよう。

(4) 大野晃「山村の高齢化と限界集落」(『経済』1991 年 7 月号)、56 頁。本論文において大野氏は、「限界集落」を「量的には 65 歳人口が集落の半分を超えている集落である」と定義している。しかし、本章でこのような指標を採用しなかったのは、集落の著しい小規模化の進行は、高齢化率を傾向的に高めつつも、ある段階になると、その値が大きく分散する状況を生み出しているからである。これは高齢化率の分母自体が小さくなるために、その集落に壮年人口がわずかでも存在すれば、高齢化率が小さく表示されてしまう傾向があり、それが分析の撹乱要素となっている。本章で、「率」よりも「実数」を強調したのは、こうした理由による。

(5) いくつかあるタイプの集落協定の存在形態については、農政調査委員会『中山間地域等直接支払制度と農村の総合振興に関する調査研究報告書』(2000 年度および 2001 年度) で、様々な事例が紹介されている。

第3部 中山間地域等直接支払制度の
形成・展開・課題

1章 制度形成の背景と特徴

1　中山間地域問題の概観—問題の展開

　中山間地域をめぐる問題の特徴は、極めて多面的な領域で問題が発現している点にある。それは、本書でも繰り返し論じているように、「人・土地・ムラの3つの空洞化」と表現できる。

　しかし、人や土地の空洞化に対して、中山間地域の人びとは手をこまねいていたわけではない。集落営農の発足や潰廃化した農地の再利用につながる農産加工グループや朝市の設立等、今は政策支援が行われている試みも、地域の叡智の結集により生まれてきたものであった。特に、集落営農は高齢化・兼業化したムラの農地を保全するものとして、西日本の諸地域では早くから取り組まれていた。

　それらへの支援は、国レベルの農政でも、「地域の実情に即し、集落営農の位置付けを明確にする」（農政改革大綱—1998年12月）として、強調されている。しかし、それにもかかわらず、最近では集落営農体制の構築の困難性が強まりつつあるとの指摘が、農協営農指導や農業改良普及の現場からしばしばなされている。つまり、これらの指導員、普及員が集落営農の設立を集落に呼びかけ、働きかけをしても、それに反応しない集落の数が増大しているという。

　それが「ムラの空洞化」であり、中山間地域問題の新たな局面と言える。もちろん、過疎地域、山村地域のムラをめぐる解体・崩壊現象は、早くから指摘されている。しかし、ここで指摘したいことは、「主体性と固有性を失った状態」[1] にあるムラが、中山間地域では、いまや事例的、点的ではなく、面的に地域を覆い始めている事実である。かっての集落は、自らの居

住条件さえも脅かす事態の進行には、「主体性」を持ち、「固有性」のある集団的対応を模索した。しかし、現在では、そうした集落レベルでの危機対応力に陰りが見え始めている。「土地の空洞化」に対して、農業公社などの集落外の組織に期待が集まるのは、このためである。

概ねこのように中山間地域の「空洞化」は進んでいる。ただし、こうしたプロセスは、主として西日本の中山間地域を念頭においたものであった。日本全国の中山間地域が同じ展開と到達点を示しているわけではない。特に、東北を中心とする東日本の中山間地域では、現在でも多数の若者がそこに定住し、また農業を担っているケースも多い。また、東日本の養蚕地帯における近年の激しい桑園の荒廃に見られるように、主要作目の変動により、これとは異なるプロセスを描く地域も少なくない。

当然のことながら、このような中山間地域の地域的多様性に関する認識は、政策論としても重要であろう。文字どおり「地域政策」として中山間地域政策が有効に機能するためには、地域実態の多様性を前提として、政策が仕組まれることが強く求められているのである。

2　中山間地域政策の展開とその特徴

(1)　中山間地域政策の方向性—政策評価の視点

こうした中山間地域問題の発生要因は「複合的」[2]である。

その1つは、既に繰り返しているように、現象の初発である「人の空洞化」をもたらした1960年代の激しい農工間所得格差を根源とする地域間格差にあることは間違いない。過去のそのような要因が、先に見た諸問題の連鎖を生み出し、現在に至っている。しかし、それが1980年代後半から集中的に問題となったのは、先述のように中山間地域に残った親世代の農業からのリタイアが本格化したからである。それは過去の地域間格差問題がタイムラグをもってこの時期に発現したとも理解できる。

それに加えて、1980年代中頃からの、農産物価格政策の後退、市場原理の導入、総農産物自由化を基調とする新しい国際化農政（農政の「86年体

制」[3]）の作用力も、中山間地域における問題の連鎖をより強めている要因である。農政の場で、「中山間地域」の問題が提起されたのは、大規模稲作経営基準の生産者米価算定の方式を決定した1988年の生産者米価算定方式に関する米価審議会小委員会報告が初発であることは、決して偶然ではない。また、このような農政の作用力が働くのは、これらの地域が条件不利地域であることを起因としている。したがって、問題の正しい設定は、既に多くの論者が指摘しているように「条件不利地域問題」である。

　こうした中山間地域問題の複合的構造は、問題の発生要因それぞれへの対応を求めている。まず、第1の高度経済成長期の地域間格差に対しては、人口定住条件の地域間格差の是正のための総合対策が必要とされる。一般的に言えば、それは過疎対策ということになるが、しかし、中山間地域市町村の8割を超えた市町村が人口自然減社会化した現状では、従来の枠組みの再検討が必至である。単純に考えても、定住条件の格差是正は、現在の定住人口に対しては意義を持つにしても、過去に地域外に流出してしまった者への有効性は限られている。したがって、人口自然減地域への地域政策としては、現状の地域間格差の解消のみではなく、新規定住者の呼び込みとその立場からの新たな定住条件構築が重要な課題となる。

　第2の80年代後半以降の新しい農政下の問題に対しては、価格政策後退の代替措置が課題となろう。それは家計の農業所得依存率の大きさを考えれば平地地域を中心とする課題であるが、多くの作物の限界地である条件不利地域では、その影響が特に土地利用の面で厳しく表れることは明らかであり、中山間地域に固有の対策が求められる。つまり、その条件不利性がもたらす加重化された困難性の補償または改善が、政策課題として登場することとなる。

　かくして、1980年代後半以降の中山間地域の実態とその形成メカニズムが求める中山間政策の方向性は、①人口自然減社会へ対応した新たな定住条件の形成、②価格政策の後退下で明白となった条件不利性の補償と改善、そして、その前提として、前節で論じた、③地域的多様性に応じた柔軟性のある対応となる。

(2) 「新政策」と特定農山村法

　先にも触れたように、「中山間地域」という用語を伴い、農政サイドから条件不利地域問題が提起され始めたのは1988年の米価審議会小委員会報告においてである。稲作大規模層を基準とする米価算定への転換を提言したこの報告は、同時に「中山間部等生産性の向上が困難な地域の稲作の位置づけや所得確保問題、また水田をどのように維持するか等の問題について、地域における土地利用のあり方とも関連させながら価格政策とは別途検討される必要がある」とした問題提起をしている。つまり、中山間地域農業をめぐっては、政策サイドが最初に問題を認識したその時から、①稲作の位置づけ、②農地保全・管理、③所得確保の3点が、政策上の基本的論点とされていたのである。

　1992年の「新政策」（新しい食料・農業・農村政策の方向）は、こうした農政自らの問題提起に応える位置にあった。そこで示された方向は、まず①については、「中山間地域などにおいては、畜産、野菜、果樹、養蚕など立地条件を生かした労働集約型、高付加価値型、複合型の農業や有機農業、林業、農林産物を素材とした加工業、観光などを振興する」という、「稲作からの脱却論」である。②に関しては、「農協、市町村の公益法人が行う農地の適切な利用・管理」を言い、農地保全のための「危機対応的法人化論」を示した。また、③に対応しては、「地域全体の所得の維持・確保を図る観点から多様な就業の場を創出する」と、「地域全体の所得の維持・確保」する立場を表明した（地域内所得確保論）。これは、当時から政党、農業団体、研究者、地方自治体等の様々な立場から提案されていた「直接所得補償制度」の導入を退け、それに代わる概念として提示されたものであろう。

　こうした新政策の方向性を受け、それを具体化したのが農政審報告「今後の中山間地域対策の方向」（1993年）であり、そして「事業振興法」として法制化したのが「特定農山村法」（「特定農山村地域における農林業等の活性化のための基盤整備の促進に関する法律」1993年）に他ならない。つまり、1980年代後半からの中山間地域問題に対する農政自らの問題提起には、特定農山村法の制定とそれに付随する事業の新設をもって、一応の「回答」と

したのである。

しかし、以上の対応には、先の政策評価の視点の②に限定しても、次のような問題点が存在している。既に鋭く指摘されているように、「稲作からの脱却」路線の中で、先の引用文でも示されているように、新たに導入される作物が中山間地域の絶対優位の作目であることを求めていることである。しかしそうであれば、「中山間地域に立地する農業であるからといって、特別な政策的なサポートを行う理由はない」[4] ということとなり、条件不利性の認識は不十分にならざるを得ない。そして、特定農山村法が、結局のところ「新規作物探しの支援というソフト事業に矮小化」[5] されたのも、条件不利性の改善や補償に直結する政策論理を持たなかったためであろう。

こうした農政の条件不利性に対する軽視は、次の点にも現れている。「特定農山村法」が対象とする地域は、同時に構造政策の推進を目的とする農業経営基盤強化促進法も対象地域としていた。そのため、大規模経営（認定農業者）実現のための構造政策の網は、「人と土地とムラの空洞化」が進むこの地域に覆いかぶさり、その実現を求めているのである。したがって、新政策の段階では、結局は中山間地域に独自の農業生産継続の担い手像が示されなかったのであり [6]、それも条件不利性認識の不十分性と関連しよう。

(3) 基本問題調査会答申と新基本法

90年代の農政改革の方向性を示した食料・農業・農村基本問題調査会における中山間対策の検討は、こうした特定農山村法に至る諸施策の不十分さとそれによる行き詰まりを、前提的認識としているように思われる。

それは、調査会答申（1998年9月）の次の文章に端的に示されている。「中山間地域等では、…従来から様々な施策が講じられてきたものの、市場経済が進展していく中で、農業生産活動や地域社会の維持がますます困難になっている」。

ここで「市場経済の進展」としている内容については、その説明はないが、これは要するに、第1に、農産物価格政策の後退下において、稲作からの脱却を指向するものの、市場開放や円高により作物選択がますます狭小化するという農業条件の困難性、第2に円高による地方レベルの産業空洞化の

進展に対して、それを下支えしてきた公共事業の都市シフトによる地域雇用
条件の困難性、という農業内外の困難性を示しているものであろう。そし
て、そういう多方面にわたる閉塞状況にもかかわらず、「地域内所得の増大」
（新政策）という目標を実現するためには、最終的には直接支払政策を導入
せざるを得ない、との脈絡を上記の文章は示している。つまり、このように
考えると、直接支払政策は、ある意味では政策当局の論理の中にこそ、その
実現へ向けた強い必然性が存在していたと言えるであろう。あるいは、政策
選択の選択肢の設定により、そのような状況に自らを追い込んだと言っても
良いかもしれない。

　その結果、調査会答申では、「新たな公的支援策として有効な手法の一つ
である」として、直接支払政策導入を示した。おそらく、この段階に至って
はじめて、中山間地域の条件不利性の認識は、農政の場で全面化したと言え
よう。特に、「食料・農業・農村基本法」（1999年7月）が、「中山間地域等」
を「山間地及びその周辺の地域その他の地勢等の地理的条件が悪く、農業の
生産条件が不利な地域」とし、また「国は、中山間地域等においては、適切
な農業生産活動が継続的に行われるよう農業の生産条件に関する不利を補正
するための支援を行うこと」を明示している。中山間地域の条件不利性の存
在とその補正の必要性を明確化したことは、以上の農政の展開過程から見
て、画期的なことである。

3　新基本法下の中山間地域対策の方向と特徴
―「日本型」直接支払政策

（1）　中山間地域直接支払政策の概要

　直接支払政策は、このような流れの中で実現されようとしている。そし
て、その枠組みは、農政改革大綱によってかなり踏み込んだ方向が示されて
いる。基本的には、ほぼその延長線上に中山間地域等直接支払制度検討会報
告（1999年8月）も位置付くものであるが、その概要は次のようにまとめ
られよう（定量的な事項は自民党農林部会・総合農政調査会合同会議（1999

年8月）および2000年度農林水産予算概算要求（1999年8月）による）。

第1に、支払いの対象地域については、地域振興立法（過疎法、特定農山村法、山振法等の8法）の指定地域でかつ、急傾斜等の農業生産上の不利性が明確な地域（一団の農地）とする。ただし、地域の実情に応じて、緩傾斜地域や高齢化率・耕作放棄地率などが高い地域を市町村長の判断で指定できる。また上記の範囲に当てはまらない条件不利地域についても、都道府県知事が一定の条件の下に特認できることとする。

第2に、そうした地域内において、通常の農業生産活動の継続に加えて多面的機能の増進に関わる活動を約束する「集落協定」を締結する農業者が、助成の対象とされる。ただし、このような対象者の特定化とは別に、第3セクターや認定農業者による「個別協定」に基づく支払いの方式も認められている。

第3に、支払い単価は、地目別（田、畑、草地、採草放牧地）に、傾斜条件により2段階の支払い単価を設け、平地地域との生産コスト格差の範囲内で設定する（コスト格差の8割＝急傾斜水田2.1万円）。また、EUで設定されている支払い額の経営体当たりの上限は設定するものの（1経営体当たり100万円）、第3セクターや生産組織についてはその例外とする。

第4に、直接支払事業の実施主体は市町村とし、また事業費負担は、国と地方の両者が負担し（国庫負担率50％）、財政力の弱い自治体については地方財政措置を検討する。

(2) 中山間地域直接支払政策の特徴

このように構想されている直接支払制度は、WTO農業協定との整合性を確保することを一応の前提としている（この点後述）。しかし、当然のことながら、日本の中山間地域を中心とする条件不利地域の現実に適用するために、先行したEUのそれとは異なる「日本型」としての大きな特徴を持っていると言えよう。それは、少なくとも次の3点に集約できる。

第1の特徴は、直接支払政策が、個別の農業生産を補完する存在としての集落（ムラ）を強く意識している点である（集落重点主義）。これは大綱において、中山間地域の農業の継続に果たす集落の間接の役割（地域資源の共

同管理）、直接の役割（集落営農）の重要性を改めて農政が認識したことを意味している。

このような認識を出発点とすれば、制度の体系に、集落が深く入り込んでくることは必然である。なぜならば、集落協定の締結が前提であれば、集落内の部分的な農地の指定は、その締結を阻害する可能性を孕むこととなり、地域指定単位は自ずから、実質的に集落単位にならざるを得ないからである。また、助成金の支払いの経路も、転作政策における経験もあり、集落を通じた配分が指向されることになろう。

つまり、北海道や都府県の畑作地帯等における対応の柔軟性は認められているものの、基本的には地域指定単位、対象行為の単位、助成金の受け皿単位の各面において、集落が重視されている点に今回の直接支払政策の「日本型」の特徴をみることができるのである。

第2の特徴は、第1の点に直接関連して、対象地域内の農業生産者の選別に対しては否定的なことである（農家非選別主義）。この点は、経営耕地面積の下限（3ha以上または2ha以上）が定められているEUの条件不利地域政策とは対照的である。今回の制度では、前述の「集落重点主義」により集落単位の農業者の全員参加による合意形成が基本となり、零細農家を助成対象から排除することは明らかにそれと矛盾する。

この点の持つ政策上の意義は小さくない。なぜならば、そうした政策が登場することにより、中山間地域では、担い手は、現に農業生産にかかわるすべての農業者であるとの立場が、明らかにされたと言えるからである。担い手像において中山間地域に独自の存在が構築されたと言ってよいであろう。そして、それは従来の中山間地域政策が一貫して、拒絶していたところでもある。

第3は、地方自治体の裁量や主体的判断が、制度的に重視されている点である（地方裁量主義）。市町村長による判断は対象地域（緩傾斜地への支払いの可否、耕作放棄率・高齢化率等の結果的指標による地域指定の可否）、対象行為（集落協定の市町村長による認定、その基準となる「市町村基本方針」の作成）等、本制度の基幹的要素のほぼ全般に及んでいる。これはいうまでもなく、先に強調した中山間地域の著しい多様性を踏まえて、地域条件

に応じた制度の弾力性を確保するための措置であり、中山間地域政策が基本的に備えるべきものであろう。

4 中山間地域政策の課題
―直接支払政策の導入下において

(1) 直接支払政策の課題

　直接支払政策の導入という新たな段階において、中山間地域政策は新たな体系化が求められよう。それは、直接支払政策の内外両面にわたる課題である。

　まず、直接支払政策に直接関わっては、少なくとも次の3つの課題があろう。

　第1に、先に指摘したように、一部の中山間地域問題の新たな局面は、「ムラの空洞化」を基調としている。しかし、そのまさに空洞化しつつある「ムラ」に依存するのが直接支払政策であり、ここに本制度の予想される困難性が横たわっている。そこで、直接支払いが、条件不利性の格差是正と同時に、集落への支払いを通じて、集落機能の維持強化を果たすという二重の役割を積極的に付与することも必要になろう。

　第2は、日本農業の特質たる零細分散錯圃制の下では、農地を基盤とした直接支払政策は、対象農地の特定や助成金支払い、行為履行の審査等の面で、行政コストが著しく増大する可能性があることである。それは、地形条件（傾斜度）の把握や水田以外の地目を含む点において、生産調整政策のそれを遥かに凌駕するものと予想される。しかし、国が「助成をもらいたいなら当たり前」とばかりに、その行政コストを一方的に農家、集落、地元自治体に転嫁することは許されない。政策の原点をおさえた国―自治体―集落の業務分担と行政コスト負担の明確化が求められよう。

　とは言うものの、この問題は直接支払政策に限ったことではなかろう。いわゆる「財政負担型農政」への転換により、「施策の透明性」の確保が一層求められるなかで、様々な施策において同様の問題が生じることが予想され

る。この点で、検討会報告は「農家への直接支払い導入に伴い必要となる透明性の確保が行政コストを増大させないような取組も必要となろう」との問題提起を行っているが、これを農政全体として受けとめることが求められよう。

第3は、WTO農業協定との関連である。WTO農業協定に関する「地域の援助にかかわる施策による支払」の規定（付属文書2の13）は、今回の検討会報告による「日本型」の提起とは、細部では実は必ずしも親和的でない。例えば、「支払は、適格性を有する地域の生産者のみが受けることができる」との規定（(d)項）は、集落の非農家への支払いを排除するものである。しかし、地域によっては、農業生産には参加しないものの、地域資源管理（農道、水路管理）に参加する者（特に元農家）への支払いを検討する地域も出てこよう。また、「支払の額は所定の地域において農業生産を行うことに伴う追加の費用または収入の喪失に限定される」（(f)項）という規定は、新規就農者等への「上乗せ助成」を著しく制約することとなっている（水田で10a当たり1500円）。特に、後者の点は重大である。面積単位の支払いである今回の直接支払いは、集約型農業（土地節約型農業）が圧倒的多数を占める新規就農者は、通常の支払水準では、まったくの無力であり、そのため高水準の「上乗せ助成」は不可欠であったからである。

これは、現行WTO農業協定の条件不利地域直接支払いに関する規定が、いくつかの対立点はあるものの、先行するEU直接支払政策の存在を前提とする実質的な「ヨーロピアン・スタンダード」であるためであり、「日本型」との乖離は少なくないのである。次期WTO農業交渉における、日本の中山間地域の実態からの「日本型」直接支払いを許容する協定の弾力化の主張が欠かせない。

（2） 新たな総合的中山間地域政策の課題

このような直接支払政策の内側の論点に加えて、その外側、つまりそれを含めた新たな中山間地域政策の体系化が求められよう。先の3つの政策評価の視点（第2節（1））に立ち帰れば、②条件不利性の補償と改善、③地域的多様性に応じた柔軟性のある対応が、多くの検討課題を残しながらも、直接

支払制度のスタートにより、新しい展開の可能性の手がかりを得たのに対して、農政サイドからの中山間地域政策の場で依然として検討対象とさえなっていないのが、①人口動態の自然減化に対応した新たな定住条件の構築のための政策のあり方である。

　その具体化が農政として求められる。その際、しかし、次の2点のみは指摘しておきたい。第1に、当然のことながら、人口自然減状態からの改善のために不可欠なものは人口社会増加のための対策であり、それは結局のところ、青年層のIターンやUターン促進政策であろう。先に論じたように、今回の直接支払政策は、現在の枠組みでは、これらに対してほとんど効力を持たないことが予想される。そこで、非農業就業者を含めた新たな踏み込みが、改めて求められている。その場合、既に様々な形で地方自治体が取り組んでいる間接、直接の個人補助・支援が参考となろう。

　それに加えて、第2に、人口自然減を前提とした、新たな地域支援策も現実には課題となろう。それは、「『山村とは、非常に少ない数の人間が広大な空間を面倒みている地域社会である』という発想を出発点におき、少ない数の人間が山村空間をどのように経営すれば、そこに次の世代にも支持される暮らしが可能になるのかを、追求する」[7]ことが、施策の基本となろう。また、その一環として、「少数の農家で担えるような新たな地域資源管理システム」[8]の構築も課題となろう。

　いずれにしても、直接支払政策は、現実にはそれがカバーする問題領域は限られたものである。むしろ、その大きな意義は、国家レベルでの中山間地域の条件不利性の認定とそれに対する集落・個人レベルにまでの特別対策の実施という「メッセージ性」[9]にもあろう。したがって、ここで指摘した新たな中山間地域施策の体系化は、中山間地域の切迫した「空洞化」の実態からは言うまでもなく、その「メッセージ性」の増幅という点においても、早急な検討が必要である。

〔注〕
(1) 乗本吉郎『過疎問題の実態と論理』（富民協会、1996年）、100頁。
(2) 拙著『日本農業の中山間地帯問題』（農林統計協会、1994年）、213～221

頁。なお、田代洋一氏は、これを「条件不利問題と第2過疎問題のダブルパンチ」と表現する（田代洋一「中山間地域政策の検証と課題」田畑保編『中山間の定住条件と地域政策』（日本経済評論社、1999年）、187頁）。

(3) 拙稿「戦後日本農政の総括と展望」（『土地制度史学』別冊、1999年）を参照。

(4) 生源寺眞一『現代農業政策の経済分析』（東京大学出版会、1998年）、84頁。

(5) 前掲・田代「中山間地域政策の検証と課題」、188頁。

(6) この点の指摘として、前掲・拙著『日本農業の中山間地帯問題』、240頁。

(7) 宮口侗廸『地域を活かす』（大明堂、1998年）、77頁。

(8) 安藤光義「農村地域資源の継承と維持管理」（『農業経済論集』第50巻第1号、1999年）、16頁。

(9) 生源寺眞一「提言・日本農政改革私案」（『世界』1999年8月号）、270頁。

2章 制度の成果と実践的課題

1 直接支払制度の特徴

　今、直接支払制度の導入に伴い中山間地域が注目されている。「中山間地域がなにかザワザワしている」と感じている者も少なくないだろう。もちろん、直接支払いばかりがそのような変化をもたらしたものではない。また、直接支払制度には、「制度の詰めが不十分」などの声もあり、これを手放しで評価することはできない。

　しかし、「田舎暮らし」志向や「定年帰農」など、中山間地域をめぐって、今までにない何かが動き始めた兆しも見え始めている。そうであれば、それを「好循環」へとつなぐために、中山間地域に対して直接財政支援をするこの制度は、どの地域でも、精一杯活用すべきものであろう。また、本章でも詳しく見るように、この制度は、地域の創意工夫を引き出す受け皿となる可能性も強い。

　そこで、ここではそれぞれの地域レベルでの制度活用を検討する素材となることを期待して、とくに制度の特徴、初年度の地域レベルにおける実態、そして今後の課題についてまとめてみたい。

　中山間地域等直接支払いは2000年度より導入された新たな制度である。これは、後退が著しい中山間地域の農地と農業を保全し、多面的機能の低減防止と多様な食料の供給を支援することを目的としている。

　この制度は、平場と異なる中山間地域の条件不利性を補償すべき格差として捉え、それを直接補填する点に特徴がある。そのモデルはおおよそ四半世紀前より続くEC（現EU）の条件不利地域直接支払制度に見ることができる。

　日本国内では、この手法を、中山間地域に適用するべきか否か、という議論が約10年前より続いていた。そして、その議論に終止符を打ったのが、1999年に制定された「食料・農業・農村基本法」である。「国は、中山間地域等においては、適切な農業生産活動が継続的に行われるよう農業の生産条件に関する不利を補正するための支援を行うこと等により、多面的機能の確保を特に図るための施策を講ずるものとする」（35条第2項）と、中山間地域振興の1つの手段として、行政による「不利を補正するための支援」が位置づけられたのである。

　そして、それを具体化したのが、この中山間地域等直接支払制度であり、前章で見たように、そこには「集落重点主義」「農家非選別主義」「地方裁量主義」という3つの特徴がある。

　それに加えて、「予算の単年度主義からの脱却」という特徴も指摘できる。集落に支出された交付金は、集落の判断で次年度への繰り越しが認められている。それに加えて、交付金の国庫支出部分は県段階に設立される基金に対して支払われるという仕組みも構築されている。これは、なんらかの事情により、県単位で助成金に使い残し部分が発生した場合、県単位でも次年度に繰り越して活用することができることを保証するものであろう。従来の手法を大きく踏み出した農業・農村政策上の試みと見ることができる。

　しかし、こうした諸点の中で、先行するEUの条件不利地域直接支払いとの比較で、とりわけ重要なのは、第1の集落重点主義である。つまり、集落重点主義こそ、この制度を「日本型直接支払制度」として特徴づけているものである。それでは、こうした方式が、なぜ導入されたのであろうか。考えられる背景は2つある。

　1つは、制度の短期的目的である耕作放棄の防止には、集落営農をはじめとして地域の共同性を基盤とする取り組みが効果を持つと考えられることである。これは、個々の農家が一定期間（5年間）、耕作放棄地をださないことを約束することには、特に跡継ぎが確保されていない農家や高齢農家では困難を伴うであろうことを考えれば理解できよう。

　2つは、農家の零細性への対応としての「集落重点主義」である。日本の中山間地域では一般的に山間地域ほど農家1戸当たりの農用地面積は小さ

い。そのため、同じ交付金が、仮に平場地域に支払われた時と比べれば、1戸当たりの金額はより零細化する。例えば、2000 年度の支払い実績の細部は、本章執筆時点（2001 年 7 月）では、まだ公表されていないが、筆者のラフな推計によれば、都府県の協定参加者 1 戸当たりの交付金額は、約 8 万円程度のものであろう。しかしながら、都府県の 1 集落協定当たり支払い総額はおおよそ約 140 万円ほどとなると推定される。後に触れるように、現実には集落範囲を乗り越えた「複数集落協定」の動きも見られるが、制度設定の段階では、耕地面積の零細性を背景として、集落単位でまとまった形で有効活用する効用への認識が、集落重点主義の背景にあったのだろうと推測できる。

しかし、こうした期待される積極性にもかかわらず、他方では集落重点主義には、もともと次のような困難性を孕んでいる。それは対象地域の指定は傾斜度を基本とする農地単位で行なうのに対して、助成金の活用は集落単位、つまり地縁的な属人単位で図ることが、集落重点主義として、期待されている点である。換言すれば、「対象農地にかかわる人的単位」と「活用にかかわる人的単位」のズレが、そもそも存在している。

そして、実は、このような「属地」の「属人」への転換、ないしは支払い単位と利用単位のズレを修正する一種のブラック・ボックスこそが集落協定に他ならない。つまり、集落協定は、本来的に負荷がかかりやすい、ナイーブな存在である。対象農地内への他集落からの入作の問題は、最も典型的な問題であるが、その他にも様々な制度の推進上の難しさが、この点に由来している。

しかし、そうした困難性を認識しつつも、前述の積極性に期待して、集落重点主義は採用されたのであろう。この点については、最後にもう一度触れてみたい。

2　制度導入初年度における実施状況

(1)　全国の概況

　すでに指摘したように、この制度は、個別協定、集落協定を問わず、少なくとも5年間は協定農用地では耕作放棄が発生しないよう義務づけている。それに「違反」した場合は、協定農用地のすべてについて、協定期間を遡って助成金の返還が求められる。

　つまり、本制度では協定の締結面積が、ほぼそのままの耕作放棄を抑制した面積、あるいは抑制する可能性が高い面積と評価できる。他の施策と比較して数値実態が政策効果に短絡しやすいと言える。農水省が、「事業実施初年度において極力多くの地域で集落協定が締結されることが重要である」（構造改善局長通知―2000年9月29日）という強い表現で、初年度の実施予定率の引き上げを迫ったのは、こうした脈絡による。

　それでは、初年度の実績はどうだったのであろうか。農水省の2001年1月末の公表によれば、全国での協定締結面積は、56.7万haであったという。これから、予算時に計上された90万haを基準とすれば、63％という「事業実施率」が算定できる。

　また、都道府県別の実施状況を見ると、次頁の表3-2-1（初年度中間報告段階の数値―2000年9月末）のように、地域間の格差が大きい。事業実施（予定）率が8割水準を超えている地域は5道県見られるのに対して、逆に6割水準に達しない県は22県に及んでいる。

　それでは、初年度のこうした成果をどのように評価すべきであろうか。現時点では、全国レベルでは、そのような評価の素材となるデータはない。そこで、資料が整備されている山口県を対象として、若干の定量的な整理と分析を行ってみたい。

(2)　集落協定未締結の要因―山口県のケース

　まず、山口県における実施状況について、その概況を示しておこう。山口

表 3-2-1　中山間地域等直接支払いの都道府県別実施予定状況（2000 年 9 月 30 日現在）

実施予定率	都道府県数	都道府県名（太字は「畑作地帯」）
100 ～ 80%	5	**北海道**、**岩手**、新潟、和歌山、鳥取
80 ～ 60%	20	宮城、秋田、福島、**栃木**、**群馬**、富山、石川、福井、岐阜、愛知、滋賀、京都、大阪、兵庫、広島、山口、佐賀、熊本、**宮崎**
60% 未満	22	**青森**、山形、**茨城**、**埼玉**、**千葉**、**東京**、**神奈川**、**山梨**、**長野**、**静岡**、**三重**、**奈良**、岡山、**徳島**、香川、**愛媛**、高知、福岡、**長崎**、大分、鹿児島、沖縄

注 1）資料：60％以上は「日本農業新聞」（2000 年 11 月 2 日付け）により、そのうち 80％以上については、「山口新聞」（同年 11 月 2 日付け）に掲載された記事より作成。「畑作地帯」の指標は「農林業センサス」（1995 年）より算出。
　　2）「実施予定率」は、各都道府県の「当初見込み面積」に対する 9 月 30 日現在での協定面積の割合を示す。
　　3）「畑作地帯」は各都道府県の山間地帯（農林統計の定義）の水田率（経営耕地面積に対する水田面積の割合）が 60％未満の都道府県。

県では、地域振興 8 法による対象市町村は、県内 56 市町村中 46 市町村であるが、うち 2 町については、2001 年度からの取り組み予定とされており、初年度の実施は 44 市町村である。このような対象地域を大枠として、助成金の支払い対象となった農用地面積は 1.03 万 ha である。それは県内の農振農用地の約 22％に相当する。

　また、当初予定に対する事業実施率は、県の発表によれば 62％であり、それは先述の全国平均水準にほぼ近似する。しかし、これを、集落数ベースで再計算すれば対象地域内集落のうち、何らかの形で「集落協定」（複数集落協定や集落内部分協定を含む）がある集落は約 49％となる。両者の数字（農地面積と集落数）に乖離があるのは、後に詳しく見るように、協定締結率が総体的に大規模な集落農用地面積が大きい集落で高いことによる。

　それでは、この 49％の締結率、逆に言えば残る約 51％の集落ではどのような要因で、締結が困難だったのであろうか。それを直接調べた結果が、表 3-2-2 である。これは県農林部が、すべての協定未締結集落について、市町村担当者を対象としたアンケートによって、その理由を調査したものを再整理したものである。

表3-2-2　集落単位で見た協定未締結の要因（山口県、2000年度）

（単位：%）

	構成比
2001年度から協定実施の意向	4.7
高齢化が進み、農地保全が図れない	34.1
対象農用地が少ないため	22.1
協定を推し進めるリーダーがいない	22.1
制度に魅力を感じないため（交付金単価等）	7.3
担い手はいるが、多様な意見が出て話がまとまらない	6.8
生産調整対策との調整がつかないため	1.8
制度が複雑で事務ができないと感じたため	0.5
集落が離村等により消滅した	0.1
集落が都市化等により農家がなくなった	0.0
その他	0.5
回答総数（集落単位・一部複数回答）	100.0

注 1) 資料＝山口県農林部集落アンケート個票より再集計。
　　2) 単一回答が原則であるが、複数回答が48件あるために、回答総数と未締結集落数は一致していない。

　これによれば、未締結の要因として最大のものは「高齢化が進み、農地保全が図れない」という回答である。これが全体のほぼ3分の1を占めている。周知のように、集落協定をめぐるこの問題は、協定締結の話し合いの場で、「5年間も農地を荒らさずに耕作し続ける自信がない」「協定に入れば集落の皆に迷惑をかけてしまう」という高齢者の声が出ていた。それへの対処の必要性は早くから提起されていたが、やはりこのような問題がそのまま、「未締結」という形で持ち越されているのである。

　次に大きな割合の要因は、「協定を推し進めるリーダーがいない」という回答である。集落協定は、耕作放棄の防止はもちろんのこと、共同的取り組み活動の実効性を5年間にわたり確保する必要があることから、リーダーやそれを支える集落内の仕組みが重要であることは自明であるが、それを要因とする非締結も少なくない。

　「対象農用地が少ないため」という回答も、同率でそれに並ぶ。しかし、これにはおそらく性格が異なる2つのタイプの実態を反映していると思われる。1つは傾斜条件等を満たす農地が少ない集落の実態であり、平場に近い地域に立地する集落が予想される。もう1つは、対象農用地があっても団地

要件（1ha）を満たしていない農地が散在しているケースであり、これはむしろ逆に、いわゆる「行き止まり集落」などに相対的には多く見られるものであろう。もし、前者であれば、問題は大きくはないと思われるものの、量的に後者が多いのであればそうした農地を含めて協定の対象とするように、制度改善の余地があろう。

　以上のように、異なる性格の要因が混在する「対象農用地が少ない」という理由を除いて考えれば、未締結要因のかなりの部分は、「高齢化」「リーダー不在」である。つまり、山口県では、集落内の人的構成の状況を要因として、集落協定の締結が進んでいないと言える。

　この点は、次の図 3-2-1 によって補完できる。これは、筆者らが構築した「山口県集落データベース」により、集落別の農家世帯員の高齢化状況（高齢化率―2000 年農業センサス）と集落協定締結状況（締結率―県農林部データ）の関連を見たものである。見られるように、高齢化率が特に低い集落（おそらく都市部に近い制度の対象集落）を除き、締結率は高齢化が著し

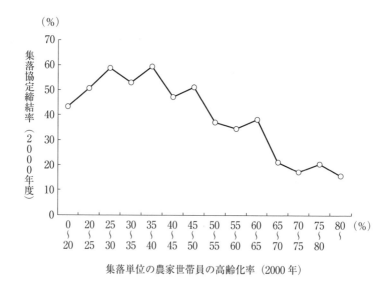

図 3-2-1　**集落単位で見た高齢化率と集落協定締結率（山口県、2000 年）**

注）資料：2000 年農業センサスおよび山口県資料より作成。

いほど低い。とくに、高齢化率が65％を超えたような著しく高齢化が進ん
だ集落では、協定締結集落の割合は、実に2割前後まで低下する。

　こうして、少なくとも山口県の限りでは、今回の協定締結率の値は、地域
の高齢化の状況にほぼ規定されていると言える。おそらくは、全国において
も、ほぼ同じ状況であろう。

　したがって、一部で言われているように、初年度の約6割という事業実施
率の水準を、国レベルでの制度設計の問題や逆に自治体の取り組みの問題に
帰して、「低率にとどまった」と評価することはできない。むしろ、中山間
地域で著しく進む高齢化の進行に抗して、集落構成員、リーダー、そして地
域マネージャーの懸命な努力によって、量的にも大きな成果を得たと言うべ
きであろう。

(3)　集落協定と集落属性の関係

　ただし、集落協定の締結を左右するのは、上で見た人的構成ばかりではな
い。先の「山口県集落データベース」による分析による結果の一部を、ここ
でまとめておこう。

①　地目構成―「田高畑低」

　高齢化率以外で、協定締結と関連が見られるのが地目構成である。次頁の
図3-2-2にあるように、集落の水田率に応じて締結率は高まっている。水田
率が4割未満では、締結率は2割前後に落ち込む。

　これらは、山口県では主として東部の柑橘地域の実態を反映したものであ
る。この柑橘地帯は、高い高齢化率で全国的にも著名な大島郡（久賀、大
島、東和、橘の4町―いずれも現周防大島町）に見られるように、ほぼ高齢
化地域と重なる。そうした要素はあるものの、他県の地目別データを見て
も、「田高畑低」現象は一般的である。

　これは、第1に、集落単位での合意形成と集落単位の取り組みという「集
落重点主義」の手法が、とりわけ水田農業に適合的なものであり、それを念
頭においたものであったことは否定できない。

　また第2に、水田以外の地目（畑、草地、採草放牧地）における傾斜度基
準の厳しさ（急傾斜―15度以上、緩傾斜―8〜15度未満）に加えて、しば

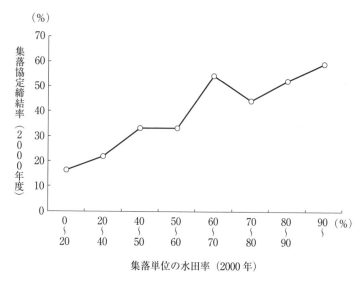

図3-2-2　集落単位で見た水田率と集落協定締結率（山口県、2000年）

資料：2000年農業センサスおよび山口県資料より作成。

しば現場で聞く「畑の交付金単価は魅力に乏しい」という点も関連していよう。

　なお、先に全国の都道府県単位での事業実施（予定）率を示したが（前掲・表3-2-1）、そこでは実施率6割未満の県の多くが、やはり畑地率が高いことが確認される。おそらく県別実施率の高低は、このように地目構成と高齢化率の組み合わせでかなりの部分が説明できるのではないだろうか。

②　集落規模—零細集落で低調

　また、集落規模についても、比較的強い相関関係が現れている。図3-2-3にそれを示した。ここでは、農家戸数を指標（横軸）としているが、集落単位での農地面積や農家人口を採用しても同じ結果が得られる。つまり、戸数、人口、農地のいずれにおいても規模の小さな集落では、協定締結が低調であることを示している。

　このような興味深い現象の要因としてはいくつか想定されるが、1つの強い要素として考えられるのが、地域リーダーの存在状況である。この図

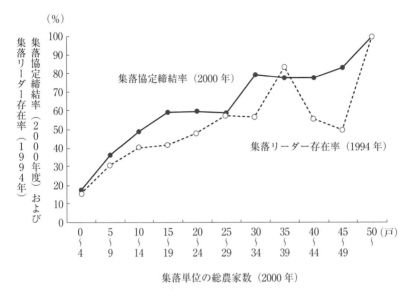

縦軸（左）：集落リーダー存在率（1994年）および集落協定締結率（2000年度）（%）

集落協定締結率（2000年）

集落リーダー存在率（1994年）

横軸：集落単位の総農家数（2000年）

0〜4　5〜9　10〜14　15〜19　20〜24　25〜29　30〜34　35〜39　40〜44　45〜49　50〜（戸）

図 3-2-3　集落規模（農家数）と集落協定締結率・集落リーダー存在率（山口県、2000 年および 1994 年）

注1) 資料：2000 年農業センサスおよび山口県資料より作成。
　2)「集落リーダー存在率」は、各集落を対象としたアンケート調査個票（1994 年に山口県農林部が実施）の再集計による。

3-2-3 には、94 年時点の集落悉皆アンケート調査結果（山口県農林部実施）による集落規模別のリーダーの確保状況、集落規模で組み替え集計した結果も示しているが、見られるように、集落協定締結率とほぼ同じ傾向を示す。表示は略すが、当然のことながら、両者の直接の相関関係も強い。ごく単純に考えれば、集落規模が大きな集落では、多彩なメンバーの中からそのとりまとめ役が生まれ、その存在により協定締結も進んでいると、一応の解釈はできる。

　こうした結果から、直接支払制度のみならず中山間地域活性化の手段として、零細集落を束ねた集落再編が論じられる可能性もある。実際、地域リーダーの一部は、市町村合併をも念頭においてそのような構想を持つ者もいる。しかし、集落規模は地理的歴史的に多様な要素によって規定されているものであり、地域リーダの存在状況は、そうした要素との関連もあろう。よ

り深い分析が求められている。

③ その他の要素—圃場整備、寄合

資料の掲載は略すが、前述の2点の他、比較的強い相関を持つのが、圃場整備の割合（区画整理面積割合、用排水分離面積割合）である。おそらくは担い手の賦存状況や、農地基盤整備事業を実施するのに不可欠なリーダーの賦存状況を媒介として、そのような関連が見られるのであろう。

また、集落センサス（農業センサス・集落調査）が把握した集落ごとの寄合回数と、協定締結率にも強い相関関係が見られる。この集落センサスの実施時期（2000年2月1日）には、直接支払制度の集落説明会・座談会は、おそらくほとんどの地域で始まっていなかったと思われる。したがってセンサスで把握した寄合回数は、集落の一般的な自治機能を表すものと考えることができるであろう。その強弱が、協定締結の可否につながっているのは、当然のこととは言え、確認すべき点である。

3　集落協定締結へ向けた諸対応

前節ではもっぱら実施状況の定量的な視点から、直接支払制度の現段階の到達点を見た。しかし、言うまでもなく、ここで解明を求められているのは協定の内実であり、その実現に向けた地域レベルの実践の定性的な評価であろう。

確かに、先にも見たように、高齢化が進んだ地域では集落協定の締結率は低く、そこにこの制度をめぐる大きな困難が立ちはだかっている。そのため、一部ではこの制度の成果を、消極的に評価する傾向がある。

しかし、他方では、地域農業の維持・再編や地域社会の活性化へ向けて、直接支払制度を1つの契機や手段と考える地域では、たとえ高齢化集落でも、創意あふれる取り組みを開始していることも事実である。そうした先発的な集落の周辺では、さながら集落間の「知恵くらべ」の様相を見せているところもある。中山間地域の一般的困難性を知れば知るほど、このような新たな胎動には光を当てることが必要ではないだろうか。

そのため、筆者と山口県農林部は、山口県内外の集落協定をめぐる現場の

Ⅰ．集落協定の範囲をめぐって
《本項のポイント》―大きくまとめ「ロマン」を語ろう
Ⅱ．集落協定の継続性をめぐって
《本項のポイント》―安心して集落協定に参加しよう
Ⅲ．助成金の活用をめぐって
《本項のポイント》―集落の求心力を高める取り組みを目指そう
Ⅳ．集落協定における多面的機能の維持増進活動をめぐって
《本項のポイント》―快適なむらづくりに交付金を活用しよう
Ⅴ．非対象集落・農地をめぐって
《本項のポイント》―集落・地域の和を保とう
Ⅵ．集落協定の管理をめぐって
《本項のポイント》―集落協定の事務はまかせて
Ⅶ．集落協定締結の推進体制をめぐって
《本項のポイント》―行政の仕組み革新の新たなチャンス
Ⅷ．集落協定の話し合いの中で
《本項のポイント》―「何かが変わり始めている」との認識を共通に

図 3-2-4 「集落協定の知恵袋」の構成

創意工夫を紹介することを試みた。それは、集落協定の話し合いの現場を、「おこがましくも地域の方々を励ますつもりで出かけたにもかかわらず、逆に励まされた」ことをその直接の契機としている。そして、そうしたいくつかの事例の簡単な紹介やその解説をまとめたレポートを、「『知恵』や『エネルギー』であふれんばかりのものにしたい」という思いを込めて「集落協定の知恵袋」と名付けて、山口県農林部のホームページ上で公開した（その構成は図 3-2-4―「知恵袋」については本章末の「コラム①」を参照）。

以下では、その「知恵袋」の構成の一部を借用し、集落協定締結に向けた地域の叡智として、①集落協定の範囲（複数集落協定、重層的支払い）、②集落協定の継続性への対応、③農業関係機関の対応の３点を取り上げ、いくつかの事例を解説してみよう。

① 複数集落協定（広域協定）

直接支払制度は、面積当たりの交付金であるために、当然のことながら対象農地面積が大きくなるほど交付金総額が大きくなる。

この単純な事実を強く意識した取り組みが、大分県竹田市九重野地区の取り組みである。「協定締結第１号」とも報道され、今では直接支払制度関係

者では、知らない者がいないほどの著名な地区である。1つの谷を構成する8集落を包摂するこの協定の面積は115ha、支払い総額は2400万円という巨大な規模である。戸別に、あるいは集落別に分けてしまえば、零細な交付金とならざるを得ないものを、複数集落単位でプールした結果である。地域農業の「守り」の対応のみならず、農産加工施設の設置をはじめとする「攻め」の対応へ踏み出し得たのも、助成金の大きさゆえの「ロマン」に支えられたものと言えよう。

このような「複数集落協定」を、市町村として強く推進した事例として、山口県阿東町（現山口市）がある。ここでは、「小さな集落には今回の制度が活きないのではないか」という町長の問題提起により、計画段階では、町内136集落を、水系や出入作の実態から26の協定に統合する「複数集落協定」を目指した。

こうした取り組みの背景には、町内集落の約4割の集落が、10戸未満の小規模集落であるという現実から、数集落集まることにより、九重野地区と同様に、交付金総額と「ロマン」を拡張しようという意図もある。この阿東町での取り組みは、最終的には、66協定に落ち着いたものの、うち18協定が複数集落協定（最大は16集落をカバーする徳佐上中地区協定—後述）を実現している。協定の範囲にかかわる行政レベルの意識的取り組みとして注目される。

なお、同様の問題意識は、実は県レベルにも見られる。山口県が「県基本方針」として独自に作成した文書（農林部農村振興課長通知—2000年5月26日）では、集落協定の締結方向として、「地域の実態に応じ、『集落協定』を複数集落での締結も含め検討する」という内容があえて書き込まれている。

②　地域内諸セクターへの重層的支払い

同様に新潟県高柳町（現柏崎市）の「3.4.3」配分方式も「集落間協定」の部分だけを取り上げれば、前項の複数集落協定（広域協定）のバリエーションと考えることができる。これは、交付金の3割を個人、4割を集落協定、そして3割を「集落間協定」に支出するものである。この集落間協定は町内全協定を単位として、共通する課題への対応を意図しており、広域的対

応と言えよう。

　しかし、高柳町の場合は、従来からの活性化方策が、集落単位で、しかもその「自前の力」によって進められてきたという経緯がある。そのため、直接支払いでも集落への支払いを中心としつつも、しかし同時に広域（町全域）にかかわる対応も必要であることから考え出されたのが、この「3.4.3」配分方式である。

　このように、個人、集落、広域という3つの単位への支払いシステムを構築した点は、直接支払いのいくつかの成果のなかでも特筆すべきことである。なぜならば、これは、日本農村の構成要素としてしばしば議論される3つのセクター、つまり公—共—私を地理的に具体化した意識的取り組みに他ならないからである。これにより、交付金配分方式の議論は単に、「集落か、個人か」という交付金の配分割合にとどまることなく、地域社会をより大きな枠組みで論じる足がかりを得たとも言えるのである。

　また、先に触れた山口県阿東町の16集落による広域協定である徳佐上中地区協定でも同様の重層的支払いに取り組んでいる。ここでは、土地改良区を単位とする協定であることから、土地改良区（15%）—集落連合（5%）—各集落（30%）—耕作者（50%）と支払い対象が4分されている。土地改良区と集落連合は範囲としては一致するが、前者は水路・農道等の維持管理費に充てられ、後者は共同・共有農業機械・施設の購入を予定されている。

　このように地域実態に応じた重層的な支払い対象と、配分割合の設定は各地で進んでいる。

③　集落協定の継続性への対応

　先の統計分析からも確認できたように地域の高齢化による集落協定締結の困難性は、本制度をめぐる最大の課題であった。

　農水省もこうした問題提起に対して、「高齢化に伴う身体機能の低下により農作業ができなくなった場合」は、協定参加者の死亡や病気と同様に「不可抗力」として、助成金の返還の必要が無いという説明を積極的に示し、高齢者の協定参加の不安をうち消すことに力を入れていた（農林水産省構造改善局地域振興課長通知—2000年5月25日）。

　しかし、そのような行政的対応とは別に、集落協定の現場では、それへの

独自の対応として「耕作放棄保険方式」が生まれていた。山口県周東町（現岩国市）ひよじ地区の実践である。筆者らは、先の「知恵袋」においてその地区の取り組みを紹介し、交付金の独自の活用事例としての意義を強調した。その取り組みが、次のような地域の創意にあふれるものであったからである。

この地区の協定では、耕作放棄が生じた場合に対応するため、個人配分された交付金の一部を協定参加者の合意のもとに積み立て、万が一、耕作放棄が生じた場合、一時的な自己保全管理でそれを解消することを計画している。具体的には、初年度の助成金のうち個人配分（助成金の50％、約1万円／10a）は、「今年はなかったもの」として積み立て、耕作放棄をせざるを得なくなった年の個人配分金と合わせた約2万円を、その農地の自己保全管理のための経費として充てる計画である。この金額は、トラクターによる浅耕（年2回）、畦畔草刈り（年2回）を外部に委託した料金（10a当たり）にほぼ相当することから、当該年の農地としての維持する費用が賄える。そして、その翌年以降については、時間をかけて担い手を探し、利用権設定等を考えるという。

この地域（ひよじ地区が属する旧村）は、山口県内でも最も高齢化が進行し、地域農業の継承性の危機に直面している地域に他ならず、「人と土地の空洞化」が著しく進みつつある地域でもあった[1]。そのため、耕作放棄はそれがたとえ1年間でも、「田圃がヒエだらけになって、だれも借り手がいなくなってしまう」（地域の営農組合役員）という現実から生まれた、地域なりの対応策であろう。

こうした仕組みは、他県でもその導入が見られる。山口県内でも、柳井市のある集落で、交付金の10％を、作付不能農地の発生に備えた耕作放棄対策費として積み立てを行っている事例がある。しかし、興味深いことに、地域リーダーは、「耕作放棄対策費は現実には、使われることはないだろう」と考えている。よく言われるように「保険」は「安心料」であり、それにより高齢者でも安心して参加できるようになることが重要であるとしている。このような仕組みの存在自体に意味があるとするのも、現場の1つの「知恵」であろう。

④ 農業関係機関の新たなる対応

　今回の集落協定の推進をめぐって、市町村、農協、農業改良普及センター等の各種農業関連機関もそれぞれの領域で、特徴的な活動を始めている。

　先の山口県の阿東町では、この3機関に、町域の農業公社（（社）ふるさと振興公社）も加えた4機関による一体的な推進活動を実施した。そこでは、3人1組の各機関からの混成チームが13班つくられた。そして、それらが「集落ローリング」と称して、すべての地域を巡回し、制度の説明や協定内容の合意形成、さらには複数集落協定への誘導を支援した。そのための説明会の回数は延べ200回以上に及ぶ。

　また、その際、関係機関相互の意思疎通を円滑にし、また情報の一元化を図るため、今までのノウハウにより普及センターは、関係機関共通の活動記録様式「中山間地域等直接支払制度集落集会等活動記録」を作成した。集落座談会に参加した推進チーム員が、「協議結果」や「残された課題」等を記入し、情報の共有化を行ったのである。また座談会を通じて得た集落の特徴を「集落活動状況確認表」に一種のデータベースとして蓄積し、集落協定内容の実現を支援する際の参考資料として活用することも企図している。どこでも可能な小さな試みであるが、重要な実践であろう。

　市町村の独自の活動としては、この阿東町では、役場の全職員を対象にした独自の説明会を開催している。これは、役場職員は、集落の有力な内部リーダーであることが多いことから行われたものであり、実際に協定メンバーとしての職員の活躍も少なくなかったという。

　また、農協による取り組みも、確かに前進している。1つは、協定管理への農協による支援である。その一例として、北海道浜名町の事例があるが、北海道の広域協定では、このような農協の活動は少なくない。とくに支払い総額が巨大な協定では、こうした交付金の恒常的管理者は不可欠である。

　農協の対応の2つ目は、集落協定のための融資である。とくに初年度の場合は、協定の締結と交付金支払いには約半年間のタイムラグがあった。これを埋めるために、行政による融資等の金銭的便宜が、全国のいくつかの市町村で実施された。そして、一部ではあるが、こうしたケースでの集落への融資を農協が、積極的に対応している地域も存在している。総合農協としての

強みを活かした、直接支払制度への支援と言えよう。

4　協定締結を契機とする地域的活動の実態

（1）　多様な活動実態

　前節で取り上げた様々な事例を見ても、従来からの地域の活性化へ向けた積極的な取り組みとそのための話し合いが共通に存在している。それは、協定締結自体を自己目的化した「協定締結のための集落協定」でないことはもちろんであるが、単に「助成金をもらうための集落協定」でもない。

　これらの事例から「地域社会・農業活性化を実現するための集落協定」、そして「集落協定内容を実現するための交付金」と認識すべきことの重要性を再確認すべきであろう。そうした方向性が明確だからこそ、先に見たような協定範囲、継続性等について、独創的な試みが生まれてきたのである。

　とはいうものの、この交付金は、使途に制約のない交付金であるために、それぞれの協定に集落の実情に応じた取り組みの方向性が示されているのは、当然のことであろう。つまり、地域にかかわる課題の数だけ、取り組み内容があるはずである。

　この点は、集落協定書からも窺うことができる。集落協定書では、「交付金の使用方法」の項で、集落協定メンバーが集団的または組織的に対応する「共同取組活動」への交付金支払いを明記することが求められている。記入の簡素化のために、決められた項目から選び、金額を記入する形になっているが、選ばれた項目を、山口県柳井市について集計したのが表 3-2-3 である。

　これによれば、「集落活動」から「生産性の向上・担い手の育成」そして「その他」などのすべての 6 項目を選択した協定が、38 集落中 13 集落と多くを占める。しかし、それ以外の集落の組み合わせはかなり分散し、その数は 15 パターンにも及ぶ。これは、それぞれの集落が、直面している課題や集落内の人的構成に応じて、共同的取組活動への交付金支出を選択した結果であろう。柳井市は直接支払制度の導入にあたり、市農林水産課および集落

表3-2-3　山口県柳井市における集落協定書の「共同取組活動」（2000年度）

集落活動報酬・出役	農用地に関する事項	水路・農道等の維持管理	多面的機能を増進する活動	生産性・収益の向上、担い手の定着	その他	取組数	集落数
○	○	○	○	○	○	6	13
○		○	○	○	○		2
○	○		○	○	○	5	1
○	○	○	○		○		4
○	○	○	○	○			6
○			○	○	○		1
○	○			○	○	4	2
○	○	○			○		1
○	○	○	○				1
	○	○			○		1
	○	○	○			3	1
○			○		○		1
			○		○		1
○					○	2	1
					○	1	2
合　　計							38

注）資料：柳井市資料より集計。

リーダーのリーダーシップにより、集落の地域個性に応じた活動をとくに追求した地域でもある。

（2）　集落活動を通じた新たな動き

こうした多面的な活動に向けた話し合いが始まった2000年の夏には、地域では早くも変化が始まっていた。今までの話し合い活動の後退の中で、それを再開しただけで地域に強いインパクトをもたらした地域もある。あるいは、こうした大がかりな新たな事業が、地域に導入されることを知り、「それなら、ともかく何かに取り組まなくてはならない」と、感じた人もあるという。

交付金の支払いは、当時ではまだ数カ月先のことであったにもかかわらず、地域では何かが起こり始めていた。そうした地域の人びとと接した筆者

らは、先の「知恵袋」の最後に、「『何かが変わり始めている』との認識を共通に」という項目を立て、その実態を紹介した。ここでは、「知恵袋」のその項で紹介したいくつかの事例を、転載してみよう。

① 山口県Y市の事例
　　―集落協定をきっかけとした集落の話し合い活動の復活

　山口県Y市A集落は、集落構成員のほとんどが60代後半から70代であり、水田の自己保全管理が多く、住宅の前の農地も雑草に覆われる状態であった。また、話し合い活動もほとんど行われておらず、年に2～3回程度の会合がもたれる程度であったため、その場で農用地の除草等のお願いもなされないままであり、地域の将来に「あきらめ」といった気持ちを持つ者もいた。

　今回の制度を集落協定推進委員が、耕作放棄地の解消を各戸に働きかけた結果、農地の雑草を管理する者が現れ、他出していた後継者が戻り作業を手伝う姿も見られるようになった。話し合い活動も復活しつつあり、現在、月1回程度の会合を重ね「集落協定」の締結に向けて動いている。

　集落協定推進委員は、「みんなこのままではいけないという気持ちはあったが、話し合うきっかけがなかった。荒れた農地が、きれいになったのを見て、集落の者に元気が出てきた」と語っている。

② 山口県F村の事例―集落の他出あとつぎへの声かけ運動の開始

　山口県F村B集落は、集落活動が盛んであり、農業機械の共同利用をはじめ、集落の祭りの伝承等を行っていた。しかし、集落の後継者のほとんどが他出している状況である。集落協定の話し合いのなかで、今後の集落活動・営農活動を維持継続するため、近隣市町村で生活している他出あとつぎ者を中心に集落の構成員が声かけ運動を開始することとした。

③ 山口県K集落の事例―むらづくり会の結成

　K集落は、集落全体としてのまとまりに欠ける集落であった。しかし、高齢化と若い年代層が立ち上がり、今、生まれ変わろうとしている。集落協定には、K集落に関係のある農家・非農家すべての人に参画し、集落全体で取り組み「集落の連帯感や活力を呼び起こし、一致団結してKに活性化を！」をキャッチフレーズに設定した。

　また、K集落では「Kむらづくり会」を発足させ、これからの集落機能の維持を図るための企画・調整、集落の農業振興を図ることを目的に、様々な話し合いが行われている。さらに、K集落全体に農業のことや集落のことなどをアンケート調査したため、集落の現状がわかり、これからの活動の参考となった。またこの調査自体が引き金となり、集落の人びとの意識が少しずつ変わってきたように感じると言う。そして、K集落では、来年度より交流イベントを開催していくことになり、その企画で盛り上がっている。

　K集落の住民は「集落協定がきっかけで少しずつ変わっていくK集落や人びとの顔を見つめながら、改めてK集落に誇りを感じ、まだまだすてたもんじゃないとうれしく思っている」と言う。

　②、③は、いずれも集落協定の当事者である集落構成員から、「知恵袋」のホームページ上の掲示板に書き込まれたものである。特に③では、地域と住民の意識変化を知ることができる。

　①は筆者らが出会った事例であり、2000年の夏の段階で「何かが変わり始めている」と実感した場でもある。その後の動きを含めて若干、補足しておきたい。

　この集落は、柳井市北部の小さな谷に立地する。市街地まで車でわずか10分ほどの距離にあるが、地形的条件から、住宅や農地は急傾斜地に張り付くように存在している。そうした状況のなかで、いえの後継者は、市街地に他出する者が多く、集落構成員の高齢化が急速に進んでいた。そのため、この集落にはいつのまにか「何をやってもダメだという雰囲気があった」（集落協定推進委員）。

　しかし、集落協定のための話し合いは、そうした集落の状況を一変させた。今までは、思っていても言い出せなかった「家の前が荒れているような状況を、なんとかしたい」という考えを、最初の話し合いのなかで、皆が自然に言い出し、そのためにどうするべきかを議論することができたのである。

　話し合いが始まってからの対応は速いテンポで進んだ。2000年の4月の集落内有志による予備的な打ち合わせから始まり、ほぼ1カ月に1回の話し

合いを進めている。この過程で、耕作を放棄し続けていた土地持ち非農家が、他出している跡継ぎの手伝いを得て、水田とそれに続く山腹斜面を自主的に草刈を行った。「耕作放棄を解消しよう」という話し合いが出身の集落で始まっていることを知り、後継者も「自分もなんとかしなくてはいけない」と考えたからだという。

このようなことが契機となり、集落としてこの制度に取り組むことを決めた7月以降は、耕作放棄地の所有者と地域リーダーを中心に男性8名、女性3名の作業班が組織された。そして、9月末までには、ユンボでの掘り起こしや耕うんを終えている。最終的に7筆の放棄水田が、再び管理され始め、集落協定に従って、現在では、菜の花が景観作物として植えられている。

5　直接支払制度の課題

これまで強調したように、中山間地域における直接支払制度は、小さくない可能性を随伴し、確かに動き始めた。しかし、残された課題も大きい。

とくに、交付金に対する課税問題や稲作の生産調整との関係などは、いずれも農水省内部ないしは省庁間の制度間調整の課題であり、政策当局の責任ある対応が求められていよう。ここでは、それらの点については、早急な解決の必要性を訴えるにとどめ、今後の課題として、より本質的な次の2点について論じておきたい。

第1は、「対象農地にかかわる人的単位」と「交付金活用にかかわる人的単位」のズレへの対応方策である。先に触れたように、集落協定はそれを転換するブラック・ボックスの役割を果たしており、それが協定の根元的な不安定要因となる可能性がある。集落内の部分的な農地が対象農地であり、その耕作者が集落農家の一部であるというケースでは、今後交付金の活用が本格化するにしたがって、その「ズレ」を意識せざるを得ない機会が増えよう。出入り作が激しい集落では、事態は一層深刻である。

しかし、こうした懸念は、一部では別の形で現れている。資料は省略するが、1協定当たりの農地面積と1集落当たりの農地面積を都道府県データで比較すると、地域によっては大きな乖離が生まれている。

　東日本、特に東北、北関東の諸県では、集落規模が相対的に大きいにもかかわらず、1協定当たりの面積規模が逆に零細であるという傾向が出現している。こうした背景には、集落内に複数の、団地ごとに集落協定が存在しているケースもある。これは、先のズレに対応して、むしろ「集落」協定を、話し合いがまとまる範囲でできるだけ小さく設定していることによる。このような地域では、集落活動と協定の共同取組活動との関係がどうあるべきかが、早晩、課題となろう。ひとことで言えば、集落協定の集落「分断」協定化が懸念される。ただし、集落全域をカバーする協定ができづらい実態的要因が、そうした背景には存在していることも確かであろう。

　いずれにしても、協定参加者と集落メンバーのズレや包含関係のパターンを明らかにし、そのパターンごとの課題や協定運営のあり方についての検討が行政には求められているように思われる。また、それは同時に、研究サイドの課題でもあろう。

　今後の課題の第2は、本章の山口県を対象とした統計分析が明らかにしているように、相対的に高齢化集落や零細集落での制度導入が立ち後れていたことである。これら地域は、従来から、地域活力の低下が著しく、時には「限界集落」などと表現されていた集落とも重なる。

　つまり、本制度は中山間地域と平場との条件不利性の一部を補正するものであることは間違いないが、同時に図らずも中山間地域内部の条件不利性格差を拡大しつつある可能性もある。これは、本制度が、「地方裁量主義」を採用し、集落の内発的エネルギーの存在を制度設計の基礎に置いていることから、半ば必然的に生まれてきたものであり、また予想もされたことでもある。

　制度導入期の時点では、それへの対応は困難だったとしても、今後は、こうした集落・地域に重点を置いた、地域住民の「内発性」を呼び起こすような外部からの強力な支援が要請されている。特に、集落内の地域リーダーが欠落している場合には、その機能のすべてを代替できないことは当然としても、外部の「仕掛け人」（地域マネージャー）の役割が重要となる。その場合、特に期待されるのは、市町村職員、農協営農指導員、農業改良普及員であり、彼らはいわば「給料をもらっている地域を動かす人」であろう。その

ような地域マネージャーの役割が、直接支払い下の中山間地域には、従来以上に重要となっているという認識とその政策への反映が欠かせない。

これに加えて、こうした新たな地域間格差への対応は、最終的には市町村レベルから国家レベルまでの、中山間地域の位置づけに帰着する。中山間地域集落の維持や再編のありかた、そこでの公共投資のありかたを含めたグランドデザインの構築が、求められているのである。

〔注〕
(1) 拙著『日本農業の中山間地帯問題』（農林統計協会、1994年）、第3章を参照。

コラム①

集落協定の知恵袋

　本章でも触れたように、中山間地域等直接支払制度が設立され、集落協定の締結が各地で進み出した時に、山口県農林部（現農林水産部）と筆者は共同して、集落協定に関する事例集「集落協定の知恵袋」を作成し、山口県のホームページに掲載した（第1報、2000年8月発行）。

　山口県では、県の農林業情報システムを活用し、この事例集を閲覧した者が、書き込みできる掲示板「交流広場」も作り、特に書き込まれた全国各地の事例により、さらに事例集のアップデートを行うという仕組みも構築した。当時の県庁の記録によれば、開設後、1カ月で約2000人（重複なし）からの延べ約1万回の接続があったという。おそらくは、初めて締結する「集落協定」のあり方に悩む現場、そしてその普及に奔走した市町村や県の行政担当者による閲覧が多かったと思われる。この「知恵袋」は、2002年の第6報まで更新され、その後は個々の協定や関係者を深掘りした「集落協定・瓦版」（県農業経営課発行）に引き継がれている。

　「知恵袋」の構成や書き込まれた情報については、本章にも記されているが、下記にはその「知恵袋」の冒頭の一文を転載しておきたい。本邦初の制度に対する、現場の期待や実践に向けた熱意などを間接的ながら知る

ことができよう。

なお、この「知恵袋」を含めた山口県の直接支払制度にかかわる先駆的な取り組みについては、当時の県庁における担当者である田村尚志氏（現在同県周南農林水産事務所長）による論考（田村尚志「山口県における取り組み―中山間地域等直接支払制度」『農業と経済』、2000年12月号）が詳しい。

※

今、中山間地域の多くの集落では、直接支払制度の集落協定締結のための話し合いに取り組んでいます。本年度から適用されるこの制度は、導入初発期ということもあり、十分な取り組みの余裕が無い地域も多く見られます。しかし、他方では、この制度の活用をめぐっては、素晴らしいアイデアが、着実に生まれてきています。

山口県のいくつかの中山間地域を、行政担当者としてまた研究者として踏査した私達には、むしろそうした中山間地域のたくましさが強く印象に残りました。おこがましくも地域の方々を励ますつもりで出かけたにもかかわらず、逆に励まされたのが現実です。そこで、あたかも地域から湧き出てくるかのようなこうした「知恵」や「エネルギー」を、県内外で活躍する地域リーダー、それを支える地域マネージャーの方々に伝えることができないか、そしてどこでも湧き出しつつあろう「知恵」のさらなる飛躍の参考に供することはできないかとの思いで、このメモの作成を思い立ちました。

こうして作り始めたメモを、あえて「知恵袋」と名づけたのは、私達が感銘した地域の叡智を詰め込んでおく「袋」を作らなくてはならないとの思いと同時に、この「袋」を「知恵」や「エネルギー」であふれんばかりのものにしたいという思いがあるからです。地域のたくましさへの畏敬の念と、少しばかりの私達の意気込みは、「袋」という語感に最もフィットしています。今回の直接支払制度は、集落・地域の人びとがそこで生き抜き、農地を保全していくことの意味を改めて考え、そのために新たな一歩を踏み出す重要な糸口となる可能性を持っています。したがって、例えば仮に、「5年間の協定期間は長すぎる。そんな先のことはわからない」というあきらめ感から、話し合いさえ始めることができないような集落があれば、ぜひこの「知恵袋」からひとかけらの「知恵」を取り出し、集落協定

締結のために活用していただきたいと思います。

　しかし、言うまでもなくこの制度は、中山間地域の活性化の1つの手段にすぎません、従って、集落協定の締結自体を地域の目標とすることはおかしなことです。これを、取り違えて、「集落協定を作って金さえもらえば良い」と考えている地域に、この「知恵袋」を使って欲しいとは私達は思っていません。その点で、この袋を開ける方は、袋の中の「知恵」と同時に、先発事例がいつも放っている熱い思いとエネルギーをも受け取っていただきたいと思います。そして、直接支払制度を活用する目的、つまり地域の目指すあるべき方向まで、議論を深めていただきたいと希望しています。

　この「知恵袋」はご覧のように、今は本当にささやかなものです。しかし、インターネットをはじめとする様々な手段を利用して、この袋を大きく、そして奥深いものへと皆さんの力で育てて欲しいと願っています。袋の中の「知恵」をひとかけら使った方は、いつかは必ず別の「知恵」を投げ込むという気持ちで、この企画におつき合いいただければ幸いです。

　　　　（山口県農林部ホームページ「集落協定の知恵袋（第1報)」2000年8月24日)

3章 地域農政としての制度

1　はじめに—課題

　本章は、「日本の特徴である地域農業の組織性を意識的に再建・創造・活用しようとする地域の対応」[1] と定義される「地域農業の『組織化』」にかかわる日本の戦後農政の対応と変遷、そしてその論理や背景を解明することを課題としている。

　このような課題設定が可能であるように、日本の農政は「地域農業の『組織化』」とは無縁な存在ではなかった。特に、1970年代末から80年代半ばまでのいわゆる「地域農政期」は、そうした農政が花開いた時期であった。しかし、逆に、現局面において、このような課題設定をあえてせざるを得ないほど、その後の変遷は著しいものがある。

　そこで本章では、第3部がテーマとする中山間地域等直接支払制度（以下、中山間支払制度）を意識しながら、次のような手順で分析を進めてみたい。第1に、戦後農政の展開過程における地域農業の「組織化」の位置づけを振り返り、地域農政期に開花した内実と背景や要因を論じる。第2に、それ以後の農政における地域農政的要素の帰趨とその論理を解明する。そして、第3に、現在の農政改革下におけるその要素の現実と課題を、中山間支払制度の導入論理と地域におけるその実践を素材として析出する。

2 日本農政の展開と地域農業の「組織化」

(1) 農政における地域農業の「組織化」

　戦後の農政を画期づける政策文書において、「地域農業の組織化」という用語が登場するのは、農政審議会答申「80 年代農政の基本方向」（1980 年）においてである。この政策文書は「日本型食生活」論の提起や農政における食品産業、農村整備の位置づけを積極的に行った点でつとに知られている。しかしそれのみならず、この文書では農業構造政策においても、豊富な論点が提示され、その中で「地域農業の組織化」が位置づけられている。

　そこで主張されていることは、①土地利用型農業での規模拡大が立ち後れているが、低成長による就業機会拡大の鈍化により、今後も中核農家の規模拡大を進めることは容易ではない、②このような困難性の一方、中核農家の規模拡大の契機も生まれてくると思われ、それを農業構造改善の基本としなくてはならない、③しかし、分散・零細な土地所有下では地域ぐるみの対応が必要であり、それによって中核農家による規模拡大を進める機運が次第に醸成されることが期待される、④そのためには集落等での話し合いや共同活動などの地域の主体的な活動を促進する地域農政の総合的な展開が必要である、というものであった。

　このように、80 年時点での構造政策は、やはり中核農家の規模拡大を基本としてはいるものの、そうした農業再編の困難性を構造的要因（零細・分散な土地所有および兼業農家の雇用情勢）を含めて認識している点で、現実と乖離した方向や目標が設定されがちな戦後の農業構造政策の中でも、最もリアルなスタンスに立っていると言える。そして、その認識から出てくるあるべき方向が他ならぬ「地域農業の組織化」であり、それは「作物の選択、農作業や機械・施設の利用、副産物の活用、農地の利用調整の面で地域の農業者が補完・結合しあい、いわば面として地域農業を発展させていく体制」と定義されている。

　構造政策にかかわる、このような論調は、80 年農政審答申の前後の約 10

年間にわたる時期の農業構造政策の特徴でもある。その点は、『農業白書』（1999年度以降は『食料・農業・農村白書』）の構成や記述で確認することが可能である（次頁の表3-3-1）。

「農業白書」において、「地域農業の組織化」およびそれに類似する表現が、「見出し」として登場したのは76年度（77年3月閣議決定）からである。この白書では、文章中の小見出しに「地域農業の組織化」が記され、本文では農業生産組織を論じた後に、「最近、こうした生産組織の展開の中で、農業集落の役割にも注目しつつ、地域農業を全体として発展させていこうとする試みも見られる」として、集落を単位とした地域農業の「組織化」の事例が詳しく紹介されている。その後、「農業生産の組織化と地域農業の展開」が、86年度までほぼ一貫して項目のタイトルとして登場している。そして、この76年度から86年度までの約10年間の『農業白書』にほぼ共通する内容が、先の80年農政審答申に示された認識である。

（2） 地域農業の「組織化」と地域農政

このように政策文書等において地域農業の「組織化」が積極的に論じられる70年代後半から80年代前半の時期は、戦後農政の画期区分として、しばしば「地域農政期」といわれている。77年の地域農政特別対策事業の発足を皮切りとして、新農業構造改善事業（新農構、78年）、水田利用再編対策（78年）、農用地利用増進法の制定（80年）と、構造政策、生産政策ないしは農村地域政策の各分野においても、特徴的な施策、制度がこの時期に集中しているからである。

それぞれを簡単に説明しておきたい。まず、77年より始まる地域農政特別対策事業は、「地域農政」という名がここから由来していることから推察できるように当時の農政にとってインパクトの強いユニークなものであった。事業は農地行政部局（農林省構造改善局農政課）が所管しているが、その目的は「人と土地を一体としてとらえ、新しい村づくり運動を展開していこうとする」[2]ものと、幅広く設定されている。内容はソフト（推進活動）とハード（整備事業）に分かれており、前者は集落段階から積み上げて作成する集落農業ビジョン（総合推進方策）の作成のための支援策である。そし

表 3-3-1 「農業白書」に見る「地域農業の組織化」等の記述（見出し）の変遷
（1974 ～ 2003 年度）

	「地域農業の組織化」等にかかわる項目名	該当頁	事例紹介を行っている図表のタイトル
1974 年度	－	－	
1975 年度	－	－	○農業生産の組織化事例の概要
1976 年度	Ⅲ-4 農村社会の変ぼうと地域農業 （小見出し）地域農業の組織化	169-172	○集落を単位とした組織化事例の概要
1977 年度	Ⅲ-2-⑶ 農業経営の発展と地域農業の組織化 （小見出し）農業生産の組織化と地域農業の発展	160-165	○地域農業の組織化事例の概要
1978 年度	Ⅲ-1-⑶ 農業構造の変化と経営規模の拡大 （小見出し）農業生産の組織化と地域農業	167-171	○地域農業の組織化事例の概要
1979 年度	Ⅲ-2-⑶ 農業生産の組織化と地域農業の展開	178-182	○地域農業活動の推進事例
1980 年度	Ⅳ-2-⑷ 農業生産の組織化と地域農業の展開	186-189	－
1981 年度	Ⅲ-2-⑷ 農業生産組織の展開	194-197	○農地集積を基盤とした高能率な営農集団の展開事例
1982 年度	Ⅲ-2-⑷ 農業生産の組織化と地域農業の展開	201-210	○農用地利用改善団体の活動事例 ○市町村における農政推進事例
1983 年度	Ⅲ-1-⑸ 農業生産の組織化と地域農業の展開	172-194	○地縁的集団による地域農業振興の事例 ○農業発展市町村における取組事例
1984 年度	Ⅲ-2-⑷ 農業生産の組織化と地域農業の展開	169-175	○地縁的集団による地域農業の取組事例
1985 年度	Ⅲ-2-⑷ 農業生産の組織化と地域農業の展開	184-190	○地域農業集団活動による取組事例
1986 年度	Ⅲ-2-⑶ 農業生産の組織化と地域農業の展開	181-185	○土地利用型農業の組織的取組事例
1987 年度	Ⅲ-3-⑷ 地域農業のシステム化に向けての取組	183-187	○地域農業の効率的生産システム構築に向けての取組事例
1988 年度	Ⅲ-2-4 地域農業のシステム化に向けての取組	178-182	○効率的生産システムの構築に向けての取組事例

1989 年度	III-2-3　地域農業システム化に向けての取組	177-180	○効率的な生産システムの構築に向けての取組事例
1990 年度	IV-2-(4)　地域農業の担い手と効率的な生産システム	199-204	－
1991 年度	III-4　多様な担い手と地域農業の発展	192-197	○効率的な生産システムの構築に向けての取組事例
1992 年度	－	－	－
1993 年度	－	－	－
1994 年度	IV-3-(3)　地域全体での生産の維持・発展に向けた取組	223-225	－
1995 年度	V-3-(3)　地域全体による生産の維持・発展のための取組	211-213	－
1996 年度	－	－	－
1997 年度	IV-3　農業経営をめぐる多様な展開 （小見出し）地域ぐるみで効率的な農業への取組	221-225	○高い生産性を実現している地域ぐるみの生産システムの事例
1998 年度	III-2-(2)　多様な担い手の活動実態 （小見出し）集落営農：集落ぐるみの取組みによる農業の維持・発展	179-182	
1999 年度	III-3-(2)　多様な担い手の動向 （小見出し）集落営農：地域ごとに様々な態様で展開	192-194	－
2000 年度	II-1-(2)-イ　地域農業を支える多様な担い手 （小見出し）地域ごとに様々な形態の集落営農活動が行われている	126-129	－
2001 年度	II-1-(2)-オ　地域農業を支える多様な担い手 （小見出し）集落営農活動が各地で営まれている	144-145	－
2002 年度	II-2-(2)-ウ　育成すべき農業経営の新たな展開 （小見出し）集落型経営体が育成すべき農業経営として位置づけられた	108-109	－
2003 年度	II-2-(1)-ウ　集落営農組織等の動向	125-127	－

注 1) 各年度の「農業白書」（1999 年度以降は「食料・農業・農村白書」）より作成。
　 2)「見出し」として登場した記述をまとめているものである。なお、ここで表示した以前の年度でも「農業の組織化」という項目は見られるが、それらは協業経営体、生産組織についての記述であり、集落等の農村小地域を意識したものではないために対象から外した。
　 3) 中山間地域のみを対象とした記述は含めない。
　 4)「－」は該当無し。

て後者は、そのビジョンを実現するための小規模な土地改良や農業機械施設導入のための補助であり、後には「ミニ農構（農業構造改善事業）」などと呼ばれている。これらの補助金は、いずれも使途の自由度が大きく、当時の農林省では先例のない事業であった。

　また、78年より始まる水田利用再編対策は、60年代末からはじまる緊急避難的な生産調整から、本格的な生産調整政策として登場した。この対策は、10年計画の「恒久的政策」である点に特徴があると同時に、水田の利用秩序を集落段階で形成、組織的に対応することを促進するような仕組みとなっている点でも特徴的である。

　ポスト第2次構造改善事業である新農構は、先の地域農政特別対策事業のソフト事業を実施することを事業採択の前提としており、両者の連携は強く意識されている。そして、その事業は、集落の段階での作付、栽培協定地区の同意を通じて展開する「地区再編事業」（5つの事業種目の1つ）を中核とする、「地域ぐるみいわゆる地域主義の観点に立って創設、推進することを信条とした事業」[3]であるといわれている。

　さらに、80年に制定された農用地利用増進法は、周知のように、75年の農振法改正により新設された農用地利用増進事業を単独法として拡張したものである。これは農地法のバイパス法として、実質的な短期賃貸借による農地流動化の一層の促進を企図したものである。しかし、同時にこの農用地利用増進法には、新たな柱として、集落団体を「農用地利用改善団体」として戦後はじめて法制化する農用地利用改善事業も含まれていた。そこでは、集落等の地域内の農業者が、農用地の有効利用、転作田の団地化、農業機械・施設の効率利用等を話し合い、一種の「協定」（農用地利用規程）を締結して、その実現を図る仕組みとなっている。

　以上からも明らかなように、この時期に登場した多分野におよぶ制度や政策は、集落をはじめとする地縁的組織を、政策展開の基盤や対象として位置づけた点で共通している。また、様々な施策が、地域農業の「組織化」を媒介として、ある程度統一的に意識されている点にも特徴があろう。その点で、まさにこの時期は、「地域農政期」であった。

3　地域農政の内実とその成立条件

(1)　地域農政の諸潮流

　こうした1970年代後半から80年代前半における地域農政について、それ
ぞれの事業・制度の流れを追うと、それは複数の政策的な潮流から形成され
ていることがわかる。

　第1は、地域農政特別対策事業に見られる流れである。この事業が推進し
た、「集落レベルによる自主的な話し合い」は、地域農政期の農政展開の基
礎となるものであったが、その基本的な発想は、農政自体を地方に任せ、地
域の実情に応じた農政とすべきでないかというものであった（農政の地方委
譲論）。この事業のパンフレットは、この点にかかわり、次のように記して
いる。「国の補助事業では、通常ですと、一律の基準を示してそれに合致す
る場合にのみ一定の地区を対象として助成することになりますが、そうしま
すとその事業は、国や県などの上から与えられたものとして受けとめられ、
村の人達の希望は必ずしも活かされず中途半端な解決になっていくことがし
ばしばあったようです。（中略）この場合、最も重要なことは、従来のよう
に国なり県なりの上から与えられたものとしてではなく、村の住民の意向を
十分に汲み上げて創意と工夫によって方策が作成されねばならないというこ
とです」[4]。本事業の発案者である農林省農政課長の田中宏尚氏（当時、在
任期75年9月〜78年1月）も、同様に、「（地域農政特別対策事業で）一番
言ったのは、地域に任せるということ。霞が関で仕切らないで任せろという
のが一番のセールスポイント。地域のブロック会議に行く時に、『霞が関農
政さようなら』というビラを作って持っていった」[5]と証言する。

　こうした発想は、次に述べる「農地の自主的管理論」と多くの点で重なる
ものの、むしろ現在の地方分権改革の発想に近いものといえよう。

　第2の潮流は、農地政策における「農地の自主的管理」である。それは
80年の農用地利用増進法の制定に先立ち、75年に農振法改正による農用地
利用増進事業の導入の際にも強く意識されていた。この点は、当時農林省農

政課長であった関谷俊作氏（田中氏の前任者、任期72年8月〜75年9月）が、農用地利用増進事業は東畑四郎氏等の「農地の自主的管理」「農地の集団利用」の発想に強く示唆されたものと記している。これは、集落等の地域において、農業者や農地所有者が話し合いを通じて、自主的に農地の利用調整を行うという構想であり、農地法の全国画一的な性格に対置されるものでもある。また、80年の農用地利用増進法では、当初の検討において、地域の合意を「農用地利用協定」とする構想があり、「農業者の集団または団体でなく、『協定』を前面に出している点で、ある意味では『農地の自主的管理』それ自体を純粋に追求しようとする考えであった」とも指摘されている[6]。これらの発想や構想は、集落の自治機能を高く評価し、期待することにより生まれたものであろう。

そして、第3の潮流は自治体農政論である。その中心的な論者である高橋正郎氏は、「自治体農政にかかわる理論は、その後、77年から発足した地域農政特別対策事業のひとつの拠り所となっているといわれている」[7]と指摘する通り、自治体農政論と地域農政は強い親和性を持っている。ここにおける自治体農政論とは、地域農業には固有な問題領域があり、その解決は国による財政的手段、法制的手段の他に、地域に在住する自治体レベルの農政担当者のリーダーシップという新しい手段により担われるとする議論である。それは、学界のみならず、国の農政に強い影響を与えた。言うまでもなく、こうした議論は、現実の自治体農政の動きを根拠としているものである。例えば、76年に「むらぐるみ」「地域ぐるみ」を強調する県段階の独自農政（「集落農政」と表現されている）は、この時点で少なくとも11県にのぼることが報告されている[8]。

以上で論じた3つの潮流は相互に影響を与え、また融合して地域農政という戦後農政の1つの時期を画している。あらためてその内実を整理すれば（図3-3-1）、第1に農政の枠組みとして、国家による画一的農政を批判し、地域農業の固有な領域に対応する政策の必要性を重視する農政（地域別農政—3つの潮流すべてに関連）、第2にその手法として、地域段階のボトムアップ的なエネルギーの存在を確信して、それに政策の内容を委譲する農政（地域委譲農政—「農政の地方委譲論」が強調）、第3にその対象や場とし

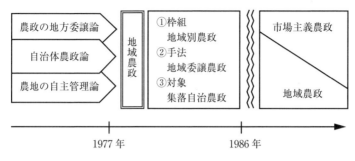

図 3-3-1　地域農政の展開と体系

て、小地域、とりわけ集落の自治と組織化による企画・調整機能を重視する農政（集落自治農政―「農地の自主管理論」が強調）が形成されたとすることが可能であろう。そして、地域農業の「組織化」は、この中の集落自治農政の別表現である。

（2）　地域農政成立の背景と農業・農村

前項で論じたように地域農政は、それぞれには政策担当者等の個人的な着想や思いに依存する部分が小さくない。しかしながら、約10年間にわたり、このような路線が継続されたのは、それを受け入れる客観的条件が農業・農村内部に形成されていたと考えるべきであろう。ここでは、地域（集落・コミュニティ）と農業（農業構造）の2つの側面から論じておきたい。

第1に、地域・集落をめぐる事情としては、特に混住化の進行という要素がある。よく知られているように、「混住化」が政策サイドで本格的に話題となったのは、71年度「農業白書」であった。直前に公表された70年農業センサス・農業集落調査結果において、集落内の農家率がはじめて5割を下回り（46％）、集落内で農家が「少数派」となったことを前提として、「地域社会としての農村が農家と非農家の混住社会化することは、農業生産に関する地域社会としての意志統一や農家集団等の組織的活動を著しく困難化している」と危機感を示している。こうした中で、地域レベルでの合意形成をことさら意識することが農政推進上も求められたのである。この点で、混住化や農民層の分化・分解による地域社会構成員の多様化が特に西日本で激しい

ことを指摘した上で、「その西日本ではじめてこの自治体農政論が展開され
たことにはそれなりの理由があった。(中略)かつてのように財政的手段、
法制的手段だけで地域農業が動くというような事態ではなくなった。多様な
成員の中で合意をとりつけ、また一つ一つ権利調整をして問題を解決しなけ
れば動きがとれなくなってきた」[9]という高橋正郎氏の指摘は、当時の事
態を的確に表現していよう。

　また、この時期に政策が集落を取り上げるようになった背景としては、次
の点にも言及しておくべきであろう。それは、70年前後において、地域コ
ミュニティを重視する政策は農政のみではなく、多様な政策分野で隆盛して
いたことである。しばしば指摘されているように、日本におけるコミュニテ
ィ政策導入の契機となったのは、国民生活審議会調査部会コミュニティ問題
小委員会報告(69年)であり、その後の自治省の「コミュニティ(近隣社
会)に対する対策要綱」(71年)を経て、一層具体的な事業展開につながっ
ている。そこには、経済同友会「70年代の社会的緊張の問題点とその対策
試案」(71年)のように、60年代後半から激しさを増した住民運動を「『地
域性』と『共同性(連帯性)』を強調して地域住民を統合化し、支配しよう
とする意図」[10]が明らかに見られる。農政分野でも同様に、73年の高度経
済成長の破綻以降、このような社会的緊張は少なくない影響を与えており
(73～85年、「危機」対応農政期[11])、それが地域農政を登場させ、継続さ
せる基層となったと考えられる。

　第2に、周知のことではあるが、農業構造にかかわる変化として、低成長
下でも進む兼業化の著しい進展が、兼業農家をも包摂する「地域ぐるみ」の
政策を求めていることも間違いない。この点について、図3-3-2を作成し
た。ここではII兼農家の耕地面積シェアを都府県と北海道について田畑別に
見たものである。予想されるように、北海道と異なり、都府県における農地
面積の兼業シェアは、75年までに顕著に増大する。そして、それ以降は、
都府県の畑作では30～40%を上限としてその傾向に歯止めがかかるが、水
田では地域農政下の80年には約50%に達し、その後も続伸している。こう
した状況の中で、II兼農家を含めた地域レベルでの何らかの対応を農政がせ
ざるを得なかったことは容易に理解できよう。

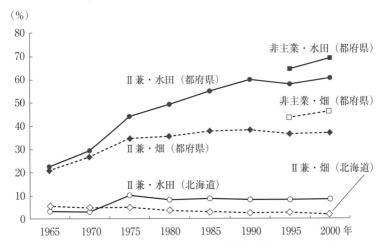

図3-3-2　Ⅱ兼農家・非主業農家の経営耕地面積シェアの動
向（都府県と北海道）

注1）資料：農林水産省「農業センサス累年統計書」（2000年）。
　　2）1990年以降は、販売農家の値で連続しない。
　　3）非主業農家シェア＝副業農家シェア＋準主業農家シェア。

　さらに、このような水田におけるⅡ兼面積シェアの増大には大きな地域間
格差が随伴していた。資料は略すが、75年のⅡ兼農家の水田シェアには、
最大の大阪（77％）から最小の熊本（23％）まで、実に約50％もの格差が
見られる。地域別農政の発想は、こうした点からも生まれたものであろう。

　このような状況の中で、喫緊の政策目標である農地流動化、稲作生産調
整、農村地域活性化の実現を遂行するために、地域別農政、地域委譲農政、
集落自治農政が登場する必然性が強まっていたのであろう。

（3）　地域農政の意義

　このように地域農政は、高度成長から低成長への経済基調の大きな変化
と、他方では引き続く混住化、兼業化の進行を背景として、必然的に登場し
た農政手法であったと言える。しかし、それをめぐっては多様な評価がなさ
れている。

　具体的に見れば、地域農政をめぐる否定的な評価は少なくない。例えば、
坂本慶一氏は、地域農政を象徴する地域農政特別対策事業について、「『地域

農政』の看板は掲げているが、この事業は必ずしも『地域主義』を理念とするものではない」「（地域農政）特対事業は、地域農家の意向を集落単位で積み上げて実施するとしているが、しかし、農家の意向には初めから一定の枠がはめられているのであって、地域農業振興策を農家自身が決めるようにはなっていない」と批判する(12)。また、先に触れた70年代の社会的緊張にかかわり、こうした手法は「矛盾や社会的紛争を国家レベルに統合するのではなく、地域ごとに分断し、地域の中に封じ込め、地域の責任で解決させる危機管理手法」であり、「地域ぐるみの話し合いと調整、そこでの『むらで決めたことには従え』『むらには迷惑をかけるな』『むらのため』という社会的圧力を通じて、困難な農政目的を達成しよう」とするものと、田代洋一氏は指摘する(13)。さらに、仙北富志和氏は、地域農政の「高邁な理念」と現実との乖離を、「主体となる農業者がその意図を十分に理解できず、また農業者を直接リードする立場にある市町村段階においても、その趣旨を十分に咀嚼できないままに、総じて中央管理的な農政が展開されてきた」(14)と、やはり批判的に評価している。

　これらに対して、「モデル抜きの『積み上げ方式』というユニークな事業として始まった地域特対（地域農政特別対策事業—引用者）は、地域農政の最重要部分である地域の自主性を発揮するにふさわしい方法であった」(15)とする大隈満氏の考察は、同様の立場からの多くの評価を代表したものであろう。

　このように、地域農政をめぐっては両面の評価が存在しているし、また否定的評価のスタンスも様々である。しかしそれらにおいて、こうした農政が、農政の目標・目的自体の地域委譲や集落自治でなく、農地流動化、転作達成等の主目的に従属する農政手法に過ぎなかったことを指摘する点では共通している。逆にいえば、手法として見れば、農政の新たな段階を画したという認識は、いずれの議論にも共通しているといってよい。

　そのような認識に、この時期の農政全般にかかわり、「（73年から85年までの農政は）農畜産物の全面的な自由化は遷延され、日本農業の現実を踏まえた農政推進する姿勢がまがりなりにも保たれている段階だったとしてよい」(16)という指摘を重ねる時、この時期の地域農政は「日本農業の現実を

踏まえた」手法として、それ自体の先進性を再評価すべきように思われる。つまり、地域農政期とは、農政としての自立した論理が、手法に限定された形ではあるが、強く発現した農政期として位置づけられるのである。

4 新基本法下における地域農政の実態と可能性

(1) 新基本法下における地域農政の帰趨

こうした地域農政路線が、大きな転換を迫られるのは、1986年の農政審報告「21世紀に向けての農政の基本方向」においてである。この報告は「農業の生産性向上と合理的な農産物価格の形成を目指して」という副題を持つことからも明らかなように農産物の低価格化を実現することを最優先すべき政策課題とした。それは、日本資本主義の国際戦略として、同じく86年に公表された「前川リポート」（国際協調のための経済構造調整研究会報告書）に強く規定されたものである（国際化農政期）。

この点を、『農業白書』の記述で確認するために再度表3-3-1を見よう。直ちにわかることは、「地域農業の組織化」ないしはそれに類する表現が、87年度以降はほとんど見られなくなることである。その表現は概ね、「地域農業の組織化」→「地域農業のシステム化」→「集落営農」と推転している。つまり、集落や地域という表現が出てきても、そこに地域委譲農政、集落自治農政の要素はほとんど見られなくなり、現在では、経営体としての集落営農の記述のみが、残されている。

このような変化は、やはり地域農業の「組織化」という、地域を媒介とした、地域の自主的な構造改善や担い手育成・調整ではなく、市場原理によって構造改革のスピード化を図ろうとする農政の姿勢を示していると言えよう。つまり、迫りつつある市場開放、関税の引き下げの中で、地域農業の「組織化」という迂遠な方法ではなく、直接に市場原理を利用する路線への転換を示したものであろう。

そして、この延長上に「食料・農業・農村基本法」（以下、新基本法）が制定された（1999年）[17]。この点で、象徴的なのは、新基本法の制定を論

じた食料・農業・農村基本問題調査会答申（1998年）の中で、「集落」という言葉の登場頻度が、著しく少ないことである（6回）。また、地域農政の重要な政策装置である農用地利用改善団体が、答申文に登場しないのみならず、基本問題調査会およびその部会の議論では一度も登場しない（議事録が公開されている会議に限る）。また現実に、地域農政特別対策事業以来の集落活動や農用地利用改善団体に対する支援は、形を変え、また縮小しながら1999年度までは継続するが（最終事業名は集落活動促進特別対策事業）、その後は廃止されている（特定農業法人関係のみ継続）。

　集落等の地域を基盤として、そこからのボトムアップやそこでの自治を重視し、農政課題を実現しようとする路線は、80年代後半以降大きく後退したと言わざるをえない。

（2）　農業構造の実態

　しかし、以上の政策の転換は、集落等の小地域単位での地域農業の「組織化」を不要とした結果ではない。集落レベルの混住化は言うまでもなくさらなる進行が見られ（2000年段階の農業集落の農家率は10.7％―2000年農業センサス）、兼業化も同様である。

　後者を、先の図3-3-2（151頁）に戻り確認すれば、都府県におけるⅡ兼農家の水田面積シェアは依然上昇傾向にある。また、同じ図には、1995～2000年に限られるものの、専兼統計に代わり導入された農家分類を利用し、非主業農家（副業農家＋準主業農家）による水田経営面積シェアの動態も同時に示している。それによっても、やはり上昇傾向が確認される（1995年：65％→2000年：69％）。

　また、これを都道府県別に見ると（図示は省略）、非主業農家の水田面積シェア（経営耕地）は、ほとんどの県で増大している。その結果、大多数の県では、非主業農家による水田シェアは過半を占めており、主業農家と非主業農家の地域段階での連携が無視できないことは明らかであろう。さらに、この値には、2000年時点で、依然として大きな格差が見られる。そして、この値が特に大きな地域では、こうした状況を一挙に反転させ、主業農家が農地面積の大宗を集積することが、短期間では困難であることは容易に予想

される。事実、非主業農家シェアが概ね70%を超える諸県（23県[18]）は、ほぼ共通して県の独自対応として、水田農業における集落営農の育成を促進しており、そこには地域の実情に応じた地域農政を見ることができる（独自の地域別農政）。現段階においても地域農政的対応が、重要な課題であることが示されていると言えよう。

(3) 新基本法における地域農政的要素—中山間支払制度

とはいうものの、新基本法農政に地域農政的要素が完全になくなったわけではない。農業構造政策がこのような状況にある一方で、地域農政としての性格を強く体現しているのが、農村政策に分類される中山間地域等直接支払制度である。

この制度には、農政上のいくつかの特徴が指摘できるが[19]、本章とのかかわりで特に重要な点は「集落重点主義」と「地方裁量主義」であろう。前者は、この直接支払制度が、集落協定の締結を交付金支払いの条件とし、また交付金の一部を協定単位でのプール利用を求めているように、集落を強く意識している点を示したものである。締結される集落協定では、5年間の農地保全活動や多面的機能増進活動のプラン、そのために農業生産や地域資源管理の担い手の姿、さらにその前提として集落のマスタープランなどの取り決めが行われており（一部任意）、当然、そこでは地域内の合意形成と自主的実践が重要となる。

なお、この集落協定の機能は、農用地利用増進法（現農業経営基盤強化促進法）による農用地利用改善団体の機能と重なる点は注目すべきであろう。先にも触れたように、1980年の法律制定時には「農用地利用協定」の構想があり、現実にはそれが実現せず利用改善団体の制度化に至ったと言われている。そこで構想されていた「農用地利用協定」を、集落協定が代替していると考えることもできるのである。

また、後者の「地方裁量主義」とは、地方自治体の裁量や主体的判断が、制度的に重視されている点を指している。都道府県知事や市町村長による判断と裁量は、対象地域や対象行為など本制度の基幹的要素のほぼ全域に及んでいる。これは、中山間地域の多様な実状に応じた制度の弾力性を確保する

ための措置である。

つまり、図らずも中山間支払制度は、地域別農政、地域委譲農政、集落自治農政を特徴とする地域農政を、現段階で体現する位置にあるといえよう。

(4) 地域農業の「組織化」と中山間支払制度の成果

中山間支払制度をめぐっては、既にまとまった検証等が行われているが[20]、ここではそのような本制度の全般的な評価ではなく、集落自治農政つまり地域農業の「組織化」の視点に限定して、その成果を簡潔にまとめてみたい（数値等は 2003 年度実績）。

①集落等の小地域単位での話し合い：本制度により、耕作放棄の防止を最終的な目的としながら、3.4 万（協定数）の農村の小地域で約 64.7 万人の参加者（ほぼ農家戸数に相当）が加わり、66.2 万 ha の農用地を対象とした協定が締結された。ここで注目されるのは、協定数と参加者数である。地域農政期から制度化された農用地利用改善団体は、その後の政策的支援策の欠落による減少もあり、2003 年 3 月末で 1.2 万団体、構成農家数 55.6 万戸である（非中山間地域も含む）。集落協定による「組織化」実績が、それを凌駕している。

②地域農業の将来像の構想：集落協定では、協定の「必須事項」である農業生産活動としての取り組み（農用地保全等、水路・農道管理、多面的機能増進活動）、生産性・収益の向上、担い手の定着に関する目標（生産性・収益の向上、担い手の定着、集落全体としての目標）等のあり方が話し合われている。このような集落レベルからの話し合いの結果、例えば、その担い手の将来像についても、地域の条件に応じた多様性が比較的強く見られる[21]。

③協定内容の実践：問題はどのように話し合いが行われているかであるが、それは新潟県内の集落協定を対象としたアンケート結果が、実態の一端を伝えている（表3-3-2）。集計した県内の 839 協定について見れば、「集落活性化や将来の話し合い」については、70％が「協定締結を契機に活発化」としており、その値は全国の全協定（66％）でも同様である。協定締結により集落での基礎的な話し合いが促進されていることがよくわかる。また、「共同作業・共同利用、作業受委託等の取り決め事項の話し合い」という地

表3-3-2 協定集落締結による集落の話し合い状況の変化（新潟県、2003年10月）(単位：%、回)

		集落協定数	集落活性化や将来の話し合い（%）				共同作業・共同利用、作業受委託等の取り決め事項の話し合い（%）				話し合い回数（回/年間）		（参考）制度がない場合の予想耕作放棄面積の割合（%）
			合計	協定締結前から話し合い	機に協定締結を活発化	協定締結前からあまりない	合計	協定締結前から話し合い	機に協定締結を活発化	協定締結前からあまりない	協定締結前	現在	割以上の集落が3
集落単位の高齢化率	20%未満	27	100.0	11.1	74.1	14.8	100.0	7.4	70.4	22.2	2.4	4.6	18.5
	20～30%	325	100.0	13.8	65.2	20.9	100.0	16.6	52.0	31.4	2.0	4.6	19.4
	30～40%	307	100.0	11.4	70.7	17.9	100.0	12.4	56.0	31.6	1.9	4.8	16.9
	40～50%	116	100.0	13.8	72.4	13.8	100.0	6.9	51.7	41.5	2.1	4.9	25.0
	50%以上	64	100.0	9.4	76.6	14.1	100.0	9.4	60.9	29.7	2.1	4.7	29.7
集計した協定合計		839	100.0	12.6	69.6	18.5	100.0	13.0	54.9	32.8	2.0	4.7	20.0
[参考]	新潟県全協定	1,163	100.0	12.7	70.3	16.9	100.0	11.4	54.5	34.0	1.9	4.6	19.8
	全国	31,143	100	16	66	18	100	14	57	29	2	4	–

注1) 資料：農林水産省・新潟県アンケート（2003年10月）の個票および「農業センサス・農業集落調査」（2000年）より作成。
注2) 集計した集落は、協定範囲が集落単位のものに限定（839集落、協定一集落協定総数は1,163）。
注3) 全国の値は農林水産省・中山間地域総合対策検討会第13回資料「中山間地域等直接支払制度の検証について」（2004年4月、農林水産省ホームページ）より引用（少数点以下の数字は表示されていない）。
注4) 「参考」欄は、新潟県アンケートの「もし制度に取り組んでいなければ、どのぐらい耕作放棄されたか」という問いへの回答。

域単位での農業のあり方についても、集計集落では 55% が「協定締結を契機に活発化」としている（全国 57%）。さらに、協定集落単位での話し合い回数を見ても、締結前の 2.0 回から締結後の 4.7 回への増加が確認され、地域農業の「組織化」の最も基礎的な指標が前進していると言える。

　しかし、この表で注目すべきは、このような平均値レベルの変化に加えて、集落の高齢化率（農家世帯員）別の数値である。高齢化率が高い集落は、「参考」欄に示したように耕作放棄の発生の可能性が高く、全般的に地域農業の担い手の脆弱化が顕著な地域である。ところが、この表で同時に示されているのは、高齢化率が高い集落であっても、協定により話し合いが活発化した状況にはほとんど相違がない点である。つまり、集落では、話し合いの場が確保され、さらにそれを促すような仕組みがあれば、地域社会や地域農業のあり方に対する話し合い活動が、ある程度活発化し得ると読むことができる。

(5)　新基本法下における「新地域農政」の可能性

　ここで検討の素材とした中山間支払制度は、地域別農政、地域委譲農政、集落自治農政のいずれの意味においても、地域農政の性格を持っていた。そして、こうした施策により、①地域農業の「組織化」の基盤の強化（ないしは脆弱化の抑制）、②担い手の特定化や育成等の話し合いの進展が見られる。いずれも制度の直接の目的（耕作放棄の発生防止）ではないが、このような傾向が生まれている点は注目されてよかろう。

　こうしたことは、次のことを示唆している。つまり、かつての地域農政期に企図された集落単位での合意形成による担い手再編が生じている可能性がある。より敷衍すれば、国際化農政のスタートにより、なんら総括されずに急速に後退した地域農業の「組織化」を中心とする地域農政の有効性が、中山間地域において、交付金の支払いを条件としつつ、今その実証期を迎えているのではないだろうか。

　中山間地域は一般的には、担い手不足傾向が強い地域であり、その危機対応として、このような傾向が進んでいるのであれば、その方向性がそのまま日本農業全般に当てはまるものではない。しかし、平地地域においてもそう

した傾向がさらに強まっていることも事実である。そうであれば、当面する担い手確保、育成のためにも、中山間地域のみならず、再び集落を基盤とする地域農業の「組織化」と地域農政手法を導入した、いわば「新地域農政」の確立が求められているといえる。

そして、新たな地域農政の展開による地域農業の「組織化」による「場」が構築された中で、「特定農業団体、特定農業法人、集落型経営体といった多様な集落営農組織の結成を通じた地域農業の組織化」という「農業構造再編の最も現実的で可能性の高い道筋」[22] も開かれるであろう。

このような結論をより確定的にするためには、中山間支払制度と同様の発想による米政策改革の産地づくり対策[23] とともに、新基本法の地域農政的側面の実践と成果をいましばらく注目し続けることが必要であろう。

しかし、いずれにしても、全国一律の基準による農政（非「地域別農政」）、地域自身のエネルギーを信頼することない農政（非「地域移譲農政」）、そして集落等の農村小地域を基盤として考慮することのない農政（非「集落自治農政」）は、少なくとも日本の水田農業においては、グローバリゼーションの時代でも、また「スピード感ある改革」の時代でも、あってはならないものであることは間違いない。新基本法農政から、「新地域農政」を掘り起こし、より強化することが課題となろう。

5 地域農政の課題―まとめに代えて

新基本法の構成上の特徴は、「地域の特性に応じて」という表現を意識的に多用している点にある。その限りで推測すれば、地域農業の「組織化」を基盤とした「新地域農政」への政策転換の足がかりは残されている。そこで最後に、そのような政策転換を実現するための課題として次の2点を指摘しておきたい。

第1に、農業政策における地域農政的要素は、1986年以降においては国レベルの農政ではなく、自治体レベルの農政により意識的に継承されて、現在に至っている。例えば、都道府県では、滋賀県「集落営農ビジョン促進対策事業」（1989年度～）、山口県「地域農業のしくみづくり運動」（1990年度

～)、京都府「地域農場づくり運動」(1992年度～)、青森県「地域選択型農政」(1994年度～)、新潟県「地域農業システムづくり運動」(2001年度～)などの取り組みがそれに相当する。そして、これらの試みを行う諸県は、地方財政の強い制約がありつつも、積極的かつ特徴的な単独事業を展開している。

このことから、あらためて自治体農政が注目されるのであるが、現局面ではそこには2つの課題が新たに生じている。

1つは、近年の地方分権を目指す「三位一体改革」(税源移譲、国庫補助金削減、地方交付税改革) の動きである。それは「新地域農政」確立の絶好の機会であると同時に、他方では特に大都市を抱える県や広域合併市町村では、逆に農業・農村への政策的投資の後退も懸念される。国と地方の役割分担の冷静な議論が特に必要であろう。

2つは、地域農政とそれを基調とする自治体農政を支える農業関連機関の多くが、縮小再編過程にあることである。それらは地域農政推進の主体として拡充強化こそが現局面の課題であるが、現実には農協の営農指導部門をはじめ、農業改良普及組織や農業委員会も、政策的に縮小を迫られつつある。また市町村の農政担当職員についても、市町村合併の進展により、地域農政対応の条件を失いつつあることが地域から問題提起され始めている。こうした動きを注視し、地域農政推進の立場からの是正をすることが欠かせない。

第2に、地域農政と農業理論との関係にも触れておきたい。本章では1986年以降の農政転換による「農政の地域農政離れ」を指摘したが、それは学界においても同様であった。地域個性に基づく地域農業論を意識した研究は、日本農業の国際化に直面して、急速に縮小したといっても過言ではない。また、本章では、集落等の小地域を基盤とする重要性と必要性を強調したが、その基盤さえも集落機能の脆弱化や崩壊 (ムラの空洞化) の中で揺らいでいる[24]。そうした新たな段階における新しい地域農業論の構築が必要であろう[25]。

〔注〕
(1) 宮崎猛「座長解題」(『第54回地域農林経済学会大会報告要旨』、2004年)、15頁。

(2) 農林省構造改善局農政課監修『地域農政特別対策事業の進め方』（農業振興地域調査会、1977年）、9頁。

(3) 小沼勇『農業構造改善事業の系譜』（全国農業構造改善協会、2000年）、141頁。

(4) 前掲・農林省構造改善局農政課監修『地域農政特別対策事業の進め方』、3～4頁。

(5) 田中宏尚氏（後の事務次官、当時・全国農地保有合理化協会会長）のインタビュー記録による（2004年8月10日実施）。同じ田中氏のインタビュー記録としては、大隈満氏によるものが、大隈満「戦後農政における『地域農政』の位置づけ」（岸康彦編『農林漁業政策の新方向』農林統計協会、2002年）に掲載されている。なお、同論文は、地域農政特別対策事業を現局面から再評価したものであり、本章でも多くの点を学んでいる。

(6) 関谷俊作『日本の農地制度（新版）』（農政調査会、2002年）、243～252頁。

(7) 高橋正郎「自治体農政とは何か」（『農業と経済』1982年11月号、1982年）、5頁。なお、引用文の元号表示は、行論の都合上、西暦に修正したうえで引用した（以下同様）。また、自治体農政論の詳細は、高橋正郎・森昭『自治体農政と地域マネジメント』（明文書房、1978年）を参照。

(8) 農林省構造改善局「集落を対象とする総合的農業振興対策の動向について（その2）」（1976年、西村甲一稿）による。

(9) 前掲・高橋「自治体農政とは何か」、7頁。

(10) 石川淳志・橋本和孝「地方自治体と地域社会計画」（石川淳志・高橋明善・布施鉄治・安原茂編『現在日本の地域社会』青木書店、1983年）、289頁。

(11) 1973年から85年までの長期間にわたる時期は、地域農政期をも含む、いくつかの異なる性格を持つ農政の集合期であるが、筆者はかねてより「『危機』対応農政期」として一括して論じることを試みている。例えば、拙稿「戦後農政の総括」『土地制度史学・50周年記念別冊』、1998年）。この時期に、農政が対応した「危機」の1つは、世界食料危機（1972～73年）であり、もう1つは、高度経済成長期の矛盾の累積に伴う「社会的緊張」である。特に、大都市部においては革新自治体が急速に広がり、高度成長期の自民党政権の安定を支えた「『草の根保守』の構造が崩れ」（加茂利男『日本型整治システム』有斐閣、1993年、73頁）、それらは政府自民党の新たな対抗勢力を象徴することとなる。そして、その農村部への波及を阻止することは、政権党にとって緊急課題となっていた。

(12) 坂本慶一「農政転換と農業再生の条件」（柏祐賢・坂本慶一編『戦後農政の再検討』ミネルヴァ書房、1978 年）、344 〜 345 頁。

(13) 井野隆一・田代洋一『農業問題入門』（大月書店、1992 年）、62 〜 63 頁（田代洋一稿）。

(14) 仙北富志和『「地域農政」の展開手法』（RAB サービス、2002 年）、41 頁。

(15) 前掲・大隈「戦後農政における『地域農政』の位置づけ」、131 頁。

(16) 宇佐美繁・石井啓雄・河相一成『工業化社会の農地問題』（農山漁村文化協会、1989 年）、94 頁（宇佐美繁稿）。

(17) ただし、新基本法制定論議のスタートを宣言した 1994 年農政審報告「新たな国際環境に対応した農政の展開方向」では、旧基本法見直しの 4 つの「観点」の 1 つとして、「農業の担い手としての経営体の育成や地域レベルでの意志決定を重視する『新政策』の考え方の農政推進上の位置づけ」（下線部引用者）の検討が論じられている。これは同じ農政審報告で、「新政策に基づく政策展開の手法は、上意下達的なものではなく、地域・現場の合意を重視したものであることに特徴がある」と説明された内容を受けたものである。つまり、自らの問題提起を無視する形で新基本法論議は進んだといえよう。

(18) 非主業農家シェア（水田面積）が高い順に、福井、広島、岐阜、兵庫、富山、島根、岡山、香川、三重、山口、滋賀、奈良、山梨、鳥取、京都、大阪、石川、長野、愛媛、埼玉、大分、新潟、神奈川である。

(19) 中山間支払制度の農政上の特徴・性格については、拙稿「中山間地域の現局面と新たな政策課題」（『農林業問題研究』第 137 号、2000 年、本書第 3 部 1 章として所収）を参照。

(20) 農林水産省中山間地域等総合対策検討会「中山間地域等直接支払制度の検証と課題の整理」（2014 年）および拙稿「中山間支払制度の検証と次期対策の課題」（梶井功・矢口芳生編『食料・農業・農村基本計画（日本農業年報 51）』農林統計協会、2004 年）を参照。

(21) 本章では資料の呈示は省略するが、詳しくは拙稿「農業・農村の現状と『地域農政』の展望」（『農業経済論集』第 54 巻第 1 号、2003 年）を参照のこと。

(22) 谷口信和「農業生産構造の変化と農政転換」（『農業経済研究』第 76 巻第 2 号、2004 年）、92 頁。

(23) 産地づくり交付金については、農水省自らが、「地方分権の発想」「地域自らの発想・戦略で構造改革に取り組むための地域提案型の助成」（農水省パン

フレット「米政策改革のあらまし」）と位置づけている。その交付金支払いの前提となるのが「地域水田農業ビジョン」であるが、これについても、農水省は「既存の計画の焼き直しや単なる関係機関の作文に終わらないように、十分に地域での議論を重ねる必要があり、集落等の地区段階での合意に基づいて担い手を明確化するためには、相当の時間を要する」（「米政策改革基本要綱」2004年4月版）と主張する。現実に作られたビジョンが、どの程度こうした実態を持っているか否かは現時点では定かではない。しかし、集落段階からの意識的な積み上げという点は、岩手県やJA山口中央の取り組みで確かに見られる。なお、これらの地域は、中山間支払制度の際にも、集落協定づくりが活発な地域であった点で注目される。実際、岩手県では、「平場は農協の従来からの積極的な対応にリードされた。中山間地域では、直接支払いの経験がビジョンづくりの基礎となっている」（県農林部担当者）と言われている。

(24) 小田切徳美・坂本誠「中山間地域集落の動態と現状」（『農林業問題研究』第40巻第2号、2004年）を参照のこと。

(25) その好例として、「講座・日本の社会と農業」（全8巻、編集委員会代表・磯辺俊彦、日本経済評論社）がある。これは地域農政期に企画・出版され、戦後における地域農業論の到達点を示す集団的労作といえる。最近（本章執筆時点—2004年）では、高橋正郎・稲本志良編『地域営農の展開とマネジメント』（農林統計協会、2004年）、田代洋一編『日本農業の主体形成』（筑波書房、2004年）が、ここで論じた「地域農業論の構築」という課題に、それぞれ異なるアプローチから挑戦しており、注目される。

コラム②

農政改革から「地域主義」を掘り起こそう

農政改革が、重要な局面に入りつつある。

2002年末に決定された「米政策改革大綱」[1] は、日本農業の最大の課題である米に切り込んだ。この米政策改革を含め、農政改革のキーワードは、一貫して「市場主義」であった。市場原理の一層の導入と同時に、農業保護政策の後退が図られている。

しかし、町村関係者には、そうした一般的な理解と同時に、今回の農政改革には、別のキーワードが潜んでいることを看過してはならない。それは、1999年に制定された食料・農業・農村基本法に2つの形で埋め込まれている。

1つは、基本法には、「地域の特性に応じて」という言葉が繰り返し使われていることである（第4条等6カ所）。多様な自然条件に規定され、またそれを活用する農業では、政策が「地域の特性」を重視することは当然のことと言えよう。しかし、それを法律にあえて書き込んでいるのは、今までの画一的農政への反省が含まれている。

もう1つは、地方自治体の役割を「国との適切な役割分担を踏まえ」（第8条）としている点である。これは、旧農業基本法に見られた「地方公共団体は、国の施策に準じて施策を講ずるように努めなければならない」という、国と地方の主従関係を前提とした規定から決定的に変わっている。

つまり、現在進行中の農政改革には、もう1つのキーワードとして、地域の特性に応じて、その政策主体として最も身近な地方自治体を重視する「地域主義」が埋め込まれている。そして、実は今回の米政策改革においても、その傾向が見られる。従来の転作助成金に代わる「産地づくり推進交付金」は、「これまでの助成金体系を大転換して、地方分権の発想を取り入れた助成」と説明されている。

町村の農業関係者には、この新たな傾向を後退させない実践が要請されている。今までも「地域農政」「自治体農政」が喧伝された時代もあったが、それは実現しないまま現在に至っている。「地域主義」は、地域が積極的に掘り起こさないかぎり、埋もれがちでなのである。

言い換えれば、農政の「地域主義」は、地域自身が勝ち取るべきものである。

（「町村週報」第2438号、2003年5月12日）

〔注〕

(1) 農林水産省「米政策改革大綱」（2002年12月）。

4章 直接支払いとしての制度

1 課 題

「我が国農政史上初めての試み」と農政当局自らが表現する「中山間地域等直接支払制度」(以下「本制度」または「中山間支払(制度)」)がスタートして10年が経過しようとしている。5年間を1期とする本制度は、2010年4月から第3期対策が始まる。

本章は、この10年間の直接支払制度を振り返り、その意義や教訓を明らかにすることを目的としている。そして、それらを踏まえて、これから始まる第3期対策の課題を論じてみたい。

なお、紙幅の制約から、本制度の詳しい成果や事例の紹介・分析は省略せざるを得ないことをあらかじめお断りしておきたい。

2 中山間地域等直接支払制度の特徴と成果

(1) 制度のフレームワーク

中山間支払制度は2000年度から実施されている。その前年(1999年)に制定された「食料・農業・農村基本法」(以下「基本法」)を「最初に具体化した事業」と称されることもあり、基本法とともに産声をあげた制度と言えよう。

本制度を規定する同法第35条第2項は、次のように記されている。

「国は、中山間地域等においては、適切な農業生産活動が継続的に行われるよう農業の生産条件に関する不利を補正するための支援を行うこと等によ

り、多面的機能の確保を特に図るための施策を講ずるものとする」

　ここからは、〈農業生産条件不利性の補正〉→〈適切な農業生産活動の継続〉→〈多面的機能の確保〉というフレームワークが明確に読み取れる。このロジックは、農業生産の条件不利性認識を入口として、そして出口（目的）を多面的機能の確保とするが、実はそのいずれもが基本法以前のわが国の農政では、取り扱いが容易ではなかった要素である。

　入口の農業生産の条件不利性認識は中山間地域問題をめぐり、農政当局が一貫して拒否していた点である。そうであるが故に、中山間地域農業の対応策は、例えば、「中山間地域などにおいては、畜産、野菜、果樹、養蚕など立地条件を生かした労働集約型、高付加価値型、複合型の農業や有機農業、林業、農林産物を素材とした加工業、観光などを振興する」（農林水産省「新しい食料・農業・農村政策の方向」1992年）というように、むしろ中山間地域で「条件有利作目」を「青い鳥」として求める政策が続いていた [1]。

　出口の農業の多面的機能に関しても同じことが言える。農政内部で農業や農村を論じる、いわば「枕詞」として登場することはあっても、それが法律に明記され [2]、さらに具体的な政策の目的として位置づくことはなかった。

　つまり、この制度のフレームワークは、基本法以前の農政とは大きく異なるものと言えよう。同様の制度は、ヨーロッパでは1975年に導入されているが、わが国ではそれが四半世紀もの後れを取ったのは、制度設計の技術的要因ではなく、こうしたフレームワークにかかわる問題であったと言えよう。

　このようにして基本法で示された枠組みは、農林水産省・中山間地域等直接支払制度検討会における議論を通じて、さらに肉付けされている。その構図を図3-4-1として示した。基本法によって描かれた先の流れに、特に意識的に付加されたのは、中間目標としての「多面的機能増進」である。これは、主に「対象農家が直接支払いの対価として耕作放棄の発生を防止し、多面的機能を十分に発揮していることを国民に示していくことが必要と考えられる」（中山間地域等直接支払制度検討会・最終報告、1999年）ことから、付け加えられたものである。言うまでもなく農業生産の継続は、それ自体として多面的機能とかかわるものであるが、ここではより意識的な活動とし

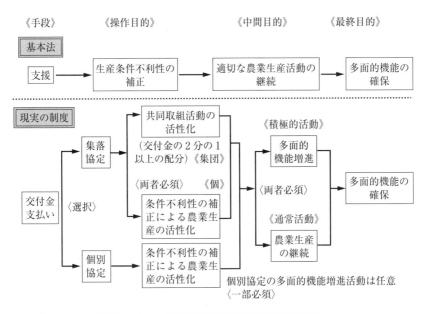

図3-4-1　中山間地域等直接支払制度の仕組み

注）制度の解説などにより著者作成。

て、「地域の中で、国土保全機能を高める取組、保健休養機能を高める取組
又は自然生態系の保全に資する取組」（同上）を求められた。

　そして、この多面的機能増進と農業生産の継続という2つの中間目標を実
現する仕組みが「協定」（集落協定および個別協定）である。実際の協定は
その圧倒的多数が集落協定であり、そこでは個々の耕作者を対象とする「条
件不利性の補正による農業生産の活性化」に加えて、共同取組活動も制度的
に課せられている。これは、「十分な認定農業者等の担い手が育成されてい
ない中山間地域等で農業生産活動を継続していくには、集落の補完性、継続
性を活かした共同取組活動等にとりくんでいくことが重要である」（農林水
産省「中山間地域等直接支払制度Q＆A」）ことから導入されているもので
ある。そして、支払われる交付金額の2分の1以上を共同取組活動に充てる
ために集落協定でプール利用することが「努力目標」（同前）とされている。

　また、制度のフレームワークの「入口」となる農業生産条件不利性の補正
のために重要な交付金の単価は、地目ごとに急傾斜、緩傾斜の2段階が設定

され、それぞれのコストと非傾斜地のコストの格差（その8割水準）によって面積単位に算定されている。

　他方で「出口」となる多面的機能の確保に関しては、5年間の協定締結期間中は協定農地内の耕作放棄を回避することが求められ、それが履行できない場合は「協定違反」として、助成金の返還（全協定参加者・全期間）が義務づけられている。こうしたペナルティーが耕作放棄地発生防止、そして多面的機能の確保の担保として位置づけられている点は重要である。なぜならば、このような仕組みがある限り、本制度では協定の締結自体が大きな意味を持つこととなる。つまり、協定の締結≒耕作放棄の発生防止≒多面的機能の確保という「恒等式」が成立するからである。制度設計時の農林水産省の担当者が「この制度は協定が締結されれば、政策効果100％の制度である」と発言していたが、それは決して大げさな表現ではない。

　このようにして、多面的機能の確保を、条件不利性を補償する交付金の受け皿としての集落協定（および個別協定）の締結を媒介として実現するという、日本に独自の条件不利地域支払制度が構築されたのである。

（2）　本制度の特徴

　この中山間支払制度の特徴は次の5点にまとめられる。その一部は第3部1章の記述と重なるが、あえてここで整理しておきたい。

　第1は、この直接支払制度が、集落協定の締結を支払いの条件とし、また助成金の一部を集落段階でプールして活用することを求めているように、制度設計・運用上において、集落を強く意識している点である。地域実態によっては、個別協定を締結する柔軟性は保証されているものの、対象行為の単位、支払単位等の各面において、集落が重視されていることは間違いない。つまり、制度設計に「集落重点主義」が基本原則として設定されている。

　第2は、本政策が助成対象者の選別に対して、否定的な点である（農家非選別主義）。集落単位の合意形成が基本である限り、零細農家や高齢農家を助成対象から排除することは困難であり、第1の特徴から見て、それは当然のことと言えよう。しかし、この点は、あらためてその意義を確認する必要

がある。なぜならば、この「農家非選別主義」を持つ本制度が、中山間地域政策のベースとして位置づくことにより、この間の担い手をめぐる政策の振れ（担い手選別（政権交替以前の自民党政権）〜すべての販売農家（民主党政権））とは別に、「中山間地域農業の担い手は、現に農業生産にかかわるすべての農業者である」というメッセージが、交付金とととともに発信されているからである。

第3は、地方自治体の裁量や主体的判断が、制度的に重視されている点であり、「地方裁量主義」と表現できる。市町村長による判断は対象地域や対象行為など本制度の基幹的要素のほぼ全般に及んでいる。これは、中山間地域の特徴であるその多様性に応じた制度の弾力性を確保するための措置であり、中山間地域政策が基本的に備えるべきものであろう。

第4に、交付金にかかわる「使途の非制約主義」である。個人に支払われる部分はもちろん、集落協定にプールされ、共同取り組み活動に支払われる部分においても使途の制約はない。協定単位で地域に固有な問題に応じた交付金の有効活用を保証することが政策的に意識されている。

そして、第5に「予算の単年度主義の脱却」である。制度は5年単位で仕組まれ、またその間の継続が保障されている。それに加えて、集落協定は交付金を次年度に繰り越して活用することができることが認められている。したがって、より大きなボリュームでの交付金利用のために、意識的な交付金の積み立ても可能である。従来の手法を大きく踏み出した農政上の仕組みと言えよう。

このように、中山間支払制度の特徴は、①集落重点主義、②農家非選別主義、③地方裁量主義、④使途の非制約主義、⑤予算の単年度主義の脱却、と整理できるが、大雑把に言えば、①と②は先行するヨーロッパの条件不利地域支払制度との比較における特徴であり、②と③は従来農政との対比で、そして③、④、⑤は農政も含めた従来型行政全般と比較した特質と位置づけることができよう。その点で、本制度は「21世紀日本型制度」と表現できる革新性を持った政策であった。

(3) 本制度の展開

中山間支払制度は5年を1期としており、2005年度から第2期対策に入り、さらに2010年度には第3期対策が始まる。先に確認した基本的フレームワークは変わることがないものの、この過程で、いくつかの点で事業内容が修正され、特に第2期対策は、制度の特徴にもかかわる仕組みの変更が加えられた[3]。

一言で言えば、それは「単価の2段階設定」である。その考え方は、以下の農林水産省の文書がよく表している。

「将来に向けて自律的かつ継続的な農業生産活動等を行う体制整備を図るため、（中略）従来の5年間の耕作放棄の発生防止等の活動に加え、農業生産活動等の体制整備に関する一定の要件を満たす協定と、当該要件を満たさない協定との間で交付単価に段階を設定すること（とする）」（2005年度予算の農林水産省概算要求の説明資料）。

ここでは、第1期対策には見られなかった「将来に向けて自律的かつ継続的な農業生産活動等を行う体制整備を図る」ことが強調され、それを実現しようとする協定には10割単価（体制整備単価）、それ以外の協定には今までの単価の8割（基礎単価）を交付することとしている。具体的な体制整備単価の要件としては、農業機械の共同利用、高付加価値農業の実践や新規就農者の確保あるいは集落営農の育成や認定農業者等への農地集積が挙げられている。

要するに、より強固な農業生産の担い手形成への誘導、ステップ・アップの要素を本制度に接合したものであり、「担い手ステップ・アップ方式」と呼ぶことができよう。

こうした制度変更の背景となったのは、第2期対策が制度設計された時期（2004年）には、自民党政権下で農業生産の担い手の絞り込み（選別）が農政全般として議論されており、そのことが影響を与えたことは否定できない。先に本制度の特徴として「農家非選別主義」を指摘したが、単価の差異化を「選別」とすれば、それはその原則からの逸脱を意味しよう。

しかし、他方で、依然として高齢化が進む中山間地域では、コスト格差の補填のみではなく、将来に対する新しい体制づくり（体制整備）も同時に行

わなければ、協定構成員の加齢により活動は先細りするという現実もある。

その点で、「担い手ステップ・アップ方式」には賛否両論がありうる。ただし、①ステップ・アップの要件が、構造政策に偏っており、例えば農産加工やグリーンツーリズム等も含めた中山間地域らしい項目が見られないという要件の問題、②ステップ・アップを10割単価からの加算という形ではなく、単価の減額（8割単価の設定）という形で実現した単価（体系）の問題は、議論されてしかるべきであろう。

そして、2010年度より始まる第3期対策は、この「担い手ステップ・アップ方式」に対する揺り戻しと捉えることができる。この点について、本制度の第三者委員会である中山間地域総合対策検討会は、第2期対策を総括して、次のように制度の方向性を示している。

「本検討会としては、認定農業者の育成や担い手への農用地の利用集積などのより前向きな体制整備の取組は引き続き必要であると考えているものの、一方、中山間地域等では、高齢化率が全国と比べて10年以上先を行く水準で推移するなど高齢化の進行が特に著しいことを踏まえると、本制度の見直しに当たっては、交付金の使途の自由度の高さを有効に活用しつつ、高齢農業者等であっても安心して本制度に取り組めるよう、集落協定参加者が共同で安定的・持続的に農業生産活動等を維持・促進し得るような仕組みの改善を検討することが重要と考える」（同検討会「中山間地域等直接支払制度の効果検証と課題等の整理を踏まえた今後のあり方」2009年）

具体的には、8割～10割という単価の2段階設定はそのままとして、10割単価を実現する要件に「集団サポート型」が新たに加えられている。その詳細は、本章執筆時点（2010年3月）では検討中とされているが、高齢化等により営農継続が果たせない農地が発生した場合を想定し、共同で支え合う農業生産活動のなんらかの「取り決め」をした協定に10割単価を適用するものである。地域によっては、「これにより、ほぼすべての集落協定が10割単価となるのではないか」と予想するところもある（九州地方の県担当者、2010年2月）。

つまり、農業の担い手形成に向けた「ステップ・アップ方式」から、高齢者が安心して参加できるように、集落協定内での支え合いをより重視した方

式（「高齢者安心参加方式」と呼ぶ）へと移行しつつある。それは、集落協定という仕組みを重視した路線（集落重点主義）への原点回帰、あるいはその路線の強化を意識した対策の転換（揺り戻し）と考えたい。

（4）　本制度の実施状況と成果

この制度の2期にわたる実施状況はいかなるものだったのであろうか。ここでは、概況を確認するために、9年間の実績（第2期対策最終年度の2009年度は本章執筆時点では未公表）を表3-4-1にまとめて示した。

集落協定締結面積は、事業実施3年目に66万haに達し、ほぼ横ばいとなり、その後、第2期対策に入ってからもこのレベルは維持されている。

先にも触れたように、協定農用地が耕作放棄された際にはペナルティーがあることから、この面積が、5年間にわたり農用地として保全されていると考えられる。事実、農林水産省の資料によれば、やや古い数字であるが、2002年度末時点で協定が何らかの理由で中途終了したのは48協定（当時の協定数の0.14％に相当）に過ぎず、その傾向はその後も変化がない模様である（各方面からのヒヤリングによる）。

周知のように2005年農業センサスは、38.6万haの耕作放棄地が存在していることを報じて話題となったが、それと比較すれば、耕作放棄発生の可能性が高い中山間地域において、約66万haの農地から耕作放棄地の発生を抑制した点は、それだけで大きな成果と言えよう。

表3-4-1　中山間地域等直接支払制度の実施状況（2000 ～ 2008年度）

		第1期対策					第2期対策			
		2000年	2001年	2002年	2003年	2004年	2005年	2006年	2007年	2008年
農地面積	対象農用地面積（A）（万ha）	79.8	78.2	78.4	78.3	78.7	80.1	80.5	80.7	80.9
	交付金交付面積（B）（万ha）	54.1	63.2	65.5	66.2	66.5	65.4	66.3	66.5	66.4
	協定締結率（B/A）（％）	67.8	80.8	83.5	84.5	84.5	81.6	82.4	82.4	82.1
金額	交付金総額（億円）	419.4	514.2	538.3	545.8	549.1	502.5	513.5	517.0	517.9

資料：農林水産省『中山間地域等直接支払制度の実施状況』（各年版）より作成。

　なお、同じ表に掲載した事業費の推移で見ると、第1期対策と第2期対策の間に断層がある。これは単価の2段階設定を行い、8割単価を導入したことによるものである。この間、協定締結面積には大きな変動がないことから、第2期対策は、耕作放棄の発生を抑制した農地面積を固定化したままで、事業総額を安上がりに抑えるという「成果」を生み出したと言える。

　ところで、この表でもう1つ注目されるのが、締結率である。市町村が基本方針で定める対象農用地面積を分母とすれば、面積ベースでの「協定締結率」は、常時ほぼ82〜85%に達している。これ自体は決して低くはない値と思われるものの、他方で協定が締結されるべき農地、保全されるべき農地の十数%が耕作放棄発生の可能性が高い状況にさらされている。

　この要因は、農林水産省の非締結農地に関する調査（対象農用地でありながら協定が締結されていない農地14万haの全数調査—2008年度）が教えてくれている。それによれば、第1位「高齢化により継続困難」35%（面積ベース、以下同じ）、第2位「話し合いの不調」24%、そして第3位は「高齢化等によるリーダー不在」11%となっており、やはり地域の高齢化が協定未締結の最大の要因であることがわかる。そして、高齢化は不可逆的に進んでおり、将来的には、この傾向（未締結）はさらに強まることも予想される。第3期対策の「高齢者安心参加方式」はこうした点から、導入の必然性があったことが確認される。

　とは言うものの、ここで見た協定農用地面積の大きさや協定締結率の高さは、やはり本制度の成果を示すものと言えよう。

　以上はあくまでも、外形的な成果であるが、より本質的には、①耕作放棄の発生防止（農業生産の継続）、②多面的機能の増進という2つの直接的効果（冒頭の図3-4-1で言えば「中間目的」）、そしてさらに③副次的効果としての集落機能活性化の検証が必要である。この点については、本制度第三者委員会（中山間地域総合振興対策検討会）により成果の検証が、期ごとに行われ、その詳細が農林水産省のホームページでも公表されている。本章では紙幅の制約もあり、そちらを参照していただきたい。

3 中山間地域等直接支払制度の教訓と課題

　それではこのような中山間支払制度は農政等にいかなる教訓と課題を示しているのかを論じてみたい。ここでは、地域振興政策という領域と直接支払いという手法に分けて整理してみよう。

① 地域振興政策（条件不利地域政策）としての教訓と課題
　第1に、本制度の運営実績は、地域振興政策のあるべき枠組みとしての「格差是正策と内発的発展促進策のパッケージング化」が十分に可能であることを示しているように思われる。

　地域振興政策には、「格差是正」と「内発的発展促進」の両者の側面があることは、いままでも論じられていたが、それはしばしば二者択一的であった。個別の政策とは次元が異なるが、例えば、国土政策をめぐり、ある時は「国土の均衡ある発展」のために「格差是正」が言われ、またある時には「地域の自立に向けた内発的発展促進」こそが重要で、「格差是正」的な発想はそれを歪めるものとされたこともある。

　しかし、中山間地域の実態が求めていたのは、むしろその二兎を追うことであった。その点で、本制度は「個人配分」と「集落協定プール」の二重の助成の流れがつくられており、個人配分は、文字どおり耕作者個人が利用するものであるが、集落プール分は、集落協定により、地域の実情に応じて、創意工夫による多様な活動に活用されている。ここでは交付金は、内発的な地域づくりのためのファンドとしての役割を果している。

　こうした仕組みを解釈すれば、交付金の個人配分は「格差是正」に作用し、集落協定プール分は「内発的発展促進」に機能している。そして、両者のパッケージ化こそが、中山間地域等直接支払制度であると見ることも可能である。もちろん、「格差是正」と言っても、交付金単価自体が平地と中山間地域の生産コスト格差の8割を埋めるものであり、さらに個人支払い分がその半分であれば、格差の是正のカバー率はわずかに4割にすぎず（「基礎単価」であればそのさらに8割の32%）、その点で交付金の水準の問題が指

摘できる。

　しかし、注目すべきは、この制度が、「格差是正」と「自立促進」のパッケージ化の具体的イメージを提供している点である。その両者を追求する仕組みを、単なる抽象論ではなく示している重要性を看過してはならない。地域振興策の新しいスタイルが示されたと言えよう。

　第2に、だからと言って、中山間払制度は万能ではない。それは、本制度が農業生産の条件不利性に着目した支援策であることを考えれば自明であろう。実際に、2000年農業センサスによれば、山間地域集落の農家率はわずか30％にすぎず（全体では11％）、この地域においても農家世帯はもはや少数派である。その点で中山間地域全体から見れば、この制度の及ぶ範囲は限られている。特に、自然減少が著しいテンポで進む過疎中山間地域では、人口構成の歪みを是正するU・J・Iターンを増やすことが喫緊の課題であろう。つまり、より大きな総合政策のパーツとして本制度は位置づくべきものであろう。それは、農業生産の条件不利性の補正という本制度の仕組み自体が語っていることであろう。

　なお、ここで述べたことに関連し、民主党新政権が2010年度からモデル事業として導入する戸別所得補償制度との関係に触れてみたい。

　同制度は、生産費が農産物価格よりも高い場合、その格差を補償するものであるが、当然条件不利地域ではその格差はより大きい。このことから、中山間地域における戸別所得補償金額の加算等の要求が農村現場から強く生まれている。しかし、もしそのような加算が行われれば、中山間支払制度とその根拠が重なる。したがって、中山間支払制度が戸別所得補償制度に、中山間地域加算（条件不利地域加算）という形で吸収されることは十分にありうることである。その場合、ここで論じた「格差是正策と内発的発展促進策のパッケージング化」というメリットが実現できないこととなる。

　単なるコスト格差支払いではない制度としての中山間支払制度の位置づけが重要であることは、この点からも理解できよう。

② 直接支払制度としての教訓と課題

　直接支払制度としてのインプリケーションも、本制度から生み出されてい

る。

　第1に、この制度の実施過程全体を通じて明らかになったことは、直接支払いという制度では、対象者が財政負担によって支えられているという構図が、特に明確になるということである。そのため、対象となる者とならない者の差もはっきりと見える。このことから要請されることは、1つには、制度運営の透明性を従来以上に確保することである。農林水産省がホームページを通じて、この制度にかかわるデータや政策資料、第三者委員会にかかわる情報を、他の制度と比較しても、より積極的かつ安定的に公表しているのは、それに応えるものであろう。

　2つは、制度の効果と意義に関する正確な検証の積み重ねが要請されている。集落や自治体内部における対象となる者とならない者との対立緩和、より大きくは農山村と都市の対立の緩和は、結局はこうした作業とその的確な説明の積み重ねによってのみ可能であろう。本制度では、第三者委員会における正確な検証が重要性を持っている。

　第2に、財政負担型農政としての直接支払制度には、その安定性と存続に財政当局の影響が強く反映する傾向がある。そのため、国家財政の縮減過程では、直接支払いという制度は、財政面からの不安定化が生じやすい位置にある。実際に、詳細は略すが、本制度の第2期対策がスタートする時には（2004年）、当時の財政制度審議会が突如として本制度を名指しして「廃止を含めた抜本的見直し」を建議している（同審議会「平成17年度予算編成の基本的考え方」）。

　このような経緯もあり今後、戸別所得補償制度をはじめとして、直接支払制度への農政全体の傾斜が強まるのであれば、この不安定性を回避する意識的な「柱づくり」が必要となろう。その1つが、言うまでもなく、国民的コンセンサスである。そして、もう1つの「柱」は、直接支払いを長期安定的な制度とする法制化ではないだろうか。制度の改定の仕組みや先の検証作業についても、そうした法律の中で規定する必要があろう。

　さらに、国民的コンセンサスの醸成の手法としても、立法府における議論が望まれる。政権政党となった民主党は、2009年総選挙マニフェストの関連文書である「民主党政策集・INDEX2009」において、「法律に基づく措置

として実施します」としており、その具体化が注目される。

　第3に、以上のことの裏返しとして、直接支払いという仕組みは、その対象者に対して政策的メッセージがより伝わりやすい制度である。集落協定の現場を訪ねると、直接支払制度に対して、「国はようやくこのような地域に目を向けてくれた」という協定参加者の声をしばしば聞く。今までも中山間地域を対象とした各種の支援策はあったのだが、それとは違うレベルで政策目的や意図が、対象者に届いていることの証左と考えられる。

　つまり、直接支払いは、特定の活動や取り組みを支援するための「カネ」を運ぶのみならず、国民的な「思い」を農業・農村の場に運ぶという機能を持っている。そのような特徴を意識した、シンプルでわかりやすく、そして目的が明確な制度設計が、戸別所得補償制度をはじめとする直接支払い一般に要請されている。

4　おわりに―第3期対策の充実に向けて

　前節で論じた本制度が示唆する教訓と課題は、そのまま第3期対策の推進上の課題となるものであろう。

　つまり、①格差是正と内発的発展のパッケージ施策、②政策対象者にメッセージの届きやすい施策という本制度の持つ原理的なメリットを意識した推進が求められよう。他方で、①中山間地域等の総合的政策の欠落、②財政や財政当局の影響に対する脆弱性という本制度にかかわる構造的弱点を少しでも埋めることが求められる。そして、従来以上に制度運営の透明性と説明力を高め、国民的コンセンサスの前進を実現することが欠かせない。

　中山間地域の現状をあらためて見れば、いままでのこの地域の農業を含めた地域産業や地域社会を担い支え続けてきた、いわゆる「昭和ヒトケタ」世代全体が後期高齢者世代となっている。このことが、集落（協定）の将来ビジョンを策定し、また住民の創意工夫による交付金の使途を決め、そして共同取組活動を地域ぐるみで実行していくという本制度のプロセスに、なんらかの影響を与えることは容易に予想される。

　さらに地方自治体に関しても、市町村合併により、身近な行政主体として

の機能が低下している。かつては分厚く存在した地域に精通した行政職員の減少は、今後も進むものと思われる。その点で、2010年度よりスタートする第3期対策の集落協定づくりは、より強固で良質な集落協定に再編する最後のチャンスである可能性もある。

そうした大状況を認識した今後の制度の推進と実践に期待したい。

〔注〕

(1) 1992年の段階で「畜産、野菜、果樹、養蚕」と例示された中山間地域の振興作目は、その後の食料・農業・農村審議会答申（1998年）の同様の例示では、「花卉と草地畜産」に限定されている。政策当局による「条件有利作目」探しは、まさに「青い鳥」であった。

(2) 「食料・農業・農村基本法」の第3条で、農業の多面的機能は「国土の保全、水源のかん養、自然環境の保全、良好な景観の形成、文化の伝承等農村で農業生産活動が行われることにより生ずる食料その他の農産物の供給の機能以外の多面にわたる機能」として規定されている。

(3) 第2期対策の性格変化やその農村現場でのとらえ方については拙稿「新対策のとらえ方・活かし方―いま地域では、何をすべきか」（『21世紀の日本を考える』第29号、農山漁村文化協会、2005年）を参照。

第4部 農村政策の模索と展開
─動き出した諸政策

1章 農村政策の模索

1 農村の現状と新たな動き

いま、過疎地域や中山間地域では、地域の空洞化が進行している。

筆者はかつて、中山間地域をフィールドとして、「人・土地・ムラの3つの空洞化」を指摘した。しかし、こうした変動は事態の表層にすぎない。実はその深層にはより本質的な空洞化が進んでいる。それは、地域住民がそこに住み続ける意味や誇りを喪失しつつある「誇りの空洞化」である。

さらに、世紀の変わり目あたりから、これらの現象の一部は、中山間地域のみならず、農村一般にも見られる現象となり始めている。それは「空洞化の里下り現象」と言える。さらに空洞化の出発点となった中山間地域では、いわゆる「限界集落」化が多発している。集落機能が決定的に後退するこの現象は、いまや地域問題の象徴として、各方面で取り上げられている。

このように、人の気配が薄くなり、農林地が荒れ、コミュニティの崩壊が進み、さらにそこに残る人びとの誇りが喪失しつつある。第1次安倍政権が、「美しい国・日本」と標榜したこの国において進む現実である。

しかしながら、農村の厳しい状況の中においても、これらに対抗する取り組みが従来以上に強まっていることもまた一方の事実であり、決して看過してはならない。それらの動きは、まず新たな経済の構築として進んでいる。農林産物加工や農家レストラン等の6次産業化は、農山村ではいまや一般的に見られるが、最近では交流産業（グリーンツーリズム）がそこに合流しつつある。さらに、森林や里山等の地域の資源保全を標榜し、消費者の共感を呼び込む地域資源保全型産業の動きも始まっている。

また、地域コミュニティ再編の進行も確認することができる。地域運営組

織の形成とその活発な活動は、むしろ農村で見ることができる。それは市町村合併により、周辺地化しつつあるこれらの地域の危機対応であると同時に、自らの未来を自らの力で描き、実現するという「手づくり自治区」の構築という積極的な対応でもある。そのため、都市コミュニティ再生のモデルとなっている地域もある。

2　農村政策の新たな特徴

このような厳しい現実に抗する新しい地域づくりへの展開に対応して、地域振興の手法も急速に変化しつつある。その転換は、都道府県の単独事業から始まったと思われる。筆者が注目した鳥取県「中山間地域活性化交付金」（2001〜2004年度）は、おそらくその先駆けであったと言えよう[1]。

しかし、その後、2007年の参議院選挙における与党大敗のインパクトもあり、国レベルの政策においても、その変化が進んでいる。その動きは、いくつかの府省庁で分散的に進み、また必ずしも体系化されたものではない。その点で、明確な転換とは言い難いが、しかしそれを丁寧に見ると、地域政策の変化の方向性が浮かび上がってくる。筆者なりの整理であるが、それをまとめてみよう。

第1に、その事業が事業目的の設定、資金の使途等の点で大きな自由度を持っていることである。地域における新しい取り組みは、地域ごとに実に多様である。そのために、事業の目標、手法を地域サイドから自由設計できる支援策が求められている。従来から「総合補助金」「ブロック・グラント」「提案公募型事業」等の名称でその必要性が論じられていた支援の実現と言えよう（自由設計型事業）。

第2に、支援対象にかかわる「人材」の重視である。特に、過疎地域、中山間地域では、激しい人口流出により、地域内で不足しているのは、地域を全体としてマネージメントし（地域マネージャー）、また他地域との連携（リンク）を進め（リンクパーソン）、さらに様々な事業をコーディネートとする人材である（地域コーディネーター）。もちろん、これらの地域にも、例えば「観光カリスマ百選」「農林漁家民宿おかみさん百選」にみられるよ

うな実績を残す人びとも少なくない。しかし、困難な経済的社会的条件に対して、その数は絶対的に不足していると言える。そうであるが故に、地域の現場から「補助金から補助人へ転換」（広島県旧作木村の安藤周治氏の発言）が求められていたのであるが、それがまさに実現しつつある（資金と人材のセット型事業）。

第3に、支援の受け皿として、先に触れた地域コミュニティに加えて、NPOや企業、大学等も位置づけられている点である。これらの主体を、行政上はしばしば「多様な主体」と表現され、行政との協働が期待されているが、支援の受け皿としても市民権を獲得し始めていると言えよう。従来の地域活性化にかかわる補助金においては、政策対象が地方自治体や経済団体およびその周辺組織（第三セクター）等に限定されることが多かった点と比較すれば、その「多様さ」は明らかである（多様な主体対応型事業）。

こうした「自由設計型事業」「資金と人材のセット型事業」「多様な主体対応型事業」は、いままでの典型的な国の補助金では制約が大きかったポイントであろう。そのような制約を突破して、新しい事業が形成されているのである。そうであるが故に、農村における新しい地域づくりに対応した新しい地域政策として位置づけられるのである。

3　新たな振興策の事例

この新しい政策の1つの典型が、林野庁「山村再生プラン助成金」（山村再生総合対策事業）である。

この事業は、「森林、自然景観、農林水産物、伝統文化等の山村特有の資源を活用した新たな産業（森業・山業）の創出、都市と山村との交流活動の取組、山村コミュニティの維持・再生に向けた地域活動やこれらを組み合わせた複合的な取組を、『山村再生プラン』として実施するとともに、事業の実施を通じて人材の育成を図る」ことを目的として、ビジネスから交流、コミュニティまでの幅広い地域活動を支援する事業である。

助成対象経費については、「50万円以上の機械・機具等の購入費、施設建設費については、助成対象とならない」という制約があるが、それ以外で

は、「作品の作成、ガイドブック等の作成、林内歩道・案内板等の整備、事業実施に必要な施設等の改修、地域の合意形成と体制づくり等」と、やはり大きな自由度が確保されている。

加えて、本事業の特徴を形成しているのが、山村再生プランの活動の充実発展のために、事業主体がアドバイザーの派遣を要請できることであり、その経費は全額補助される仕組みとなっている。

この「山村再生プラン助成金」は、2008年度からスタートし、年度内に3回に分けた公募と採択が行われる。現時点（2008年8月初旬）では、2回分の採択結果（採択数43件）が公表されているが、その事業主体の内訳は、任意団体19件、NPO法人9件、地方自治体7件、企業6件、森林組合2件となっている。任意団体の中には、地域コミュニティ組織も含まれており、多様な主体による取り組みが確認される。

実際に、この事業で採択されたプランの実例を見ると、以下で示すように地域の課題に密着したユニークな取り組みがいくつも見られる[2]。

〈岩手県北上市口内町自治協議会　口内地区交流センター〉

北上市口内地区は、この10年間で、人口が15%減少、高齢化率も10%上昇の35.8%と増加の一途をたどっており、また、社会サービスの低下が顕在化している。本事業では、口内地域コミュニティの強さを活用したボランティア輸送のシステムの構築を図り、交通弱者である高齢者世帯の生活の質の向上を目指す。

〈金沢大学知的財産法ゼミ〉

学生たちが地域活性化のために活動してきた石川県の3地域—細屋（輪島市）、沢野（七尾市）、奥池（白山市）—において、新たに「ご当地」野菜（「細屋ごぼう」「沢野ごぼう」「ヘイケカブラ」等）を使用した「スイーツ」の考案・製造・販売を実施し、あわせてイベントの開催、マスメディアの報道、宣伝を通して、より包括的な地域活性化を目指す。

〈広島県北広島町・NPOやまなみ大学〉

山村・農村では、獣害対策が大きな問題となっているが、これまでの研究では、森と人との関係と同じくらい「犬」の存在が大きいと考えられる。本事業では、獣害から里や人、農作物を守る「ガーディングドッグ（里守り

犬)」の育成を目的にした育成プログラム開発と育成マニュアルの作成、および人が気軽に入れる森づくり「親林」プロジェクトの計画作成と試行活動を行う。

こうした取り組みの中には、事業主体の面で、また事業内容の面で、従来型の国による補助事業の対象とは成り得ないと思われるものもあり、新しいタイプの地域政策が、地域で生まれ始めた新たな動きを確かに捉えつつあることが理解できよう。

4　新たな農村政策の展開

新しいタイプの地域政策には、この他にも、地域活性化統合本部「地方の元気再生事業」、国土交通省「新たな公によるコミュニティ支援事業」、農林水産省「農山漁村（ふるさと）地域力発掘支援モデル事業」があり、同様の特徴を持つ。

それぞれのポイントを簡単に記せば、「地方の元気再生事業」は、国費による全額負担の提案公募型事業であり、プロジェクトの立ち上がり段階で専門家の派遣を行い、また事業の実施に当たって地域ブロック別に配置された内閣府参事官が関係省庁との橋渡し役を行う。また、「新たな公によるコミュニティ支援事業」は、同様に国費100％補助のモデル事業であるが、住民、地域団体、NPO、企業等の多様な主体を地域づくりの担い手と位置づけている点が特徴である。事業対象となる経費にはアドバイザーの招聘も含まれる。さらに「農山漁村（ふるさと）地域力発掘支援モデル事業」も同様に多様な主体に対する助成事業であるが、複数年（5年間）に対する支援である（定額補助）。この事業にも、事業主体の要望によるアドバイザー派遣が組み込まれている。

また、これに加えて、その後、準備が進みつつある2つの支援策にも注目したい。

1つは、総務省の過疎問題懇談会が提言した「集落支援員」への支援である（「過疎地域等における集落対策に関する提言」、2008年4月）。この集落支援員は、過疎地域等における集落対策の最も基本的な要素として、市町村

行政による集落や住民に対する「目配り」が必要であることから提案された
ものであり、具体的には行政や農業委員、経営指導員経験者などの地域の実
情に詳しい人材を充てることが想定されている。その仕組みの推進が、特別
交付税の措置により実現することとなったのであるが（総務省過疎対策室長
通知─2008年8月）、対象経費には、支援員の報酬、活動旅費、集落点検
（ワークショップ）経費等を含む点で画期的だと言えよう。

　2つは、地域づくりの中間支援組織に対するサポートの動きである。これ
は、農林水産省「都市と農村の協働の推進に関する研究会」における検討で
強調されている。この研究会報告（2008年8月）では、都市と農村の協働
は、それらの努力のみで進むものではなく、「協働の『触媒』としてのコー
ディネーター」の存在と活動が決定的に重要であることが強調されている。

　しかし、従来の支援策では、NPO等の主体に対する支援策が十分でな
かった点も同報告では指摘している。そのことが、中間支援組織に対するな
んらかの支援やハイライトにつながることが予想され、また期待される。

　これらが実施されれば、地域を支える人材や組織に対して、より総合的な
サポートとなることが予想される。

5　農村政策の模索と課題

　これらの新たな農村政策には、検討すべき課題もある。いずれの事業もま
だスタート・ラインにあり、そこから見えてくる課題は部分的であるが、少
なくとも次の点は指摘できよう。

　第1に、新しいタイプの事業の多くは、いわゆるソフト支援に限定されて
いる。一般的な課題として、地域政策にはハードからソフトへの重点シフト
が必要であることは間違いないが、しかしハード整備がまったく必要ないと
いうわけではない。特に、地域活動の拠点となる施設に対する需要は少なく
ない。また、それを、例えば廃校となった小学校の補修・改修により対応す
るにしても、時には新規施設整備なみの資金が必要とされることもある。し
たがって各種の助成策には、ミニハード的な施設整備が許容されるような仕
組みであることが望ましい。特に、これらの事業の中には、国の調査委託費

を利用する事業もあり、こうした費目では、ハード面での弾力的な対応が困難である。

第2は、これらの事業に対する地方自治体の関与である。事業のなかには、地方自治体の財政支援や同意を要件としているものもあるが、一般的には、地域からの内発的エネルギーをベースとする提案応募型事業では、そのような仕組みはつくりづらい。また、必要以上に市町村や県の関与を要件とすることは避けなければならないが、他方では行政との連携も、地域再生の重要な条件のひとつであろう。現実には、地域内の団体の事業採択を、新聞報道によって知った市町村もあったと言われており、行政と新たな事業主体が緩やかな連携を作るような仕組みも必要であろう。

第3に、より根本的なこととして、国がこのタイプの地域政策に乗り出す意義が、より積極的に検討されなくてならない。言うまでもなくその直接の目的は、地方再生であるが、それを国が事業として仕組むのは、特に地方提案型事業という手法を通じて、新たな行政ニーズに応え、またそのニーズを国が地方の実態とともに把握することに資するという意義があろう。こうした点にかかわる議論や仕組みの整備を怠れば、地方分権の進行の中で、国によるせっかくの新たな取り組みも、それらの存在意義を主張できない可能性もある。あらためて議論されるべき点であろう。

最後に次の点を指摘しておきたい。本章で析出し、その意義を論じた新しい地域政策は、いずれも地域からの内発的エネルギーを伸張させようとする試みである。しかし、冒頭で論じた「誇りの空洞化」にまで至る中山間地域の疲弊は、そうした基盤を切り崩しつつある。「内発的エネルギー」から見えてきた再生の方向性が「地域の自立（自律）に向けた内発的発展」だとすれば、それらの活動の基盤を支える「国土の均衡ある発展（都市と農村の格差是正）」も、同時に重要となる。しばしば、後者から前者への課題の転換が指摘されているが、そうではなく「自立」と「均衡（格差是正）」の「二兎」を追うことこそが必要であろう。

実は、2010年に予定されるポスト過疎法に期待するのは、この「二兎を追う」仕組みづくりである。人口移動においても、再び東京圏一極集中傾向が強まり、過疎地域では人口減少が再加速しつつあるなかで、格差是正の視

点の強化はますます必要であろう。しかしながら、格差を埋めても、そこから生まれる内発的エネルギーなくしては、地域の課題解決にはつながらない。

　本章で対象とした農村の新たな地域政策をより安定的かつ効果的なものにすることを含めた「自立促進」政策と従来以上に必要となる「格差是正」政策のより高次における結合が、地域政策全般に要請されているのである。

〔注〕
(1) 鳥取県「中山間地域活性化推進交付金」はそのユニークな仕組みと成果から、過疎・中山間地域振興策のあり方に大きな問題提起を行ったと言える。その詳細は、拙稿「農山漁村地域再生の課題」（大森彌・小田切徳美等共著『実践まちづくり読本』公職研、2008年）を参照のこと。
(2) ここで紹介した採択事例は、同事業のホームページ（事務局・(財) 都市農山漁村交流活性化機構）からの転載である。

英国の農村再生と自治体

　英国、特にイングランドでは、我が国のような顕著な過疎問題は存在しない。むしろ、「逆都市化」と呼ばれる都市部から農村部への人口移動が持続的に見られる。そのため、多くの農村では、人口はむしろ増加傾向にある。しかし、それにもかかわらず、農村再生は政策課題となっている。「逆都市化」が及ばない遠隔地農村や、グローバリゼーションの進展による、地域産業の衰退の中で、新たな産業の構築や生活諸条件の改善が課題となっているのである。

　そうした農村再生の動きを支える政策として、英国において浸透しているのがEUによるLEADERプログラム（フランス語の「農村地域における経済活動連携」の頭文字）である。これは1991年の実験的事業から始まり、いまではEU共通農業政策による農村振興の中核に位置づけている。コミュニティ主導型、ボトム・アップがこの事業の特徴であり、EUから配分された資金をローカル・アクション・グループ（LAG）と呼ばれる地域団体が受け取り、この組織が自ら決めた再生プランと事業選定基準によ

り、それを地域内のプロジェクトに配分する。その資金使途にはほとんど制約はなく、例えば個人によるクラフト・ショップの起業、地域の有志によるコミュニティFM局の開設、コミュニティ単位での地域共同売店の設立等、実に多様な事業がこの資金を利用している。

　この仕組みは、日本でも一部の政策担当者には知られており、民主党への政権交代前の自民党政権の末期における「地域間格差是正」の目玉事業として導入された「地方の元気再生事業」（地域活性化統合本部）の下敷きになったものと思われる。また、LAGメンバーは行政（地方自治体）出身者が過半数を超えないことが要件とされ、住民組織のメンバーが積極的に参画することから、農村におけるパートナーシップのモデルとも言われている。

　しかし、当然のことではあるが、この試みも英国の諸制度と日本のそれとの違いを認識したうえで評価する必要がある。その場合、特に注意すべきは、日英の地方自治体の機能差である。よく知られているように英国の地方自治体の業務は著しく制約されている。日本では、時には「総合的行政主体」とされる自治体であるが、英国で「包括的権限」が自治体に与えられたのは、実は2011年に制定されたローカリズム法においてである。

　それまでは、教育、福祉、環境が自治体による中心的なサービスとされ、経済再生策も一部では取り組まれつつあったが主要分野ではなかった。その点で新法は理念的には画期的なものと言える。ただし、それに伴う特別な財源措置がないために、少なくない自治体から従来業務に集中したいとする意向が示されている。また、住民サイドもこの点では、自治体に特別な期待をしていないのが現実である。

　このような英国で、経済活動を中心とした地域再生のために何がしかの政策対応を行おうとすると、LAGのような仕組みが必要となる。いささか極端な表現ではあるが、「地方自治体なき地域再生」の現実が、住民主導を必然化し、また地方自治体を少しでも引きずり込もうとするパートナーシップの構図を生み出しているのである。こうした文脈を抜きに、英国における仕組みを、我が国に直輸入できないことは明らかであろう。

　また、LAGの中で、特に活発な動きを見せるのがコーディネーターと呼ばれる雇われ職員である。彼らの役割は大きく、LAGでのプロジェクト選定の際の助言・資料作成だけではなく、「アニメーション」（鼓舞・激

励活動）と言われる地域対応が行われている。それは、地域実態に応じた
プロジェクトを住民に提言したり、申請過程にある事業の計画改善や事業
間の連携のアドバイスをしたりする活動を意味しており、わが国農村にも
必要な取り組みとして大いに注目される。

　しかし、これも自治体の関与が薄いなかで、自治体職員に代わり、この
ような役割が職業として生まれたと理解できる。日本でも、農村再生のた
めの外部人材として、「地域サポート人」が注目されているが、英国の例
は、むしろ我が国では自治体やその職員自体が行うべき活動だと、改めて
示唆していると考えられる。

　英国の農村再生の動きからは、むしろこのような形で我々は学ぶべきよ
うに思う。

（「自治日報」2012 年 5 月 4 日・11 日（合併号））

2章 地域振興一括交付金
—民主党政権下の模索

1 課題—農村の現状と新政権

　民主党を中心とする新しい政権が誕生した。周知のように農業・農村政策はこの新政権が「チェンジ」をとりわけ強調した分野である。それは、地方農村部における議席獲得が政権交代の焦点となった状況のなかで、意識的な政治的強調であったと言えよう。それがまたマスコミを賑わし、「農業・農村政策の刷新」というイメージと期待を生み出している。

　他方で、農村地域の現実は、急激に変化している。筆者が「人・土地・ムラの3つの空洞化」と表現した現象は、西日本の中山間地域から東日本の中山間地域へ、そして中山間地域から平地農村地域へ広がり始めている。空洞化の「東進現象」「里下り現象」である。

　この農村の空洞化は、高度成長期以降の長期的過程のなかで生じているが、それに加えてWTO体制下での国内農業不振と小泉構造改革路線により、著しく加速化した。その結果、現在では、「農村の存続」自体が国政レベルの課題となっているとしても過言ではない。

　もちろん、これには反作用も存在する。特に、最近では空洞化に抗する新しい地域づくりの動きが、従来以上に強まっているように思われる。雇用や所得の減少に抗する新たな経済の形成やムラの空洞化に抗する新しい地域コミュニティの再編・構築の動きである。

　つまり、農村は「解体」と「再生」の攻防のまっただ中にある。したがって、新政権の農山村政策は、その地域をどう振興するのかというレベルではなく、この攻防から、いかにそれを再生に導くのかという次元の認識と政策

構築が必要になる[1]。

　民主党新政権の農村政策は、それに応えるものであろうか。その論点は何か。新政権の発足間もない状況で、分析すべき素材は多くはないが、本章ではその検討を進めてみたい。ここでは、まず前政権から継続した喫緊の政策課題に対する民主党および新政権の総選挙前後の対応を検討する。その上で、「マニフェスト」等で論じられた方向の有効性について、やや基礎的な検討を行う。

2　農村の2010年問題―3つの制度の帰趨

　筆者はこの間、農村にかかわる重要な制度が2010年3月末に、一斉に更新期を迎えることを繰り返し指摘し、警鐘を発していた。いわゆる「農村の2010年問題」であり、そこには3つの要素がある。ポスト過疎法、ポスト市町村合併、そして中山間地域等直接支払制度（ポスト2期対策）である。

（1）　ポスト過疎法

　現行過疎法（「過疎地域自立促進特別措置法」）は2010年3月末に失効し、「ポスト過疎法」が課題となっていることは周知のことであろう。総選挙前にもすでにいくつかの都道府県や団体により、新たな過疎法の必要性が提言されている。しかし、民主党は、少なくとも「マニフェスト」では、この点について積極的な発言をしていなかった。さらに、「政策決定の政府への一元化」から「議員立法の原則禁止」の方針を掲げたこともあり、議員立法である過疎法の継続について、総選挙直後には地方の強い不安が広がった。

　その後、いくつかの曲折もあったが、2009年時点では、鳩山由紀夫総理が「『できる限り充実を図って延長させることを約束する』と明言した」（時事通信配信・2009年11月18日）と報道されている。しかし、「コンクリートから人へ」という方向性を、過疎振興としてどのように実現するのか。特に、過疎債という仕組みとソフト重視をどのように両立させるのか、地方財政上の難問でもあろう。後に見る、一括交付金の制度設計もからみ、この問題はまだまだ予断を許さない。

(2)　ポスト市町村合併

　「平成の大合併」を強力に推し進めた旧市町村合併法は、2005 年から現行法に代わったが、これも 2010 年 3 月に失効する。それに対して、第 29 次地方制度調査会は「平成 11 年以来の全国的な合併推進運動については、現行合併特例法の期限である平成 22 年 3 月末までで一区切りとすることが適当であると考えられる」（同調査会答申、2009 年 6 月）と宣言し、この問題に決着をつけている。

　この点は、重要な論点である。なぜならば、一部の現在の農村の疲弊は、市町村合併が明らかに促進したからである。特に都市に合併した農村では、身近なはずの基礎自治体が遠い存在になり始めている。現実に、これらの地域の住民からは「合併してから、役場の人が集落に来なくなった」「支所に行っても職員が逃げている感じがする。昔は元気かと皆が声をかけてくれた」いう不安や不満の声が聞こえてくる。後者の声は、特にリアルである。支所となったかつての役場の職員は、課長クラスでも決済権がなく、住民の悩みや不安・不満を聞いても、迅速に処理できないことが少なくない。そのため、支所を訪ねる住民と目を合わせることを避ける職員の行動が生まれている。住民が「合併によって不便になった」「やはりこの地域は見捨てられた」と思わざるを得ないのは、こうした構図がある。

　それに対して、民主党は最近まで、「市町村合併」の推進を主張していた。それは同党・分権調査会長による文書「霞が関の解体・再編と地域主権の確立」（「次の内閣」閣議で了承、2009 年 4 月）の中で次のように表明されている。「自治体の自主性を尊重しつつ、第 2 次平成の合併等を推進することにより、現在の市町村を当面 700 〜 800 程度に集約し、基礎的自治体の能力の拡大に努める。政権獲得後 3 年目までに基礎的自治体のあり方の制度設計を進め、その後に第 2 次平成の合併を行うこととする」

　同党はその後、総選挙直前にこの方針を撤回し、「小規模な基礎的自治体が対応しきれない事務事業については、近隣の基礎的自治体が共同で担う仕組みをつくるか、都道府県が担うこととします。権限の移譲に並行する形で、自治体の自主性や多様性を尊重しながら、基礎的自治体の規模や能力の

拡大をめざします」（「民主党政策集・INDEX2009」、以下「インデックス」）
と修正している。

「地域主権」の実践が、この修正された方針で論じられているように「近隣の基礎的自治体が共同で担う仕組」等の充実という方向で行われないのであれば、平成の大合併を進めたロジックである「分権の受け皿としての基礎自治体の能力を高めるためには、自治体規模をより大きくしなくてはいけない」という強硬な合併論（「分権の受け皿論」）にそのままつながる。その点で、平成の大合併については当面終止符が打たれたとしても、その後、「地域主権」を標榜する新政権の下で、「受け皿」論として再び登場する可能性がある点に注意しなくてはならない。この問題にも、火種は残されている。

(3)　中山間地域等直接支払制度（ポスト2期対策）

中山間地域等直接支払制度は、新しい手法で条件不利地域に元気を送っており、単なる1省庁（農水省）の事業を超えた重みを持つ。この制度については、農水省がいわゆる第三者委員会（中山間地域等総合対策検討会）で評価を行い、「本制度については、現行の基本的な枠組みを維持しつつ、平成22年度以降においても継続することが適当である」（同検討会「中山間地域等直接支払制度の効果検証と課題等の整理を踏まえた今後のあり方」2009年8月）と第3期対策への継続を提言した。その後、新政権下の概算要求においても、前年度予算から増額要求がなされている。

本制度については、新政権からも高い評価がなされている。むしろ、国政全般を通じる「直接給付」の先行政策として位置づけられているように思われる。実際、「インデックス」では、「（中山間地域等直接支払制度等を）法律に基づく措置として実施します」と、前政権では実現しなかった法制化に踏み込もうとしている。

ただし、ここにも不安がないわけではない。それは、導入が急がれている戸別所得補償制度がこの制度にも影響を及ぼす可能性がある点である。戸別補償制度の全貌は、現段階では明らかになっていないものの、その基本は農産物の全国平均価格と全国平均コストの差額を補填するものとされている。したがって、全国平均のコストよりも高い地域から「補償金額が少ない」と

いう意見が出てくるのは当然のことであり、今後条件不利性補填のための
「条件不利加算」の創設を求める声は猛烈な勢いとなるだろう。

　いうまでもなく、この補填の一部は中山間直接支払制度で対応しており、
仮にその「条件不利加算」が検討されるのであれば、その支払いは重複する
こととなる。しかも、この制度には、条件不利地域政策が一般的に要請され
ている「格差是正」と「内発的発展促進」（集落等の地域単位での個性あふ
れる取り組みへの支援）の両側面が埋め込まれている。この後者への対応と
して、「インデックス」では別途、「直接支払いを通じた農村集落への支援」
（具体的な内容としては「農地・水・環境保全向上対策の抜本的見直し」）を
想定しており、場合によって中山間直接支払制度が果たす2つの機能が分離
される可能性がある。

　しかし、中山間直接支払制度をめぐっては、継続問題がようやく決着しよ
うとしている。また、第3期対策の姿も、概算要求により見え始めている。
当面は、他の制度との関連で新たな混乱を持ち込むことは避けるべきであろ
う。

　以上で見たように、「農山村の2010年問題」とした制度的諸要素は、2010
年3月までという期間内には決着の方向性を見せつつあるが、新政権の下で
再度これらの論点が蒸し返される可能性もある。引き続き、制度議論から目
が離せない状況が続くであろう。

3　一括交付金と農村振興

（1）　新政権における農村振興策

　本章冒頭で、民主党の農業・農村政策には刷新という「イメージ」がある
とした。しかし、農村政策として見た場合、それとは異なる実態がある。例
えば、「インデックス」の「農林水産」の章には29項目の政策が掲載されて
いるが、その中で直接的に農村振興分野と分類できるのは次の5項目である
（林業関係、漁業関係を除く）。

　①直接支払いを通じた農村集落への支援

②農山漁村の「6次産業化」

③バイオマスを基軸とする新たな産業の振興と農山漁村地域の活性化

④教育、医療・介護の場としての農山漁村の活用

⑤農山漁村を支える女性の支援

　しかし、これは、前政権下で「食料・農業・農村基本計画」の見直しに際して、農林水産省が農村政策分野の検討項目案として示した下記の内容と近似する（「インデックス」で「農山漁村を支える女性の支援」の項目がある点は相違する）。

①農業が循環型産業である特色を活かした地域フロンティア産業の確立

②地域に雇用と活力を与える農村経済の活性化

③農村集落・中山間地域等の維持・再生

④人々にやすらぎをもたらす良好な農村環境の保全・形成、多面的機能の発揮

　このように見ると、新政権の農村政策は、その内容としては前政権のものとは大きく異なるものではない。むしろ、農村政策の特徴として重要な点は、政権のメインスローガンである「地域主権の実現」の中で強調されているその手法、つまり「ひも付き補助金を廃止し、一括交付金を創設する」という点に見ることができよう。そこで、以下ではそれを検討したい。

（2）　一括交付金

　従来から、国レベルも補助金の交付金化は進んでいた。農林水産政策分野では「三位一体改革」への対応として、2005年度に175の補助事業を「元気な地域づくり交付金」「強い農業づくり交付金」等の7つの交付金に統合していた。さらに、近年では、農林水産省のみならず地域づくりにかかわる各省府（内閣府、国土交通省等）が、枠組みを一層自由化した公募型事業（自由設計型事業）に踏み込み、市町村や農業関連団体のみならず、NPOや大学等による地域振興の動きをサポートしている[2]。

　しかし、民主党の「マニフェスト」では、そうした動きを含めて否定し、「国から地方への『ひもつき補助金』を廃止し、基本的に地方が自由に使える『一括交付金』として交付する」としている。それは「地方向けの補助金

等は、中央官僚による地方支配の根源であり、さまざまな利権の温床となっています。(中略) 真の地方自治を実現する第一歩を踏み出すため、『ひもつき補助金廃止法』を成立させます」と分権改革と行政改革の視点に加えて、「個別補助金の廃止と一括交付金化、権限の移譲など実質的な地方分権を実現することで、経済、文化、教育等の各分野で企業・人材の地方定着を促します」(以上、「インデックス」) という地域経済振興の視点からの主張でもあり、新政権の譲れない政策となっている。

(3) 先行する地方の動き—鳥取県

補助金の交付金化等の延長上に、一括交付金が構想されるのはある意味では自然なことであろう。この点は、地方行政レベルではその先行的な試みが行われており、その点からも確認することができる。

その先行事例として取り上げるのは、鳥取県の地域振興、特に過疎・中山間地域振興にかかわる事業である。紙幅の都合で、事業ごとの詳細な説明は略さざるを得ないが、その概要を表 4-2-1 にまとめた。これから、次の流れが浮かび上がる。

鳥取県では、中山間地域振興策として、集落単位の住民による創意工夫による自主的・主体的な取り組みを支援するために、話し合い促進や生産基盤の整備、生活環境整備のいずれにも利用できる自由度の高い補助事業を創設した (うるおいのあるむらづくり対策事業)。その後、この事業は農林水産部から企画部 (過疎・中山間地域振興室、後に自立戦略課) へと担当部署が移り、実施主体や対象事業を拡げた交付金に再編された (中山間地域活性化交付金)。これらの成果の上に、さらに地域の自由度を高めるために、体験交流、観光や若者支援等の事業を統合し、幅広い交付金 (自立支援交付金) とした後に、2006 年度からは「市町村交付金」というシンプルな名称の事業に組み替えられている。

この市町村交付金には、一応は事業目的の枠が設定されているが、それは福祉、医療、文化、農林業振興、商業振興、教育等にかかわる 29 項目 (スタート時) もの事業分野を網羅したものであり、現実には市町村事業のかなりの部分をカバーしていると言える。またその交付金額は、実施事業を積み

表4-2-1　鳥取県における地域振興施策の展開と各事業の特徴

事業年度	期間	事業名	事業担当部署	説　明
1993～2000年	8年間	うるおいのあるむらづくり対策	農林水産部	中山間地域の集落の特性を活かした住民の創意工夫による自主的な取り組みに対する支援策。話し合い促進、農業生産、生活環境の各面での多様な事業を可能としている。
2001～2004年	4年間	中山間地域活性化交付金	企画部	中山間地域の集落や商店街が行う取り組みを支援する交付金（事業主体は市町村）。計画段階から住民参加を重視し、その使途についてはソフト、ハードの両面において大きな自由度を持つ。
2005年	1年間	自立支援交付金	企画部	中山間地域活性化交付金を含めて県の関連する10事業を統合し、一層の事業内容の自由度を保障した交付金。対象も市町村、集落、NPO、個人等のすべての主体に拡大した。
2006～2008年	3年間	市町村交付金	企画部	従来の県が行っていた29の事業項目の枠内で、市町村が独自の事業を行う場合にその事業費の全部または一部を合算して一括交付する交付金（県の交付金総額の75％は各市町村に最低保障）。
2009年	－	上記の一部を目的別交付金化	企画部＋農林水産部等	「市町村交付金」から〈農業〉〈防災・危機管理〉〈子育て〉の各分野を目的別交付金として独立させ、それ以外の分野は従来通り「市町村交付金」とした。

注）鳥取県庁からのヒヤリング（2009年10月）および同県資料より作成。なお、主な事業展開のみを記載しており、ここでは示していない枝分かれした事業もある。

上げる部分もあるが、県による交付総額の75％（2009年度からは90％）が、市町村の均等割と財政割によって算出され、それが最低保障される仕組みとなっている。つまり、県予算が内定した段階で、県の大きな裁量なしに、各市町村への概ねの交付金額が実質的に決まるものである。

　おそらくはこれは、今後制度設計が行われる一括交付金のイメージに近いものと言えよう。また、設立の趣旨は、①市町村の自主性、自由度の向上、②県や市町村の事務手続きの省略化と説明されており、先に見た新政権による一括交付金の目的とも重なる。県内市町村からも、「制度導入前は県の補助対象とならなかった事業についても、市町村独自の判断や意思で市町村交付金を活用した事業を行うことができ、地域全体の活性化につながってい

る」と高く評価されている。

ただし、2009年度からは、農業、防災・危機管理、子育ての3分野については、目的別の市町村交付金として「外出し」しており、現状ではこの特定3分野とそれ以外を対象とした交付金の2本立てとなっている。県当局は、この対応を、「県と市町村の関わりが薄れているなどの問題点も指摘されている」ことから、「県と市町村が連携して実施する必要性が高い分野については、新たに県の担当部局が所管する目的別交付金を創設」（県議会・自民党からの要望事項に対する県の回答、2009年2月12日、傍点引用者）したと説明している。

このように、鳥取県では、①中山間地域振興のための使途自由度がある補助事業→②事業分野を問わない使途自由度の高い交付金→③実質的な一括交付金→④ ③の一部の目的別交付金化、という地域振興事業の展開プロセスが確認されるのである。

これを国に当てはめれば、現在は①の段階にあり（一部で②に近似する「自由設計型事業」も登場）、政権交代により、一挙に③ないし④を実現しようとしていると言えよう。

(4)　論点

以上の先行事例も踏まえて、一括交付金と農山村振興に関して予想される主な論点を示してみよう。

①　地方交付税との関係

当然のことながら、地方交付税との関係は一括交付金の制度設計の最大の論点であろう。政府の地方分権推進委員会・第4次勧告（2009年11月）も指摘するように、「『一括交付金』は財政力の弱い市町村の投資的事業の貴重な財源として事実上一定の財政調整機能を果たすことも念頭におくべき」である。しかし、だからと言って交付税の財政調整機能の後退があってはならない。農村地域の自治体が最も心配しているのは、この点であろう。

「インデックス」は「自治体間格差を是正し、地方財政を充実させるため、地方交付税制度と一括交付金の統合も含めた検討を行う」としているが、短期的には両者の役割の明確化が求められよう。

② 導入プロセス

一括交付金の導入のスケジュールは本章執筆時（2009年11月）ではまだ明らかにされていない（2009年末までにその行程表を作成―原口一博総務大臣の発言）。しかし、先の鳥取県のケースでは、地域にとって使い勝手が良い県の施策（1993年）が動き出してから、それが実質的な一括交付金（2006年）に再編されるまでに、10年以上の期間がある点に注目したい。この事例では、それぞれの事業設計時にそれがどこまで意識されていたかは不明であるが、しかし段階的プロセスを経ている点は留意すべきであろう。国ケースでも、その期間はともかく、同様のプロセスが望まれる。

③ 一括交付金内の「仕切り」

一括交付金が、文字どおり「一括」なのか、そこには政策分野ごとの「仕切り」（いわゆる「ミシン目」）が入る緩やかな「一括」なのかは、制度設計上、特に注目すべき論点である。当然、分権原理からすれば、一切の仕切りをなくして、その使途は地方自治体に任せるべきだということになる。新政権ではこの主張が強まることが予想される。他方で、地方の仕事と国の仕事が無関係で存在しているわけではなく、予算面でも連携すべきという議論もあろう。例えば、「自給率の維持向上」という国レベルの目標との関連で、一括交付金にも農業生産の増大を奨励するような枠を定めるべきだという主張がありうる。

この点に関しては、先行する取り組みではどのように対応されたのであろうか。鳥取県のケースでは、2009年度から交付金の一部が「県と市町村が連携して実施する必要性が高い分野」については目的別に再分割（目的別交付金化）されていた。農業を含めて、一括交付金のなかでもなんらかの仕切りが必要な分野、つまり県や国が政策誘導すべき分野があることを示唆している。

また、EUの先行事例も参考となろう[3]。EU共通農業政策の第2の柱（Second Pillar）である農村振興政策は、新たな計画実施期間（2007～2013年）では今までのような錯綜した予算源ではなく、農村開発のための欧州農業基金（EAFRD）に統合された。その基金から各国に配分される予算について見ると、4つの政策目的軸（①競争力強化、②環境・土地管理、③経済

的多様性と QOL 促進、④ LEADER 事業）ごとに、最低配分比率が決められている。その点で、EU 加盟各国で使われる農村振興関連予算には「仕切り」があり、政策誘導の役割を果たしている。

このように、国内外の交付金型事業の先行事例は、緩やかな使途目的の誘導の必要性を示していると言えよう。

④ 政策課題のモニタリング

前節でも触れた「平成の市町村合併」は行政の政策形成力にも影響している。特に、筆者が実感するのが、とりわけ広域合併した自治体では、行政が農山村の現場から遠くなり、そこで生じている実態を把握できず、その対策自体が、市町村行政から抜け落ちてしまうという傾向が散見されることである。

そして、同じ傾向は都道府県レベル、国レベルにおいても発生しているように思われる。都道府県については、農業・農村分野でも県をスキップする国の事業が増加することにより、県組織に現場や政策の情報が集まらない傾向が一部で見られる。また、国について言えば、「三位一体改革」による補助金の削減のなかで、中央省庁に現場の情報が集まらないという問題も生じている。つまり両者に共通して、従来からの国→都道府県→市町村という補助金の流れには、逆のルートで情報の流れが随伴しており、それが寸断され始めている。むろん、このような情報の集め方自体が問題であり、またそのような情報にはバイアスがあったことも予想される。

しかし、補助金を一括交付金にしたからといっても、国や県が地域の実態や政策課題の認識を持たなくてよいというものではない。むしろ、逆に、農村振興の分野では、全国横断的に、各地で新たに発生する問題の先駆的発掘・分析や取り組み事例の収集・整理等の分野での一層の機能向上が求められている。

そうした点で、一括交付金の実現を推進すると同時に、県や国が地域の実態や政策過程、成果に関するなんらかのモニタリングを行う仕組みを構築することが必要となる。これは、「地域主権」に対応する、最も新しい課題と言えよう。

4　民主党政権の農政課題—おわりに

　民主党政権はスタートしたばかりである。しかも、55年体制以降では、初めての本格的政権交代でもあり、政権交代という過程そのものによる政府内部の混乱は否めない。本章で論じた「農村の2010年問題」への対応は、そのような中でも、むしろ前向きに行われていると評価すべきかもしれない。

　とは言うものの、農村振興の分野では、前倒しでの取り組みが必要な課題がある。それは、政府がリードして、都市と農村の共生関係の構築をあらためて推進することである。

　その点を強調するのは、2つの理由がある。1つは、都市における高齢化の進行である。住民の年齢階層に偏りのある都市部では、今後急速に高齢化が進むことが予測されている。その先駆けが「オールドニュータウン」と呼ばれる郊外団地であり、高齢化のスピードはかつての中山間地域を上回るという。最近では、こうした近未来図が見えるにつれて、一部の論者が、「大都市の高齢化こそ問題だ」と早速論じ始めている。都市の不満と不安が増大する時には、「地方や農山村を偏重しすぎたから、都市の危機が生じた」という筋違いの責任転嫁や農山村バッシングが生じやすい。小泉構造改革期がまさにその時期であった。

　2つは、他ならぬ新政権の政策手法である。「戸別所得補償制度」のみならず、直接給付型の政策手段が様々な分野でとられようとしている。しかし、特定の世帯や地域への直接給付は、給付対象者と非対象者、対象地域と非対象地域の無用な対立構図を作り出す可能性が少なくない。「子ども手当」をめぐり、賛否に鋭く分裂する国民の反応はそれを表している。また、すでに定着している中山間直接支払制度においても、この問題の緩和のために、政策当局や集落協定の現場は大きなエネルギーを割いている。

　しかし、都市と農村の感情的対立や国論の不毛な分裂からは、社会の未来は生まれない。両者の共生を軸とするユニークな国づくりへ向けた前進こそが求められている。それを十分に意識しない諸政策は、都市、農村双方の将来に取り返しがつかない禍根を残すことになるだろう。新政権がまず取り組

むべき課題は、ここにあると言えよう。

〔注〕
(1) この「攻防」について言及したものとして、拙稿「『農山村の存続』に何が
必要か―新政権の課題」（『地方財政』2009 年 10 月号）を参照。
(2) 「自由設計型事業」をはじめとする新しい性格を持った政策の詳細やその課
題については、拙稿「農山村振興政策の新展開」（『ガバナンス』2008 年 9 月
号、本書第 4 部 1 章として所収）を参照。
(3) この点の詳細は、荘林幹太郎「EU の農業環境政策」（農業環境技術研究所
「窒素・リンによる環境負荷の削減に向けた取り組み（第 26 回土・水研究会
資料)」2009 年 2 月）を参照。

コラム④

県庁の地域ばなれ

　高知県が「地域支援企画員制度」を導入して 10 年になろうとしている。
　県職員が 50 〜 60 名規模で地域の現場に派遣され、地域づくりのサポー
ト役となるという仕組みは、高知県内ではすっかり定着している。今で
は、各地の取り組みの背後には、必ず彼らがいるとさえ言われている。
　この制度で派遣される職員は、一般行政職のみでなく、土木職、福祉
職、保健士、学校教員等と実に多彩である。また、企画員の中には志願し
た者も多い。3 〜 4 年の任期で県庁や出先に戻るが、なかには地元から異
動を引き留められる者もいる。企画員への現場からの信頼は厚い。この 10
年間で知事が交代しているのにもかかわらず、継続しているのは、新知事 (1)
が制度の継続と発展を決断したことによるが、それを支えたのは、地元で
のこうした評判の良さであろう。
　現在、現職を含めた支援員経験者は 200 名弱と言われており、これは県
庁職員の数％に相当する。筆者は、高知県を訪ねるたびに地域支援企画員
の OB・OG に接するが、感心するのは、庁内各部局に散っている彼らの
話が常に地元のキーパーソン等の固有名詞を伴い、具体的でかつ情報豊か
なことである。また、そうであるがゆえに地域の展望に対して常に前向き

である。さらに、同じ現場イメージを共通しているためか、少なくとも彼らの中では部署による縦割り意識も強くない。地域支援企画員制度は地域のみでなく、県庁職員の質も変えつつある。

しかし、他方で、これと正反対の県もある。出先機関の整理・統合を進めるだけではなく、県庁の地域に直接かかわる業務を縮小しようとする動きである。「県庁の地域ばなれ」と言ってよかろう。

ある県の中堅幹部は次のように言う。「高知県の取り組みは承知しているが、わが県はそのような取り組みはしない。そもそもあの取り組みは『補完性の原理』に反している。地域づくりは本来的に市町村の業務ではないか。県庁は地域づくりに直接関わるのは望ましいことではない」

この議論は幾重にも問題含みである。

第1に、この発言は地域づくりを限定的に捉えているようである。しかし、現在の地域づくりの取り組みは、産業、福祉、交通、文化、環境、教育等の様々な分野に関わりがある。「地域づくりにかかわらない」とは、現在の県庁の大多数の業務から手を引くことを意味している。その場合、県行政には何が残るのであろうか。

第2に「補完性の原理」の理解も恣意的である。故金沢史男氏が強調するように [2]、ヨーロッパ地方自治憲章で使われた文脈は、統合EUの下では自治体の業務が上位団体に吸い上げられる傾向があるなかで、「地方でうまくいっているものは地方で」という意味合いである。高知県の取り組みにおいては、地域支援企画員は市町村とは日常的に連携をとり、個々の現場ではその取り組みが軌道に乗ると、「地域の人の後ろにそっと身を隠す」ことを意識している。県庁が市町村の仕事を吸い上げる類のものではない。むしろ、「高知方式」を批判する県では、補完性の原理を「県庁が仕事をしなくてよい」原理として捉えている。

くだんの中堅幹部は次のようにも言う。「わが県の知事は道州制を推進している。道州制が進むからには、県は地域づくりから仕事を引き上げることが必要である」。確かに想定されている「道州」ではその規模から考えて、現在の県のような現場との関係は薄れるであろう。市町村を補完できない「道州」は予想できることであり、そのような制度が望ましいか否かが、道州制導入の是非にかかわる重要な論点となる。

しかし、まだ道州制は導入されていない。それを勝手に想定し、地域か

ら離れつつある県庁では、職員が自在に固有名詞を使うことができず、また地域のキーパーソンの顔を浮かべることもできない。そのため「過疎化・高齢化」という一般名詞を繰り返す。そして、現場ベースの独自の政策課題を見出すことができず、むしろ国の下請け化が強まっている。県民はこうした組織をどのように思っているのだろうか。

（「自治日報」2013 年 2 月 22 日）

〔注〕
(1) 尾崎正直知事。その後、3 期までを務め、2019 年に勇退している。
(2) 金沢史男「補完性の原理が地方を苦しめる不思議」（「町村週報」2665 号、2009 年 1 月 19 日）。

3章 新しい集落対策

1 農山村集落の動態―本章の課題

　「集落にこの世帯（独居老人世帯）が滞留し、（中略）そのため社会的共同生活を維持する機能が低下し、構成員の相互交流が乏しくなり各自の生活が私的に閉ざされた『タコツボ』的生活に陥り、（中略）以上の結果として集落構成員の社会的生活の維持が困難な状態となる。こうしたプロセスを経て、集落の人びとは社会生活を営む限界状況におかれている集落、それが限界集落である」（大野晃氏―括弧内は引用者）。[1]

　社会学者の大野氏が、「限界集落」という刺激的な新語とともに、このような実態を世に明らかにしたのは、1990年代初頭である。そのネーミングや定義にかかわる問題[2]はここでは措くとして、集落の実態を農林業の態様だけではなく、生活レベルまで明らかにした点は、評価されるべきであろう。しかも、大野氏は、このような集落を例外的なものとすることなく、多くの集落があるプロセスを経て、「限界集落」、さらには集落消滅に向けて移動していることも指摘した。

　そのプロセスに関して、中国山地の集落調査による知見に基づき、人口と集落機能の動態を模式化したものが次頁の図4-3-1である。この図のように過疎化（人の空洞化）の初期の段階では人口が急減する。ただし、この時点ではまだ集落機能の低下は目立たない。人口の減少に対応して、集落の役職の統合や廃止、あるいは寄合の開催回数を減らすという変化は起こるものの、集落の祭り、ゴミ収集対応等の生活上の集落活動は維持されている。

　その後、人口減少は自然減少が中心となり、スピードは減速する。他方で集落機能は徐々に低下し始める。この段階の変化を筆者は「ムラの空洞化」

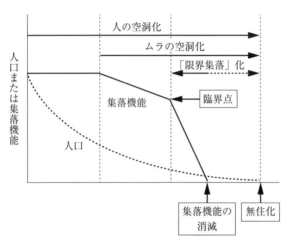

図4-3-1　集落「限界化」のプロセス（模式図）

資料：笠松浩樹「中山間地域における限界集落の実態」『季刊中国総研』32号（2005年）を加筆・修正引用。

と呼ぶ。この時期に、顕著に後退するのは農業関係の組織的活動である。生産調整をめぐる話し合いなどは、この段階ではほとんど見られなくなる。それでも祭り、道普請等の生活面での活動はギリギリの状態ながらも継続される。しかし、その背後では住民の中に諦観（諦め感）が徐々に広がり始めているのである。

地域に残る高齢者の死亡や転出により、人口の減少はさらに進む。そして、ある点（「臨界点」）を超えると、集落機能の急激かつ全面的な脆弱化が急テンポで発生する。そこでは、生活に直結する活動さえも後退する。集落の「限界化」はここから始まる。この段階になると、先の諦観は地域住民の中に急速に広がっていく。「もうなにをしてもダメだ」という住民意識の一般化であり、そのため行政による支援も、集落内に手がかりがなく、後退せざるを得ない。大野氏が活写した実態は、まさにこの段階の集落である。

集落脆弱化のプロセスをこのように理解すれば、集落対策の当面する課題は、集落機能が「限界化」を始めた集落に関して、このプロセスの進行を阻止し、その上で新たな仕組みを作りあげることにある。そのための具体的な対策は何か。特に、その新たな潮流としての「人による支援」は、なぜ始まり、そこにいかなる可能性があるのか。本章の課題である。

2　集落支援の基本方向

　前節で述べたように、集落の「限界化」が進むと住民の間に諦観が徐々に広がり始める。そのため、当面必要なことは、その広がりを防止し、さらにそれを除去する対応である。この諦観とは、筆者が強調する農山村住民の「誇りの空洞化」が一層進行した意識に他ならず、その広がりは「臨界点」への接近を加速化する。

　それでは、どうしたらよいのであろうか。この点を考える上で示唆的なのは、2000年度から実施されている中山間地域等直接支払制度をめぐる次の状況である。この制度の対象者となり、交付金を受ける者は「こんな地域まで国は目を向けてくれた」と言い、交付金の利用が地域を再生するエネルギーにつながっているケースがしばしば見られる。直接支払いという手法が、まさに「直接」に対象者に対して作用して、「この地域も見つめられている」という意識が生まれ、そしてそれが新しい取り組みの契機となっていると理解できる。つまり、集落機能の脆弱化が発生する地域では、対象者に見えやすい形で支援策が働く時に、対象者は「見つめられている」「見守られている」ことを意識して、時として力強い行動をみせるのであろう。

　したがって、集落の「限界化」防止のために最低限必要なことは、諦観が拡がる以前から、行政が地域を強く見つめ続けることである（行政の「目配り機能」）。「他の地域の人びとから、気にかけられている、見守られているということだけで心の支えになる」とは、長野県阿智村長の岡庭一雄氏の発言であるが、まさにそのことを指摘している。逆に言えば、このような対応が欠落していると、住民の心に諦感が広がり、集落機能の低下は一気に「臨界点」を越える可能性がある。農山村のこのような状況を深く理解して、外からの「まなざし」ができるだけ多くの集落とその住民に向けられるような仕組みづくりを急ぐべきであろう。このような対応が行われてはじめて、一般的な地域再生策が適応できる可能性が、こうした地域まで広がるのである。

　この点にかかわり、新潟県中越地域の震災後の地域復興支援に取り組む中越防災安全推進機構・復興デザインセンターの稲垣文彦氏は、「被災地に求

められる支援とは、地域内にある価値観では見えづらくなっている自己の本質を問い直すことのお手伝いだと思う。中越ではこれを『寄り添う』と表現する」[3] と述べている。被災集落と一般の農山村集落には違いがあろう。しかし、農山村集落の地震、水害による被災とは、前掲図4-3-1における「臨界点」への道程が、極端に短縮化されることを意味しており、そこでは、むしろ農山村集落対策のあるべき本質が見えやすくなっている。したがって、「寄り添い」は、ここで指摘する「目配り」と重なる対応策と考えられる。

3 集落支援の具体化─和歌山県田辺市の取り組みから学ぶ

それでは、支援主体による「目配り」「寄り添い」とは、より具体的には、何をすることであろうか。その実践例として、和歌山県田辺市の取り組みを紹介してみよう。

同市は、2005年に1市4町村の合併により生まれ、市域面積は近畿地方では最大を示す典型的な広域合併である。「平成の大合併」では、それを契機として、旧町村役場である総合支所の人員や決済権の縮小が生じ、行政の「目配り機能」が急速に低下している姿が一般的に観察できる。

この田辺市では、2008年度から「元気かい！集落応援プログラム」をスタートさせた。この事業名は「限界集落」呼称の広がりを好ましいものとせず、「げんかい」を「げんきかい」と呼び換え、むしろ集落機能の低下に負けずに、元気を送ることをすべきだという市役所内部の議論から命名されたものである。

このプログラムは、既存事業やその再編成に新規事業を加えた9事業のパッケージであり、例えば個人単位での給水施設の整備補助から都市農村交流事業、さらに産業再生関連の事業がまとめて示され、集落対策の充実を印象づけている。

なかでも注目されるのは、旧町村単位の出先機関である行政局（総合支所に相当）の職員による「声かけ活動」である。その実施方法は各行政局に任されているが、例えば大塔行政区の場合は、行政区職員が2人1組の10～

12チームで75歳以上の全高齢者を年3回まわり、生活実態や行政の改善点までの幅広い内容を聞き出している。

この活動の目的は、まさに過疎高齢化が進む集落に対する「目配り」である。これらの活動により「振り込め詐欺」の未然防止などの直接的な効果もあるが、それだけでなく、「元気かい」と地域に元気を送り込むことが意図されている。「市役所の職員が時々来てくれるから安心だ」という住民の声を、筆者のヒヤリングでも確かに聞くことができた。

田辺市のこのような取り組みのポイントは2つある。

第1に、集落再生のためには、そこに居住する人びとに元気を送る対応が必要であり、それを行政職員が、地域住民に意識的に接触をすることから始めている点である。これを市長は「集落対策にはなによりもハートが重要だ」と表現し、しかもそれが職員に共有化されている。

第2に、この集落応援プログラムは、〈職員の直接支援から個人補助までの多様な手段〉、〈暮らしから交流・産業までの多様な領域〉の施策を総動員・パッケージングすることにより、それぞれの集落に応じたきめ細かい支援を実現している点である。集落やその住民に対して、縦割り型で事業を示すのではなく、施策の「固まり」として機能させている。それが、「元気かい」という住民への強いメッセージにもなっているのであろう。

つまり、ここでは、従来の施策との対比で言えば、①ハード（施設整備、箱物）からハート（目配り）へ、②単品型からパッケージ型へという、集落支援策の2つの転換が意識されていると言えよう。

4　新たな集落支援政策とその背景

(1)　「人による集落支援」政策の登場

国レベルでも、この「ハードからハートへ」への転換に通じる集落対策の進展が見られる。それは、「補助金から補助人へ」[4]という形で進行している。その先鞭をつけたのは、総務省による集落支援員制度であろう。

その仕組みを提言した過疎問題懇談会報告「過疎地域等の集落対策につい

ての提言」（2008年4月）を受けて、総務省は2008年度より支援員を雇用した市町村に地方交付税（特別交付税）交付措置を始めている。その金額は、専任の集落支援員1名に対して220万円（2008年度、2009年度は350万円）とされている。その対象経費には、支援員の報酬はもちろん、活動旅費、集落点検（ワークショップ）経費等をトータルに含む点で画期的であろう。実績を見ると専任の支援員数は、2009年度で既に449人に達しており、過疎地域市町村729（2009年10月時点）の約15％相当の113市町村で導入されている。

　広島県神石高原町における導入事例をみよう。同町では、「神石高原町源流の里条例」を制定し、これによる町の非常勤特別職員として10名の専従支援員を2009年4月から2年任期で雇用している。全員が地域内居住者であるが、なかには都市部からUターン後に応募した者もいる。この10名は町内49の小規模・高齢化集落を分担し、各戸訪問から始めている。2010年5月の段階では49集落中21集落で、条例上の「再生化計画」が作成され、そのひとつの地区では、支援員が中心となり都市部の小中学生との農業体験交流プログラムを「尋常農業小学校」というネーミングで立ち上げている。

　また、和歌山県高野町では、2009年5月に集落支援員を「むらづくり支援員」という名で公募を行い、全国からの162名（男性111名、女性51名）の応募者から、女性3名、男性2名（40歳代3名、20歳代2名）を選定している。全員が町外出身者であるが、集落に居住しながら、地域へのかかわりを始めている（一部は家族も同時に移住）。

　このような仕組みは2008年度からスタートしたが、同じ年には、やはり総務省が「地域おこし協力隊」を特別交付税措置として制度化している。集落支援員は集落再生のための働きをするのに対して、地域おこし協力隊は、農林水産業への従事から地域おこしの支援までその業務内容は幅広い。ただし、都市圏からの移住（住民票異動）が条件となっており、その点では限定的である。例えば、新潟県十日町市では、2009年度から3次にわたる隊員の募集を行い、現在15名の都市出身者がそれぞれの担当地区（数集落単位）で、農作業や地域行事支援を行っている。

　また、農林水産省は、2008年度（補正予算）より、「田舎で働き隊！」の

仕組みを構築し（農村活性化人材育成派遣支援モデル事業）、農山村で約10カ月間の実践研修を希望する人材と農山村を仲介する機関への補助という形での支援を行っている。

(2) その背景——「補助金」から「補助人」へ

これらは、いずれも人による地域支援という点で共通しているが、それがこの時期に一斉に実現した背景には、大きくは次の2つの契機があることが指摘できる。

第1は、このような人による集落支援という仕組みが、国に先行して、現場レベルで実績を生み出しつつあったことである。

その成果は、例えば島根県各地における中山間地域研究センターが全国公募した「里山プランナー」の実践やNPO法人かみえちご山里ファン倶楽部による取り組みにより、顕著であった。

さらには、先にも紹介した震災後の地域復興支援に取り組む新潟県中越地区では、新潟県中越大震災復興基金が「復興支援員」を被災した各市町村に、2007年より配置した（雇用は各市町の公益法人）。その数は、合計で37名（うち事務スタッフ7名）がおり、実際に集落を歩くスタッフ30名のうち19名は50歳未満である。彼らは、日々被災集落を歩き、丁寧に地域住民に声をかけている。また、中越防災安全推進機構内に新設された復興デザインセンター（前述）が各地域の復興支援員に対して、日常的な相談や定期的な研修によるバックアップの役割を担っている。長岡市内のある地区では、20歳代と30歳代の2人の支援員が、「老人会、婦人会など既存組織の解散の問題が起きている地域が多いなか、集落の年中行事などを通して、集落の元気づくり活動を行う」「高齢者の割合が非常に高くなってしまった集落などの現状把握を通して、集落で暮らしている人たちの『ここの住んでいてよかった』を探る」という目標を立てて、着実に「寄り添い」の活動を行っている。

こうした各地での先駆的実践が改めて明らかにしたことは、従来から行われていた短期の専門家の派遣とは別に、比較的長期（複数年）にわたる非専門家の「見つめる」「寄り添う」というレベルの活動に、集落再生に向けた

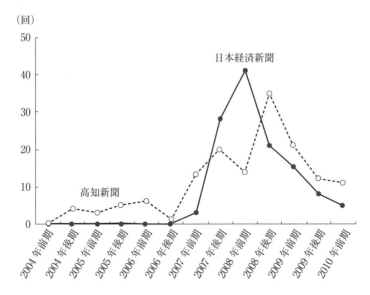

（回）

図 4-3-2 新聞紙上における「限界集落」の登場頻度

注）「日本経済新聞」（朝夕刊および地方経済面）と「高知新聞」の本文・文字検索による。

意義があるということであった。

　このような実践の積み重ねが、国の新たな政策形成を促進したことは十分に予想されることである。しかし、外部人材による集落支援の提案は、「地域（農業）マネジャー」の設置という主張と重なり、それは既に 1970 年代後半から論じられた自治体農政論における地域農業マネジメントをめぐる論議の中でも指摘されていたことである [5]。しかし、そのような政策提言があっても、1980 年代前半からの臨調（第 2 次臨時行政調査会）・行革路線以来の行政の人件費抑制のなかで、「人による支援」は具体化することはほとんどなかった。したがって、この時期にそれが実現したのは、なにがしかの政治的なインパクトがこの段階に生じたからであろう。これが、指摘すべき第 2 の契機である。

　それを確認するために作成したのが図 4-3-2 である。ここでは、集落問題への国民的関心を測る指標として、全国紙（「日本経済新聞」）と地方紙（「高知新聞」）における「限界集落」という言葉の時期別の登場頻度を示し

ている。これによれば、若干の差はあるものの、2007年から2008年頃に両紙紙上への登場回数が急増している。特に、「日本経済新聞」ではその傾向は鮮明であり、この言葉が突如として活発に使用されるようになったのは2007年後半以降と特定することができる。直ちに予想されるように、その直接の要因は2007年7月の参議院議員選挙結果のインパクトであろう。

この選挙では地域格差問題が大きな争点となり、選挙で敗北した政府与党（自民党）はその事後対策として、「限界集落」を象徴とする農山村の集落対策のために急速に動き出した。現場からの声があり、また先駆的地域での実績も見られる「人による集落支援」が急遽推進されたのである。また、そこには当時の雇用情勢に対応した配慮も作用したことも予想される。

このようにして、「補助金から補助人へ」と言われる、新たな潮流が、中央政府レベルでは、2008年度に一挙に登場することとなるのである。

5　新たな集落支援政策の課題

農山村の集落支援は、人による支援という新たな手法を持ち込みつつある。しかし、この動きはまだ始まったばかりであり、さらにこの手法は、カネやモノよる支援と比べれば、むしろ、遅効性のある支援策であろう。だからこそ、その成果をきちんと評価するためにも、この取り組みを長期にわたり安定化させることこそが必要である。そのためにはいくつもの課題がある。

第1は、こうした人的支援に関するノウハウの形成と蓄積・継承である。例えば、集落支援をめぐっては、集落支援員になんのミッションも示さず、バックアップ体制も準備せず、「放置」する市町村の担当課もある。また、若手の集落支援員等の一部には、集落の住民とのつきあい方を一から学ぶべき者もいる。新たな集落支援対策の取り組みの下では、行政職員も集落支援員等も、集落支援およびそのサポートの基礎的ノウハウをきちんと学び合う必要があろう。

他方で、集落支援員のより高次の悩みもある。彼らがしばしば問うのは、集落再生の過程における、その段階別の支援のあり方である。〈「目配り」の

対象となる段階〉、〈動き出した段階〉、〈事業導入の段階〉があるとすれば、それぞれの段階で、集落支援員はどのように関わりあうべきかという問いは、多くの実践者が投げかけている。また、当事者からも問題提起されている「支援員の枠組みは最低でも2名以上で取り組むのが望ましく、その内訳は外部人材と内部人材の組み合わせである」[6] という集落支援チームのあり方、そして、最近急速に広がっている「職員の地域担当制」との関係なども実践的課題であろう。

このような集落支援員の地域支援（地域マネジメント）手法、行政のバックアップ体制のあり方等のノウハウの蓄積と定式化、そしてその交流が求められている[7]。その場合、分厚く蓄積されている各県の農業改良普及組織における「普及指導方法」の蓄積を有効に継承することも課題であろう。

第2は、支援主体に関わる論点である。この集落支援員は、基本的には市町村が主体となる仕組みである（都道府県の集落支援員の仕組みも併設されている）。しかし、現実に地域支援を行うためには、より機動的なNPO等の中間支援組織（インターミディアリー）の活動が重要であることが、国内外を問わず問題提起されている。新潟県上越市のかみえちご山里ファン倶楽部の事例はそのような実践であった。さらに、この活動を広域自治体である都道府県が直営するケースもある。高知県では、2003年度から県職員が「地域支援企画員」として、県内各地の拠点で集落単位を含めた地域支援活動を行っており（2010年度は54名）、四万十町の「十和あかみさん市」のサポートに代表される顕著な成果を挙げている。同様の試みは、2010年度からは、京都府でも「里の仕事人」として始まっている。

このような多様な主体の活動の可能性があるなかで、地域に応じた主体の選択が求められている。したがって、少なくとも国レベルの支援はより多様な主体を意識したものが求められていると言えよう。

また、第3の課題は、先の第3節で新たな集落支援として定式化したもうひとつのポイントである「単品型支援からパーケージ型支援への転換」に関してである。本章ではその詳細を論じる余裕はなかったが、実はこれこそが集落支援員がより積極的な活動を行う場合の「武器」となるものである。しかもこうした転換は、国レベルにおける補助金の「一括交付金」化の動きに

照応して、今後市町村の集落対策としても急速に進むことが予想される。紹介した和歌山県田辺市では、上水道の水源確保に限定されているが個人補助のメニューにも踏み込んでいる。そのためのルールづくりも含めて、パッケージ型支援には、市町村の政策形成能力が改めて問われよう。

そして第4に、今まで論じてきた人による集落支援を含めた農山村集落支援政策の安定性についても言及しておきたい。なぜならば、先に掲げた図4-3-2ではっきりと示されたように、2007年参議院選挙における与党敗北により高まった政治と国民の農山村集落への関心は、「限界集落」という言葉を指標としてみる限りでは、2009年前半までのわずか2年間で終息している。あえて言えば、「限界集落」問題がマスコミ等で活発に議論され、また新たな政策形成が行われたのは、「『限界集落問題』バブル」の時期であり、現在ではその「バブル」は崩壊しているように見える。そして、その動きは、このような新しい集落支援が、安定的である保証が必ずしもないことを暗示しているように思える。

「ハードからハートへ」「補助金から補助人へ」へという新たな農山村集落支援を含めた地方再生路線を安定化させ、着実な地域支援を推し進めることが、政治の役割として改めて期待される局面にある。

〔注〕

(1) 大野晃「山村の高齢化と限界集落」(『経済』1991年7月号、1991年)。

(2) 「限界集落」という言葉と定義にかかわる問題点の指摘として、拙著『農山村再生』(岩波書店、2009年)、46〜48頁を参照。

(3) 稲垣文彦氏は、このような支援を「足し算の支援」として、集落が自ら動き出そうとした時の「かけ算の支援」との違いを強調する。「足し算の支援」(寄り添い)を積み重ねて、地域をプラスにして(動けるようにする)、初めてコンサルタント等の専門家による「かけ算の支援」が機能すると言う。

　この「足し算」と「かけ算」の2つの支援の時期を峻別することが重要で、しかも「足し算」の支援には、むしろ専門家ではない若者に活躍の余地が大きいことを指摘している。いずれも震災復興の実践過程での認識であり、農山村集落対策の本質を示唆するものとして傾聴に値しよう。

(4) 集落支援活動を自らが行う広島県三次市(旧作木村)の安藤周治氏の発言

による。氏も、この言葉を集落の現場で聞いたものであると紹介している。

(5) 例えば高橋正郎・森昭『自治体農政と地域マネジメント』(1978 年、明文書房) を参照。また、筆者による発言としては、拙稿「中山間地域の内発的発展の課題」(植田和弘・総合研究開発機構編集『循環型社会の先進空間』農山漁村文化協会、2000 年)。そこでは、「地域マネジャー」を「給料をもらって地域を動かす人」と論じている。

(6) 皆田潔「九州ツーリズム大学受講を通じて外部人材による集落支援のあり方を考える」(『JA 総研レポート 特別号』vol.6、2009 年)。

(7) こうした交流の実践が、いままさに始まろうとしている。集落支援員をいち早く導入した広島県神石高原町は、復興支援員のサポートを行う上越防災安全推進機構・復興デザインセンターと連携しながら、全国の集落支援員等(「地域サポート人」と呼ぶ)による、全国交流組織の立ち上げを準備している。その設立趣意書では、「地域サポート人の活動は、行政などの支援があると言いながらも、住民と住民、住民行政の間で多くの成果を上げるため、技術的な面、精神面なども含め大変厳しい実態となっているのが現実です。(中略) 今回、横断的に『情報の共有、意見交換』『研修の実施、研修機会の創出』『将来の人材活用や条件整備へ向けての政策提言』などに取り組む全国的組織となる『地域サポート人ネットワーク協議会 (仮称)』を立ち上げることをご提案いたします」として、2010 年 10 月にその発足大会を、西日本会場として広島県神石高原町、東日本会場として新潟県長岡市で開催する。地域の草の根レベルからの全国的連携の動きとして、画期的なものであろう。

コラム⑤

「限界集落」と GM

「GM」という言葉がある。「KY」は「空気が読めない」の略語であるが、「GM」は「現場を見ない」ことを意味するものである。「歩き屋エコノミスト」で名高い藻谷浩介さん (日本政策投資銀行地域振興部参事役) は、この言葉により、地域の関係者が現場と疎遠になり始めていることに対して警鐘を発している。

筆者も最近、藻谷さんと同じように、「GM」を感じることが少なくな

い。特に、いわゆる「限界集落」をめぐる議論において、しばしばそう思うことがある。この「限界集落」という呼称をめぐっては、それが地域に暮らす人びとに対して、ネガティブなイメージを与え、むしろ地域の誇りを奪ってしまうのではないかという問題提起が各地でなされていることは周知のことであろう。

しかし、ここで論じたいのはその点ではない。この1年間で急速に生まれた現象であるが、自治体関係者、特に首長と会話をする時に、「私の町にも限界集落が10地区もある」という表現が、かなり高い頻度で登場する。このほとんどは、集落住民の高齢化率を指標として、それが50％以上を「限界集落」としている。

しかし、同じ高齢化率50％以上の集落であっても、集落の規模、立地条件、自然条件により、集落機能の実態や将来展望は大きく相違することは容易に予想される。もし、「限界集落」を統計的に析出しようとするのであれば、指標の取り方や水準は地域によって独自につくられるべきものであろう。したがって、自治体関係者が何の疑問もなく、高齢化率のみで「限界集落」の数を議論していることには、強い違和感を覚えざるを得ない。首長がなすべきことは、1つの指標で集落を「限界」と決めつけることではなく、何よりも現場を歩き、自らの目でその集落の住民の力を見て、確かめることではないだろうか。

さらに言えば、「限界集落」対策の基本は、行政が現場を見つめることである。「他の地域の人びとから、気にかけられている、見守られているということだけで心の支えになる」（長野県阿智村・岡庭村長の発言）ことを理解して、外からの「まなざし」ができるだけその集落に向けられるような仕組みづくりをすることが、その対策の第一歩である。

そうした時に、自治体が「GM」であるとしたら、それは決定的な問題だと言える。自治体は「限界集落」の呼称をめぐる議論のみではなく、行政内のこのような点の自己点検こそを行うべきであろう。町村の「アンチGM」運動に期待したい。

（「町村週報」第2646号、2008年7月14日）

4章 「小さな拠点」の形成

1 集落問題の新局面—「小さな拠点」構想の背景

　しばしば論じているように、農山村では「人」「土地」「ムラ」の3つの空洞化が段階的に、そして折り重なるように進んでいる。興味深いことに、3つの空洞化に対応して、新しい言葉がつくられている。順に、「過疎」「中山間地域」「限界集落」である。それぞれの段階の現象は、それほどインパクトが強かったのであろう。

　この3つの空洞化の状況は、同じ農山村では地域により大きく異なっている。しかし、現代では多くの農山村集落では、「ムラの空洞化」の段階に進行していると言ってよいであろう。しかも、このような地域の内的変化に重なり、農山村をめぐる外的環境が急速に変化しつつある。

　それは、基礎的生活を支える諸サービスの後退であり、「小さな拠点」構想の直接の背景となっている。振り返れば、モータリゼーションの発達は、生活圏域の広域化を生み出した。ところが、高齢者だけで住む世帯の増加や、特に世帯員が運転免許を持たない（返上した）世帯の増加傾向のなかで、モータリゼーションへの依存構造が、逆に地域内に「交通弱者」を作り出し、公共交通サービスの後退はさらに問題を深刻化させている。その結果、通学、通院のみならず、基礎的な生活物資の購入さえ困難になる現象が生じている。この段階の過疎集落を象徴する「買物難民」[1] という新語が登場したのが2008年であるが、まさにこの時期前後から問題が急速に顕在化してきたのであろう。先にも触れた造語で見れば、過疎→中山間地域→限界集落→買物難民と農山村の問題局面は変化しているのである。

　このような現実は、その時期の集落の調査結果（2008年）が明らかにし

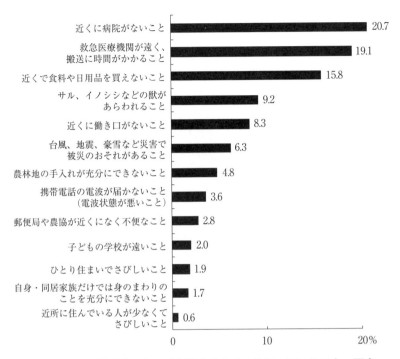

図 4-4-1　過疎地において生活する上で一番困っていること・不安なこと（アンケート結果、2008 年度）

注 1)　資料＝国土交通省「人口減少・高齢化の進んだ集落等を対象として日常生活に関するアンケート」（2008 年）
　　2)　アンケートは、高齢化率が 50％以上の集落を含む一定の地区を全国から 20 地区選定し、各地区在住の世帯主を対象に実施した。
　　3)　「一番困っていること・不安なこと」をあげた割合を示している。

ている（図 4-4-1）。集落住民を対象としたアンケート調査により、「困り事」を尋ねたものであるが、従来のこの種のアンケートでは必ず最上群に位置していた「農林地の手入れが充分にできないこと」という農林業の担い手不足の問題よりも、「近くに病院がないこと」「救急医療が遠く、搬送に時間がかかること」「近くで食料や日用品を買えないこと」がより上位にある。

　つまり、おしなべて「ムラの空洞化」の状況にある農山村集落は、同時に深刻な生活問題が発生する場ともなっているのである。「小さな拠点」構想はこうした新しい局面にある農山村集落を背景として構想されている。

2 「小さな拠点」構想

(1) 「小さな拠点」構想の登場

「小さな拠点」は、国土交通省・過疎集落研究会の中間報告（2009年4月）で打ち出された地域再生構想である。

そこでは、過疎集落の問題を、「集落の生活基盤となっている農林業等の維持が困難となっていること」に加えて、先に見たように「医療をはじめとする基礎的な生活サービスを受けることが困難になっていること」として捉えた。さらに、その要因を「従来から集落の生活サービスはそれぞれの集落内だけでなく、中心的な集落を中心とした圏域の中で提供されてきたが、地域全体の人口減少、高齢化が進行するなかで、そうしたサービスの確保が困難になっている」ことに見た上で、その対策として「過疎集落の住民生活の安定を図るためには、拠点となる集落を中心した周辺集落とのネットワークで基礎的な生活サービスを提供する仕組みに再編することが求められている」としている。そして、それを「小さな拠点」と呼んだのである。

その後、この研究会の議論は、国土審議会政策部会・集落課題検討委員会の場に引き継がれ、さらに検討が進められた。ここでは、「基礎的な生活サービスを集落住民に効果的に提供するためには、医療、食料品・日用品の販売、金融等の複数の生活サービスの提供機能を集約した『小さな拠点』」と明確化すると同時に、その対策の方向性についても、次のようにより具体化された。

「小さな拠点」に必要な施設としては、診療所や介護施設、食料品・日用品等を扱う商店、年金をはじめ生活に必要な現金を引き出すための金融機関のほか、集会所、図書館、郵便局、子育て支援施設、一次産品等の加工施設・直売所、カフェ等の多様な施設が考えられる。これらの施設は、車が運転できない高齢者等であっても一度に用事を済ませられるように、徒歩で移動できる範囲内に集約して立地することが望ましい。このように様々な施設

が集約して立地する「小さな拠点」は、人々が直接出会い、交流する機会を提供する場としても機能し、地域の「絆」を再構築するという役割も期待できる」（国土審議会政策部会集落課題検討委員会・中間とりまとめ、2010年）

　この時点で、新たな認識が加わっていることがわかる。それは、従来の議論を受け継ぐ引用文の前半に対して、後半では、「地域の『絆』の再構築」という表現で、「小さな拠点」がコミュニティの再構築の場でもあることが示されている。政策レベルにおける、農山村における「小さな拠点」構想は、ほぼここで固まったと言える。

　その後は、周知のように、まち・ひと・しごと創生（いわゆる「地方創生」）の総合戦略（2014年）で位置づけられ、さらに国土形成計画（2015年）で農山村対策の重要な政策として論じられている。

　その結果、最近行われた国土交通省のアンケート結果[2]によれば、条件不利市町村（過疎法、山村振興法等の地域振興5法に指定された1042市町村が対象、回答は1032市町村）では、「小さな拠点」づくりに取り組んでいる市町村は20.8％あり、行う予定がある23.8％を加えて、約45％がこの構想に関わっている。

　同じ調査を集落単位で見れば、「小さな拠点」に相当する「集落ネットワーク圏」（複数集落による生活圏が形成されている圏域のうち、その生活圏の課題解決に持続的に取り組む中心的組織が存在するもの）に包摂されている集落数は、全体の21.8％に相当する。

　つまり、農山村では、市町村単位で見ても、集落単位で見ても、約2割の地区で「小さな拠点」の構想に現に関わっており、「小さな拠点」の発想と実践は、地域の中で定着しつつあると言えよう。

（2）「小さな拠点」の理論

　ところで、このような「小さな拠点」は、住民が農山村に住み続けることを目指した構想である。それは、過疎化・高齢化が進むことを、短絡的に「消滅」の方向で捉えるのではなく、むしろ、地域に安心して住み続けるた

めに、新しい仕組みをつくることで対応しようとしている。そして、そうした議論は、地理学者である宮口侗廸氏による、今から20年近く前の次のような議論に淵源があるように思われる。

「『山村とは、非常に少ない数の人間が広大な空間を面倒みている地域社会である』という発想を出発点に置き、少ない数の人間が山村空間をどのように使えば、そこに次の世代にも支持される暮らしが生み出し得るのかを、追求するしかない。これは、多数の論理の上に成り立っている都市社会とは別の仕組みを持つ、いわば先進的な少数社会を、あらゆる機動力を駆使してつくり上げることに他ならない」[3]

農山村は過疎化が進んだため人口が少ないのではなく、この議論が「広大な空間を面倒みている地域社会」と位置づけられているように、地域の空間的広がりに対してもともと人口が少なかったのである。これは、農林業という土地利用型産業を主な生業としていたからである。このような低密度で暮らすために、元来、集落（むら）という仕組みをつくり、人びとは暮らしを維持していたのである。このような事実から考えれば、その地域の人口減少がさらに進むなかで、求められているのは、その仕組みを、現代の状況に応じて再生することであろう。つまり、住み続けるという住民の意志の存在を忘れ、集落移転を志向したり、また現実には困難な集落合併を無理に導くのではなく、新しい現実的な再編が追求されなくてはならない。

また、宮口氏の議論では、この新しい仕組みが、「次の世代にも支持される」ことが必要であることを指摘されている点も重要であろう。再編は高齢化した現在の人びとから次の世代への世代交代を視野に入れる持続的なものであるべきことが必要である。

このような方向性を具体化したのが「小さな拠点」であろう。

3 「小さな拠点」の意義と機能

(1) 「小さな拠点」の意義

先の政策形成の過程にも見られたように、「小さな拠点」には2つの意味がある。「地域空間における『小さな拠点』」と「地域コミュニティにおける『小さな拠点』」である。この2点を同時遂行するのがこの構想のポイントと言える。そこで、それぞれの意義をまとめておきたい。

① 地域空間における「小さな拠点」

先述のように「買物難民」という言葉が生まれる問題状況のなかで、これ以上の諸サービスの撤退やその分散化による利便性の低下を回避するために、圏域内の中心集落における諸機能の整備や再編が求められている。これは、「小さな拠点」のハード的側面と言えよう。

「小さな拠点」の先発的事例として、京都府旧美山町（現南丹市）の鶴ヶ丘地区の試みがあるが、ここではこのハード的側面の典型的な展開を見ることができる。鶴ヶ丘地区（人口約800人、18集落）は旧美山町の5つの旧村の1つであり、その中心部に、「ムラの駅・たなせん」が立地する。そこは、地域住民により運営される農産物や加工品、日用品、園芸資材の販売店であるが、それに隣接して、鶴ヶ丘地区のコミュニティ組織（鶴ヶ岡振興会）が委託運営する戸籍関係や公金納付等の窓口が設置され、さらに周辺には郵便局や小学校、他の商店、旧保育所を活用した住民の活動の場がある。まさに空間的な拠点である。

この「たなせん」は1999年の農協の広域合併に伴う支所の廃止を契機として、106名の住民が出資した有限会社タナセンを前身としている。購買部、農事部、福祉部の3部のそれぞれが地域が必要とする事業を、地域のコミュニティ組織である鶴ヶ岡振興会と連携しながら展開している。2009年からは、高齢者の安否確認と「御用聞き」、配達を行う「ふるさとサポート便」を新たに開始し、2013年より振興会から委託を受け高齢者等の無償移送サービス（鶴ヶ岡地区に限定）も実施している。そして、2015年には若

者が中心となり企画し、「ムラの駅」としてリニューアルオープンしている。

　このような意味での「拠点」として、ポイントとなるのはこの事例に見られるようにその集約性と総合性である。住民のニーズがある諸機能を地理的にも機能的にも一体化することが必要となる。これにより、住民は「ワンストップ・サービス」を享受することが可能である。同じ中心部に立地しても、その施設が例えば、数百メートルでも分散している状態は、特に後期高齢者には大きな負担となる。住民視点からの集約化と総合化が要請されている。

②　地域コミュニティにおける「小さな拠点」

　他方で、こうした空間的拠点を整備し、運営するためには、その広域的な圏域の力が必要になる。この観点からは、「拠点」とは1点に集約するという意味ではなく、逆に拠点を含めて広域的に集落を束ねるコミュニティを意味している。

　脆弱化したとは言え、集落は寄合を開催し、独自の会計を持ち、また多くの場合、なんらかの共同作業も残っている。そのような集落がいきなり合併して、広域化することは困難である。そこで、集落を基盤としつつ、それを束ねる、新しい仕組みが必要となる。これは「小さな拠点」のソフト的側面と言えよう。

　こうした広域的組織は、旧小学校区、旧村（昭和の市町村合併時）あるいは大字（藩政村）などを単位として、急速に生まれている。それらは最近、地域運営組織と呼ばれ、地方創生の重要な要素として、地方財政措置をはじめとする様々な政策支援が始められていることは周知のことであろう。

　先に先発事例としてあげた旧美山町の鶴ヶ丘地区では、鶴ヶ丘振興会がそれに相当する。この組織は、自治会、村おこし推進委員会、地区公民館の3つの組織を統合して設置されたものであり、18集落を圏域とする広域的コミュニティである。

　このような、新しいコミュニティづくりが「小さな拠点」のもうひとつの側面である。

　以上で見たように、農山村地域で求められる「小さな拠点」づくりとは、「地域空間における集約的な拠点づくり」と「地域コミュニティにおける広

域的な拠点づくり」という、ハード的側面とソフト的側面の2面性を持ち、その統合的取り組みだと言える。つまり、住民サービス機能の拠点整備だけが進めばよいものではなく、逆に広域的コミュニティ組織（地域運営組織）の構築だけが進めばよいものではない。両者を、同時にバランスよく追求するのがこの構想であることを強調しておきたい。

（2）「小さな拠点」の機能

それでは、この「小さな拠点」はどのような役割を具体的に果たすことが求められるのであろうか。実はここでも二重に現れている。すなわち、一面では、「守り」の拠点であり、他面では「攻め」の拠点である。

筆者らが参加して作成した「集落地域の大きな安心と希望をつなぐ『小さな拠点』ガイドブック」（国土交通省国土計画局）では、次のように拠点の機能を描いている（図4-4-2）。

「守り」の機能とは地域の暮らしの安心を文字どおり守る機能であり、様々な要素があるが、大きくは次の2つの役割に分類できる（下記の引用は

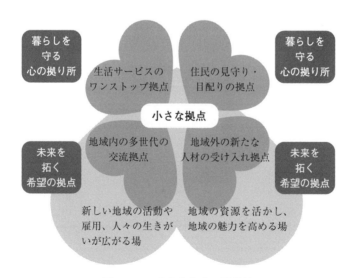

図4-4-2 小さな拠点の諸機能

資料：国土交通省国土計画局総合計画課「集落地域の大きな安心と希望を
つなぐ『小さな拠点作り』ガイドブック」（2014年3月）より。

同「ガイドブック」より）。

①生活サービスのワンストップ拠点＝「暮らしの安心を支える様々な生活
　サービスを歩いて動ける範囲に集めることにより、一度に用事を済ませ
　ることができ、便利になります」

②住民の見守り・目配りの拠点＝「『小さな拠点』での日頃の交流を通じ
　た住民同士の見守り・目配りにより、暮らしの安全・安心が守られま
　す。災害時の防災拠点としての活用も考えられます」

他方で、「攻め」の機能とは、今までの取り組みでは十分に行われていな
かった新しい機能を指している。また、地域を新しい形に導くことも意識さ
れており、「未来を拓く」機能と言えよう。ここでは、次の4点を挙げてお
きたい。

①地域内の多世代の交流拠点＝「『小さな拠点』を通じて地域の様々な世代
　の人々が集い、交流する機会が広がり、地域の「絆」が再構築されます」

②地域外の新たな人材の受け入れ拠点＝「都市住民などが集落地域と交流
　するゲートウェイ（窓口）として、地域内外のつながりが深まることが
　期待されます」

③新しい地域の活動や雇用、人々の生きがいが広がる場＝「『小さな拠点』
　で新しい地域の活動や雇用が生まれることで、人々の生きがいや定住に
　向けた希望が広がります」

④地域の資源を活かし、地域の魅力を高める場＝「地場産品や再生可能エ
　ネルギーなどの地域資源の活用により、人材や資金を地域で循環させる
　仕組みが生まれます」

このように、「小さな拠点」は、従来の暮らしを支える様々なサービスの
拠点としての「守りの場」であると同時に、こうした拠点がその地域を新た
な形に導く、再編への「攻めの場」ともなるのである。そのことにより、一
般的には「ムラの空洞化」という局面にある、地域の持続性の強化が意識さ
れている。

先の旧美山町の「ムラの駅・タナセン」の事例では、そのリニューアル
オープンに当たって、地域の若者が活躍した。積極的な攻めの活動を通じて
地域内外の若者が活躍できる場づくりにつながっているのである。

このように考えると、「小さな拠点」とは、総合的、多面的に地域を守りながら創造する役割を果たすものであり、これは「地域づくり」そのものである。つまり、地域づくりを空間的な拠点整備と広域的なコミュニティ整備の両面の統合を特に意識しながら進める構想が「小さな拠点」に他ならない。

4　「小さな拠点」をめぐる誤解

こうした小さな拠点構想はすでに見たように、全国の条件不利地域の半数近くの自治体で取り組まれようとしている。しかし、残念ながら、この構想に対する誤解もまだまだ散見される。

第1に、「集約化の誤解」である。この構想はかつての「集落移転」のように、拠点への居住の集約化を進めるものではない。ところが、住民のなかには、本当は移転が迫られるのではないかという誤解や警戒が見られる。そのため、今後の普及過程でも大きな壁があるのではないかと予想する関係者もいる。このような誤解は、この「小さな拠点」を表す言葉として、「コンパクト＆ネットワーク」がしばしば使われていることに起因している。「コンパクト」が居住まで含めたすべての「集約化」という動きを連想させるからである。しかし、各地の実践では、商店の撤退により、空洞化しつつある商業的機能を、住民組織などの力により確保しようとチャレンジしている。周辺集落からその機能を引き剥がし、中心部に集約化することは行われておらず、「コンパクト化」の意味は「確保」に近い。いわんや居住の集約化を強く意識しているものではない。

第2に、このことから、逆に「小さな拠点」は、地域の現状をそのまま維持するだけの取り組みだという誤解が、特に自治体職員に生まれている。そうではなく、この取り組みは、直前に見たように、地域を「守り」つつも、地域の新たな動きや仕組みをつくるという「攻め」の要素も考える点に特徴がある。例えば、撤退する商店を住民組織が継承する場合、そのままの商品構成や経営スタイルでは先細りが容易に予想される。それでは現状維持もままならない。

　そのようなあるべき対応の事例として、島根県雲南市の「はたマーケット」がある。雲南市の地域運営組織の1つである波田コミュニティ協議会では、地域内の唯一の商店が撤退した際に、住民の力により、拠点施設の中にこの新たな商店を設立した。この業態は、マイクロスーパーマーケットと呼ばれるもので、流通業者と提携した新しいビジネスモデルである。それにより、売り上げがコンビニエンスストアほど大きくなくとも、かなりの商品アイテム数を確保することができている。また、店の横に「お茶コーナー」をつくり、買い物に来た住民、特に高齢者がくつろぎ、交流できる場にしている。さらに買い物帰りには無料の自家用車送迎を実施している。

　様々な面で従来の商店の機能を革新しようとする「攻め」の姿をここに見ることができる。

　第3に、こうしたことを論じると、今度は逆に「小さな拠点」は、大きな取り組みであり、それを短期間でフルセットの理想的状況を創り出さなくてはならないという誤解も一部で生まれている。そのため、「そんなものをつくるのは無理だ」という諦めを生み出してしまう可能性もある。しかし、先発事例が示しているのは、まずは身の丈にあった取り組みの着手とその後の時間をかけた積み上げである。

　例えば、「小さな拠点」の最先発事例とも言える広島県安芸高田市の川根振興協議会は多くの読者が知る著名な取り組みであろう。1972年から40年以上にわたり、地域の課題解決に多面的な活動により取り組んでいる。その会長の辻駒健二氏は次のように言う。「できることから、身の丈にあった活動を絶え間なくコツコツとやっていく。その中からできたこと、始めたことへの愛着、誇り、生きがいが少しずつ生まれてくる。私たちの活動はそれを繰り返してきたにすぎない」。ここで言われている「身の丈」からのスタートは、関係者が特に意識すべきポイントであろう。

5　「小さな拠点」の課題―求められる政策

　こうした誤解を払拭できたとしても、この「小さな拠点」を実現するために意識すべき課題も確かに存在している。最後に主要な点を確認しておきた

い。

　第1に、「空間的な拠点整備」としての課題であるが、ここでは2点を指摘しておこう。1つは、先にも触れた、施設の総合性を確保することである。しばしば見られることであるが、施設利用のために国や県の補助事業を利用すると、その事業が行政分野毎に縦割り的な性格が強いために、総合化が困難となるという事例がある。したがって、行政の縦割りを、利用者の視点から、横割り化する知恵と努力が求められる。同時に、国、県の事業上における柔軟な整備メニューの設定も要請される。

　2つは、各集落と拠点間のアクセスの問題である。拠点が整備されたとしても、アクセスの条件整備がなければ、構想の意義は半減する。その点で生活交通の確保は、「小さな拠点」構想を実現する大きな課題の1つである。デマンドバスの導入やスクールバスとの混乗、さらには広域コミュニティの力を活かした住民主体の有償輸送など、あらゆる可能性が追求されるべきであろう。

　第2に、「広域なコミュニティ整備」の課題である。先にも触れたように、脆弱化しつつあるとしても集落という枠組みを乗り越え、複数集落単位での新たなコミュニティを構築するためには、大きなエネルギーが必要である。しかし、それを地域内部のみの力で推進するには困難が伴う。そのために「束ねる」ことを任務とする外部サポート人が役割を果たすことが少なくない。「小さな拠点」構想を県レベルで先発的に実践した高知県の「集落活動センター」事業では、活動の推進役として「高知ふるさと応援隊」（地域おこし協力隊）の配置を事業の基本としているが、これもそれを意識したものであろう。このような外部人材の確保と彼らの働きやすい環境づくりが課題となる。

　第3に、本章でたびたび強調したように、この構想には、ハード（空間的拠点整備）とソフト（広域的コミュニティ整備）という両面性があり、それらのバランスの取れた取り組みが必要である。特に、ハード整備のみに傾斜することは、厳に避けなくてはならない。拠点整備後、それを広域コミュニティでどのように管理、利用するのかという議論は、当然のことながら構想段階から欠かせない。

最後に、先も論じたように、長い目で見れば、「小さな拠点」とは農山村における地域づくりそのものである。その点で、地域でどのように地域をつくり出していくかという地域ビジョン（地域デザイン）が住民のなかで共有化されていることが必要である。そのために、構想段階における地道なワークショップの導入があらためて重要になっている。

〔注〕
(1) 杉田聡『買物難民』（大月書店、2008年）。
(2) 国土交通省「過疎地域等の条件不利地域における集落の現況把握調査報告」（2016年）。
(3) 宮口侗廸『地域を活かす』（大明堂、1998年）、77頁。

コラム⑥

「買物難民」の意味

　農山村では、その時々に生じた課題を、新しい言葉を用いて社会的な問題提起が行われている。

　1960年代後半から顕在化した激しい人口流出には、「過疎」という造語が当てはめられた。また、1980年代半ばに顕著となる耕作放棄地の増大と農業の担い手不足には、その対象地として「中山間地域」が使われた。この言葉は、1950年代に生まれた特定地域を表す学術用語であるが、幅広く条件不利地域という意味合いで使われるようになったのは、実はこの時からである。さらに、1990年には「限界集落」が登場した。集落機能の決定的な後退という新たな現象に、社会学者はこの重い言葉をつくらざるを得なかったのであろう。

　そして、今は「買物難民」である。杉田聡氏の同名の著書 (1)（2008年9月発行）を契機に世に出た言葉であるが、農山村をはじめとする地域にそうした現実があるから拡がっている。

　農山村における生活上の問題は、従来は医療と教育が定番であった。しかし現在ではその課題がより深刻化して、日常的な買い物さえも困難とな

るという新しい生活問題が生じている。それは、「過疎」（人の空洞化）、「中山間地域」（土地の空洞化）、「限界集落」（ムラの空洞化）に続く第4の空洞化であり、生活条件の本格的空洞化であろう。

農山村において、この新しい空洞化は深刻な意味を持つ。「人が少なくとも、農地が荒れていても、そして集落の助けあいが弱くなっていても、この地で新しい農業をしながら、少しずつ仲間を増やし、集落を再生させたい」という思いにあふれた若者がいても、このような本格的空洞化の拡大のなかで、生活自体が成り立たなくなってしまうからである。

しかし、同時に注目すべきは、従来の3つの空洞化と異なり、この問題が都市でも同時に発生している課題だということである。先頃発表された経済産業省の報告書[2]では、このような買い物弱者の数を約600万人と推計しているが、量的には都市で多数を占めることが予想される。したがって、都市と農山村がともに知恵を寄せ合い、それぞれの問題解決に向けた実践を競い合うことが求められている。

実は、「買物難民」は、都市と農山村の対立の時代から、共生し、協働するべき時代への転換を象徴する言葉でもある。

（「町村週報」第2722号、2010年6月7日）

〔注〕

(1) 杉田聡『買物難民』（大月書店、2008年）。

(2) 経済産業省「地域生活インフラを支える流通のあり方研究会」（2010年5月）。

5章 新しい過疎法―2010年新法の模索

1 過疎地域と小規模自治体

　小規模自治体をめぐり、その再編論議が再び始まる気配がある。複数の政党が、近づく総選挙のマニフェストで、道州制をその目玉とすることが予想され、それが再度の市町村合併の引き金となる可能性がある。

　その場合、焦点となるのは小規模自治体である。その点にかかわり、筆者は平成の大合併の際に、「小規模自治体の多数は条件不利地域政策の対象となる自治体であり、したがってその再編を迫る合併策は、条件不利地域の再編をも意味する」と論じた。市町村合併議論と過疎法をはじめとする条件不利地域振興策の議論に距離があることを危惧しての発言であった。

　それでは、自治体の規模と地域振興立法の地域指定との関係は、平成の大合併を経てどう変わったのであろうか。この点に関わり、表4-5-1を作成した。これによれば、人口5000人未満の小規模自治体の79%が過疎地域に指定され、さらに他の条件不利地域立法（山村振興法、離島振興法、半島振興法、特定農山村法）を含め、何らかの地域指定を受けている市町村は91%にもなる。この値は平成合併が本格化する前の2000年を比較すれば低下しているものの、依然として小規模自治体の大多数が条件不利地域であることには間違いない。

　また、それとは別に本表で注目されるのは、過疎指定団体が人口規模の大きい自治体にまで及んでいる点である。周辺部の過疎山村を都市自治体が合併して、「みなし過疎」や「一部過疎」という形で地域指定を受けた結果であろう。つまり、過疎市町村の「多様化」は進み、少なくとも制度としての過疎地域には、小規模過疎自治体問題と都市自治体の周辺部過疎問題の2つ

表 4-5-1　市町村の人口規模と地域指定　　（単位：団体数、%）

	2012年			〈参考〉2000年		
	全市町村数	該当する市町村の割合		全市町村数	該当する市町村の割合	
		過疎地域指定	5法のいずれかに指定		過疎地域指定	5法のいずれかに指定
5,000人未満	299	78.6	91.3	723	87.6	95.9
5,000～1万人	244	60.7	75.8	834	50.8	76.1
1万～3万人	443	42.4	66.4	958	17.3	55.0
3万～5万人	235	33.2	60.4	263	2.3	44.5
5万～10万人	264	24.6	51.9	225	0.4	34.7
10万～20万人	128	27.3	45.3	127	0.0	23.6
20万～30万人	39	30.8	43.6	45	0.0	20.0
30万人以上	68	20.6	44.1	77	0.0	20.8
合　　計	1,720	45.1	66.0	3,252	37.8	64.7

注1）資料：各種データベースより作成。
　2）「5法」とは過疎法の他、山村振興法、離島振興法、半島振興法、特定農山村法を指す。

の問題が併存しているのである。

2　2010年改正過疎法と再改正

　2010年過疎法の改正はこのような中で実施された。期限切れとなる過疎地域自立促進特別措置法に対して、「多様な過疎地域」の出現は法改正の中身と無縁ではなかったであろう。そこでは、過疎債を通じた地方財政支援という従前の手法が継続されると同時に、これをさらにフレクシブルにすることが企図された。

　そのために用意されたのが、ソフト事業の過疎債適用という新しい手法である。過疎債による過疎対策がハード整備に偏重したという批判は従来からあった。だが、将来世代に負担を求める公債に関しては、その世代にも便益が及ぶハード事業に限定することは筋の通った原則である。他方では、医療体制や生活交通の確保、集落維持のために非ハード的な対策も喫緊の課題となっており、これらへの手当なしには地域の存続も危ぶまれる状況があった。こうした両論がある中で、6年間の延長とともに、過疎債の対象事業を

めぐる原則が変更されたのが 2010 年改正過疎法（以下、新過疎法）である。長い過疎対策の歴史の中で、特に革新的な法改正だったと言えよう。

　その後、2011 年 3 月の東日本大震災を経て、各方面から過疎法の期限再延長が要請された。被災地にかかわる支援策として、合併特例法の延長がなされ、その非被災を含めた全国への適用が議論されるなかで、同様の措置が過疎法にも求められたのである。これにより、2012 年 6 月には新過疎法は 5 年延長のための再改正が行われ、2021 年までの 11 年間の期限を持つものとされた。支援内容や方法には変更はないが、より長期の地域支援が約束されたことは、地域の地道な取り組みを促進するものであろう。

3　新過疎法によるソフト事業

（1）　過疎債の利用実態

　新過疎法によるソフト対策の対象はかなり幅広い。また、その財政的ボリュームは、初年度の 2010 年度は、単純平均で 1 団体 8500 万円ほどの規模であり、また最低額として 3500 万円が保証されている。ソフト事業としては、相当の大きさと言えよう。

　それでは、その活用実態はどのような状況だろう。既に決算が確定している 2010 年度のソフト事業の特徴が次のように示されている[1]。

　①ソフト事業に過疎債を活用したのは、市町村数では 63％、ソフト分過疎債発行限度に対する割合では 58％である。

　②自治体の規模との関係では、過疎債ソフト枠が小さな自治体（すなわち財政規模の小さな自治体）ほどソフト事業の過疎債活用がおこなわれていない。

　③地域間格差が大きく、都道府県別に見た利用自治体割合は 100％（8 県）から 0％（3 都県）の幅に分布する。

　①の 63％、58％という数字から、「過疎債ソフト事業伸び悩み」「ソフト事業への活用は十分に進んでいないのが現状だ」（「日本農業新聞」2012 年 1 月 10 日付）という指摘があり、そこには「革新的な政策」にしては「期待

はずれ」というニュアンスが込められている。確かに、②にあるように、財政規模の小さな自治体での利用度の低さは、むしろこうした団体における活用が期待されていただけに、大いに気になるところである。しかし、③にあるように、実は各種の自治体属性による差異よりも遙かに大きな県間格差が顕在化している。例えば、九州7県を例に取れば、2010年の利用自治体率は、長崎（100％）―佐賀（89％）―福岡（84％）―鹿児島（78％）―大分（69％）―宮崎（56％）―熊本（22％）という差が見られる。これが平均化され、九州全体では67％という数字が出ているのである。

このような県間の差異は、県による市町村の起債に対する考え方の差も反映していよう。また、なかには慣れないソフト事業に対して、近隣の市町村とともに「様子見」をした地域もあるようである。このような県単位の事情も含めて、それぞれの状況で過疎債利用の可否を総合的に選択・判断しているのであろう。その点で、ソフト事業の利用率は、新過疎法にかかわる評価の指標とはならない。

（2）　ソフト事業の内実

むしろ、法改正の趣旨から注目すべきは、ソフト事業の内実であろう。この点について、筆者は新過疎法の誕生に際し、「同じソフト事業でも、単純な団体補助のように毎年流れ出てしまう『フロー的ソフト事業』と、将来の地域社会システムを革新する『ストック的ソフト事業』（『仕組み革新ソフト』と呼びたい）に分けられる。今回のソフト事業は、特に後者に重点をおいたものが期待される」[2]と主張した。地方債の原則を修正してまで導入するからには、地域の新たな可能性が追求される必要があろう。

その状況の検討のために作成したのが次頁の表 4-5-2 である。過疎自治体が導入したすべてのソフト事業の事業費に対する過疎債の活用割合は 38％であるが、それを事業の性格別に見ると、新規事業では 71％まで高まっている。自治体が新規に起こす事業では、過疎債活用が一般化しており、さらに言えば過疎債が新規のソフト事業を誘導しているような流れが予想される。また、既存事業と新規事業ではその事業分野に相違が見られ、前者では「健康・福祉」、「教育」という分野への比重が大きいのに対して、後者では

表 4-5-2　**過疎自治体におけるソフト事業の状況（2010 年度）**（単位：%）

	事業費合計	過疎債活用の状況		特化係数が高い事業分野（括弧内は特化係数）
		活用	非活用	
新規事業	100.0	71.4	28.6	集落整備（1.8）、交通通信・情報化（1.3）
既存事業の変更	100.0	55.5	44.5	集落整備（1.2）、交通通信・情報化（1.2）
既存事業	100.0	30.3	69.7	健康・福祉（1.1）、教育振興（1.1）
ソフト事業合計	100.0	38.0	62.0	

注 1）総務省過疎対策室「過疎地域における集落対策及びソフト事業の実施状況に関する調査報告書」（2012 年）より筆者算出。
　2）特化係数は新規・既存別の各事業分野の構成比を合計の各事業分野の構成比で除して求めた。

「集落整備」、「交通通信・情報化」の多さが特徴である。それらが先に触れた地域の「仕組み革新」に至るものであるかは判断できないが、少なくとも新過疎法を契機として過疎自治体のソフト事業の対象が変化しつつあることがわかる。

（3）　ソフト事業の事例

　過疎債を活用するソフト事業の実態を高知県大豊町でみよう。この町では、従来から厳しい高齢化のなかでも、ユニークな地域づくりが行われていることは周知のとおりである。特に注目されるのは、地域の総合力の向上を目指した「みんなで支える郷づくり」事業である。小規模高齢化集落が多数を占める同町では、単独集落の取り組みでは生活・産業面でも限界があることから、集落連携が課題となっている。この事業は複数集落による取り組みを事業要件として、住民が主体的に行う活動に伴う事業費の 95％を対象に補助が行われている。それがスタートした 2008 年は 243 万円の実績であったが、過疎債の活用が認められた 2010 年には 1041 万円に拡大し、さらに2012 年度予算額では 2000 万円にまで事業費枠を増大している。

　これにより、複数の集落による集落周りの清掃や文化交流などが始まっている。将来に向けた「仕組み革新」が意識された事業であり、その予算の増額を支えたのは過疎債であった。

　なお、同町では、2010 年 3 月に総合計画を策定し、新過疎法上の町過疎計画はそれをほぼ重ねている。過疎計画を「単に過疎債獲得のための計画」としない周到な準備がなされている点も注目される。

4　過疎法の見直しに向けて

　以上で見たように、新過疎法は過疎自治体が行う政策に変化をもたらしつつある。しかし、それはまだ部分的なものであり、さらに定着するか否かは予断を許さない。とりわけ気になることは、過疎債活用により新しいタイプのソフト事業の導入が促進されているにしても、住民からのボトムアップによる事業形成はごくわずかに過ぎない点である（「住民発議」は過疎債適用ソフト事業の 7％）。

　新過疎法のひとつのポイントは、「市町村過疎計画の実質化」であった。ハード整備に比重があった従来の過疎計画とは、極論をすれば「道路・施設建設計画」であり、行政主導が当然とされていた。しかし、新しい過疎計画は、ソフト事業を含むものであり、住民の参加と合意がさらに重要なものとなる。その点で、ソフト事業における「住民発議」の割合の低さは、その不十分さを反映しているものであろう。なかには、先の大豊町のように、地域での話し合いをベースとする総合計画をあらかじめ策定し、過疎計画をそれに合わせるという戦略的な準備をした自治体もあったが、それが多数派でなかったことを示している。

　他方で、多数の小規模自治体では、ソフト事業の過疎債活用をいろいろな事情から逡巡している様子もうかがえた。そうした自治体こそ、時間をかけて、ボトムアップ型の過疎計画を作成することが求められている。新過疎法施行 3 年目ではあるが、依然として「市町村過疎計画の実質化」は課題として残されている。

　新過疎法が制定された際には、衆参の両院はともに、法施行後、新法の抜本的かつ総合的検討を行い、その結果を基に「施行後 3 年を目処として…必要な措置を講ずる」ことを「付帯決議」として表明している。今後その検討が始まるのであろう。そこでは、冒頭に見た、過疎地域指定された都市自治

体における過疎対策のあり方を含めて、検証すべき論点は少なくない。本章の冒頭で触れたような道州制などの乱暴な自治体再編論議に惑わされない検討が望まれる。

〔注〕
(1) 総務省過疎対策室「過疎地域における集落対策及びソフト事業の実施状況に関する調査報告書」（2012年）。
(2) 拙稿「改正過疎法の意義と課題」（『ガバナンス』2010年6月号）。

コラム⑦

地域運営組織と公民館

　地域運営組織への関心が高まっている。この間、筆者も農山村のこうした組織を多数訪ねているが、その過程で気がついたことがある。それは、地域運営組織の「先進地域」と公民館の活動が活発な地域が重なることである。例えば、山形県川西町、長野県飯田市や島根県雲南市などはその典型であろう。

　それは、容易に予想されるように、公民館による人材育成が、地域運営組織の活動に貢献しているからだろう。しかし、その具体的な関連は必ずしも明らかでない。そこで、各地の実態を注意深く見てみると、「多様な世代」というキーワードが浮かび上がってくる。

　農山村では、地域リーダーが男性の世帯主世代に偏ることが少なくない。しかも、彼らの世代交代が困難なため、高齢化が著しく進んでいることもしばしば見られる。それに対して、公民館活動の特徴は、そこが多様な世代の関わる場となっていることである。例えば、環境学習や食育活動を通じて、異なる世代の人びとが一緒に学ぶケースが見られる。また、公民館自体の運営を多様な世代のリーダーが連携し、進めていることも多い。それは、公民館の任務の1つが、住民同士を「結ぶ」ことにあり、むしろ当然のことなのであろう。

　こうした公民館活動を経験した人びとが、地域運営組織に関わることに

より、一部では多様な世代により運営され、世代交代ができる組織となっている。それは、農山村の自治会・町内会とは対照的な姿とさえ言える。

とはいうものの、公民館と地域運営組織の関係には整理すべき課題がある。前述のような親和性から、建物としての公民館をコミュニティセンターにし、また制度としての公民館を廃止し、地域運営組織が指定管理をするセンターが社会教育を担う動きも見られる。そのため、公民館関係者から地域運営組織に対する警戒感も表明されている。

しかし、人材育成の重要性を考えると、どのような状況にあっても、公民館的な機能は地域に不可欠であることは間違いない。それを地域運営組織が行うならば、組織内に「社会教育部」を置くという明確な位置づけが欠かせない。また公民館と地域運営組織が併存する場合には、両者の緊密な連携が特に重要になる。

いずれにしても、地域運営組織への関心の高まりが、公民館やその機能の再評価につながることを期待したい。

（「町村週報」第 2983 号、2016 年 12 月 12 日）

6章 地方分権改革と市町村合併
—農村への影響

1 地方分権決議以降の農村

1993年の衆参両院における「地方分権推進決議」以降は、農村にとっては激変の時代であった。

2つの要素を指摘しておきたい。第1に農村経済の停滞・衰退である。決議が行われた1993年はガット・ウルグアイ・ラウンド（UR）合意の年でもあるが、実はそれ以前の80年代中頃から農業総生産額は減少局面にあった。そして、それをカバーするように急増した公共事業投資額は90年代末をピークとして、逆に急減する。農村では、国全体として進むGDP（国内総生産）の停滞が先発して進み、地域の経済的衰退は著しい。

第2は、農村社会の重要な仕組みの1つでもあるコミュニティの脆弱化である。時代の変化の波にさらされながらもその機能を維持してきた集落（ムラ）も、住民のさらなる高齢化や世帯数の減少により、揺らぎ始めたのである。一部では、相互扶助の力が低下し、道普請や水路清掃という共同作業が困難化するような集落の「限界化」も進んでいる。

それらは、ひとことで言えば、「経済とコミュニティの危機」の併進である。地方分権改革はそのような時に始まった。そのため、当時は「『分権』より、もっと多くの公共事業や地方交付税を」という本音を多数の自治体関係者が発していた。農村と分権改革は、そのスタートの時点でずれていたとも言える。

そして、90年代末からは、市町村合併の嵐が農村で吹き荒れた。それは、当時の政権政党の強い意志を震源地として、分権プロセスの中で進められ

た。これにより、不幸なことに、分権改革と農村との関係は完全にねじれてしまったのである。

2　市町村合併と農村

（1）　市町村合併の概況

　1997年の分権委員会の第2次勧告は、「今まで以上に積極的に」と市町村合併の推進を論じた。それを「ゴーサイン」として、「平成の大合併」が始まる。ターゲットとされたのは、小規模自治体であり、その大多数は農村に立地していた。しかし、そこは、先述のように「経済とコミュニティの危機」という問題を抱え始めていた地域でもあった。政策としての市町村合併は、こうした問題状況をしっかりと認識し、配慮をすることが求められたが、政策当局の検討にはそのような形跡はほとんど見られない。むしろ、その危機を逆手に取り、地方交付税をめぐるアメとムチにより、合併を強力に促進した。

　当時の合併状況はすでに本書第2部1章の表2-1-4（75頁）で示した。再度確認すれば、都市的地域が約4割の合併率であるのに対して、平地や中山間地域では約7割という値を示しており、その格差は歴然としている。また、同じ表では、下部にその他の属性別傾向を示しているが、やはり、人口1万未満の小規模市町村、財政力が弱い市町村、そして過疎法上の過疎地域で7割前後の合併率を示している。当時1557団体あった人口1万未満市町村の中で合併せずに残ったのは463団体にすぎない。

　しかし、こうした合併に巻き込まれた農山村自治体の合併パターンは実は多様である（表示は略）。同期間で生まれた合併市町村560自治体の中で農村（ここでは平地、中間、山間）がかかわる合併は537自治体で96％を占めている。逆に言えば、都市同士の合併はわずか4％（23自治体）に過ぎない。この537自治体の中で、都市＋農村という合併パターンは202自治体、農山村同士は335自治体である。つまり、農村が巻き込まれた合併のなかで約4割が都市にかかわる合併であり、6割は農村自治体間の合併であった。

(2)　市町村合併の諸問題

それでは、そこにどのような実態が生じたのであろうか。もちろん評価は多面的に行われるべきであるが、ここではあえて農村から見た問題点をまとめてみよう。

①　広域化・「巨大化」

合併自治体の規模指標となるのは、通常は人口であろう。しかし、農村から見た場合には、むしろ集落数による新自治体の規模表示にリアリティがある。合併時の 2005 年農業センサスを利用して、自治体の集落数を見ると、最大は出雲市であり、933 集落に達している。それに続き、高松市 803、岡山市 712 という数値を示している。それを含め、集落数で 500 を超す自治体が全国に 16 市もあるが、すべてが広域合併した都市である。これらは広域化というよりも「巨大化」という表現が適切であろう。

そして、広域合併自治体で生じやすいのが、総合支所をめぐる問題である。かつて町村役場であった支所は、合併後に人員が減少するばかりでなく、決済権の縮小により、その機能が様変わりする。地域の課題解決とは無縁の「単純窓口化」が一部では生じている。そのために、逆に住民から頼りにもされないという現実が生じている。

②　多様化・「見えない化」

先に見たように、農村をめぐる合併パターンは多様であった。この多様化はより大きな意味でも生じている。よく知られているように市・町・村は、決して人口基準だけではなく、地域の土地利用や産業構造を意識した区分であった。しかし、こうした属性を超える大合併は自治体区分を完全に無意味なものとした。

その点は、過疎法上の過疎地域の分布に典型的に現れている。前章の表 4-5-1（233 頁）で示したように、例えば人口 30 万人以上の 68 自治体のうち 21％（14 自治体）は過疎地域指定を受けており、それは政令指定都市にも及ぶ。都市部が過疎地域を含めた広域合併をしたために生まれた現象である。

農村から見れば、①合併しなかった自治体、②同じ農村と合併した地域、③中小都市と合併した地域、④大都市と合併した地域という大きくは 4 つの

地域へ分化したと言える。それぞれのパターンごとに多様な問題が生じ、同じ農村問題が、自治体というフィルターを通すことにより、「主要問題」であったり、「周辺地問題」であったりという多様な位置づけが与えられることになる。共通する問題として捉えづらい傾向や、あるいはそのために問題が見えづらい傾向（「見えない化」）も生じている。

3　農村再生をめぐる諸対応

「経済とコミュニティの危機」に加えて、市町村合併というプロセスを経て、まさに多方面にわたる問題が吹き出している。そのなかで、あらためて、農村の再生に向けた取り組みとそれへの政策的支援が注目される。ここでは主な動きをまとめてみよう。

①　地域自治組織の実質化

周辺農村対策として導入された「地域自治区」「合併特例区」の新制度は、一部を除き積極的に機能することはなかった。それは、期待された「都市内分権」とはほど遠く、首長の諮問機関として、新市建設計画の進捗状況チェック等を形式的に行うにとどまったものが少なくない。新潟県上越市のように、地域自治区の地域協議会が住民の主体的な活動に対する資金を供給する「地域活動支援事業」の配分審査を行うなど、その役割を徐々に拡大するような戦略的な取り組みも見られるが、それは例外的である。

むしろ、新制度には乗らなかった「地域振興会」等の組織は、住民自治の拠点を形成し、安定的な「地域運営組織」として機能しているところも見られる。行政上の制度と草の根からのコミュニティの力を結合する仕組みが求められている。

②　市町村間連携

広域の市町村合併をしなかった地域では、域内の地方中小都市とその後背地となる農村という圏域での連携が課題となっている。周辺農村から始まる「経済とコミュニティの危機」は、里を下るように進み、地方中小都市にまで及んでいる。そして、逆に農村にとっても、圏域中心の都市機能の維持・再生なくしては、自らの存立の条件も著しく制約されるという現実が生まれ

始めている。合併の有無にかかわらず、地方都市とその周辺農村との一体的対応が欠かせない局面となっている。そのための仕組みが、2009年度から始まった定住自立圏構想であろう。実際に、2013年現在、動いている72圏域での活動は、医療（72圏域）、地域公共交通（68圏域）、産業振興（68圏域）、福祉（58圏域）等の諸分野で行われており、あらためて広域連携の現場ニーズがあることがわかる。

ただし、この新たな広域的連携が圏域全体をマネージメントする仕組みについては、さらなる議論が必要であろう。そこでは、①関係市町村の対等なかかわり、②機動的意思決定、そして③住民による十分なコントロールの3点をより高い水準で満たすことが求められている。

③　都道府県—市町村による連携

都道府県による基礎自治体の諸活動に対する補完もまた、欠かせない対応であろう。高知県や京都府では、府県職員が、市町村と連携しながら、「地域支援企画員」や「里の仕事人」として、直接現場レベルの取り組みに関与し始めている。それぞれの府県では、職員の連絡調整や研修の仕組みも整えている。

地域におけるかれらの活動の評価は、いずれも高い。また、こうした取り組みは、上下関係のニュアンスを残す「垂直的補完」でもなく、また対象地域に対する恒常的関与でもないことから、一部で言われているように、「補完性の原理」に反するものではない。積極的に推進する仕組みづくりが都道府県と市町村の双方に求められている。

4　今後の展望—「平時」に立ち止まる

実は、上記の①〜③は、2013年6月の第30次地方制度調査会「大都市制度の改革及び基礎自治体の行政サービス提供体制に関する答申」でも取り上げられた要素でもある。それを含めて、今回の調査会答申で論じられた方向性は、農村の自治体や地域の再生を支える制度として、現場との親和性が高いと思われる。

また、答申の中で、かつて市町村合併を促進する制度・施策を次々と打ち

出した同調査会が、「今後短期間で市町村合併が大幅に進捗するような状況にあるとは言い難い」としている点は評価できる。少なくとも地方制度においては、農村を再度混乱に追い込むような力が減じていると考えられる。

それは、農村自治体にとってみれば、ようやく訪れた「平時」であり、この機会に立ち止まり、自らの方向性を定め、そして分権改革の成果を享受する時期が始まったと言える。だからこそ、道州制などをめぐる議論は、農村を引き続き「乱世」に巻き込む可能性もあり、その観点から許容できない。

最後に、次のことも指摘したい。それは、かつては都市を主なフィールドとしていた行政学研究が、農村にも注目することが増えたと思われることである。例えば、この分野の研究をリードする西尾勝氏は、氏の分権改革の情熱を次世代に伝えることを意図した著書の中で、「いままでになく、農山村の状況に言及している箇所が多くなっている」[1] ことを、自著の特徴として指摘している。

それは、農村には、地方自治をめぐる大きな問題が発生していると同時に、都市にも先発する挑戦が見られるからであろう。また、行政においても、例えば総務省地域力創造グループ（2008 年度に設立）は、農村に限定してはいないが、しかし農村にもかかわる問題の把握、政策・制度の提言・構築・運営機関として大きな機能を果たしている。

これらは、ある意味では、「乱世」の分権改革の副産物であるかもしれない。しかし、こうした変化を、農村にかかわる研究者として素直に喜びたい。

〔注〕
(1) 西尾勝『自治・分権再考』（ぎょうせい、2013 年）。

地方分権改革 20 周年

「今日、さまざまな問題を発生させている東京への一極集中を排除し、国土の均衡ある発展を図るとともに、国民が待望するゆとりと豊かさを実感できる社会をつくり上げていく」

今から、20 年前に衆参両議院で行われた地方分権推進決議 [1] の中の一文である。その理念は崇高であり、全会一致の国会決議が実現したように、国民共通の願いであったろう。

実際、1990 年代の第 1 次分権改革は、国―地方自治体の法的な対等化や機関委任事務の全廃を実現した。中央集権そのものであったこの仕組みの改革は、戦後史の中でもとりわけ大きな出来事だとしても過言ではない。

しかし、その分権改革が、90 年代末から、急速に市町村合併促進策に収斂していく。分権社会を実現するためには、強い市町村が必要だという「受け皿論」がその論拠である。一部では、そのような目的を持ち、新しい政策を準備しながら合併した自治体も見られた。しかし、現実には、地方交付税によるアメとムチの中で、特に農村部自治体はむしろ追い込まれ、振り回されたのが一般的な姿であろう。

その結果、都市と合併した農村では、従来の町村役場が支所となり、その人員と機能の縮小が進み、地域の政策課題さえ見失う傾向が強まっている。また、合併しなかった自治体でも、交付税の大幅削減により、職員数の削減を余儀なくされている。結局は、分権という名の行政改革であったと言われても仕方がない。

そして、いま「究極の分権改革」というかけ声で、道州制の導入が進みつつある。先の参院選（2013 年 7 月）の与党自民党の選挙公約では、道州制推進基本法の早期制定と 5 年以内の制度実現が明示されている。したがって、早晩その基本法案が姿を現す。そこでは都道府県の廃止や統合を前提とすることが予想され、再度の市町村合併を呼び込む可能性が高い。

決して、国民が望んでいるとは思えないこのような新しい統治機構が政治課題となっているのはなぜか。それは、財界が熱心に推進していることから見えてくる。国を、いくつかの道州に分割することにより、企業にとって身近な政府が作られる。それらによる、法人税引き下げや各種の規

制緩和競争が生まれることは、多国籍化した資本にとって、望ましいことであろう。こちらは、分権改革という名の企業が活動しやすい場づくりである。TPPが、多国籍企業のための経済機構再編であるとすれば、道州制は多国籍企業のための統治機構再編として、両者は対をなすものであろう。

　こうして、崇高なはずの分権改革にいつのまにか、別の論理が紛れ込んでしまう。それは、分権改革に対する国民的関心が薄いからだろう。したがって、多くの影響を受ける農村の住民や自治体は、そのあるべき形について関心を持ち、声を上げていかなくてはならない。冒頭に見たように、本来地方分権改革は、「東京への一極集中を排除し、国土の均衡ある発展を図る」ことも目的とされているのだから。

（「日本農業新聞」2013年11月4日）

〔注〕
(1) 衆議院決議は1993年6月3日、参議院決議は同年6月4日に行われている。

7章 ふるさと納税

1 はじめに

　毎年、年末になるとテレビで数種類のふるさと納税のコマーシャルが頻繁に流れるようになった。直近の税控除のためには、年内に寄付をする必要があり、その「駆け込み需要」を獲得するため、民間ポータルサイトの各社が競っていたのである。「ふるさと納税ブーム」はここまで来たかという感がある。他方で、政府は返礼品競争への一部の地方自治体の対応を問題として、「返礼品は調達費が寄付額の3割以下の地場産品とする」という規制を始めることを決めた。

　こうしたなかで、地域はどのように対応すべきであろうか。「そもそも『ふるさと納税』とは何か」という点に遡りながら、論じてみたい。

2 ふるさと納税の「原点」

　ふるさと納税の「原点」として、2007年の「ふるさと納税研究会」（座長・島田晴雄氏、以下、「研究会」）の報告書や議論を簡単に振りかえってみよう。筆者もこの研究会に参画したが、そこにおける議論は現在の返礼品競争の様相とはかけ離れていた。

　第1に、ふるさと納税制度の目的である。研究会は、当時、小泉構造改革による地方の疲弊が言われるなかで、それへの対応を意識して議論を始めている。しかし、手法として、寄付税制による誘導の仕組みが取り上げられると、寄付税制では大幅な格差是正には限界があることが認識された。そのため、制度の目的として、直接的な格差是正ではなく、出身地を含む思いを寄

せる地域への「ふるさと意識の醸成」や国民と「ふるさと」の新しい関係の形成が期待されるようになった。

　あまり知られてはいないが、研究会報告書には次の一文がある。「『ふるさと納税』が地方団体間の税収格差の是正に資するとの期待もあるが、『ふるさと納税』については、国民が『ふるさと』の大切さを再認識することに役立つという意義が重要である」。このようなことがあえて書き込まれており、実はこれこそがふるさと納税の「原点」と言えよう。国民のふるさと意識の醸成と無縁の返礼品競争は、制度の目的からいかに乖離したものであるかがわかる。

　第2に、現在話題となっている返礼品競争については、制度設計の段階でも、その発生可能性は議論されていた。研究会の報告書では、それを「制度の濫用」と厳しく位置づけるものの、「このような事態は、基本的に各地方団体の良識によって自制されるべきものであり、懸念があるからといって直ちに法令上の規制の設定が必要ということにはならないと考えられる」と論じている。さらに「各地方自治体の良識ある行動を強く期待するものである」と呼びかけている。

　この「期待」は「分権の時代」を意識したものであったが、そこには、筆者を含め、関係した者の認識の甘さがあったと言える。その結果、今回のように、国による規制を受けざるを得なくなったことは、地方分権の視点から見れば、重大な問題である。それを呼び込んだ自治体側からも真剣な総括が求められる。

3　ふるさと納税の「関係人口論的運用」

　それでは、この「原点」から考えて、地方自治体の取り組みとしては何が必要であろうか。筆者は、制度設計時に、私案として、次のような議論もしている。

　「この制度においては、送る方の『志』に対応するものとして、寄付を受ける自治体の積極的な取り組みを誘導、促進する仕組みも必要であろう。具体的には、自治体はその資金を利用する『ふるさと再生ビジョン』と具体的

事業の内容をあらかじめ明示することが欠かせない。また、寄付者に対して、その資金の利用状況や効果についての情報還元を行うことも求められよう。そのために、送り手を『ふるさと再生特別住民』として、継続的な連携を行うことが考えられる」[1]

つまり、この制度で重要なのは、寄付者と地元自治体との関係を持続化することであり、そのためにも、自治体は寄付の使途やその前提となる政策「ビジョン」を明確化することを提案している。

ここでの「ふるさと再生特別住民」は、名称はともかく、最近議論になっている関係人口に他ならない。「観光人口以上、定住人口未満」と表現される関係人口をめぐっては、2018年度より総務省によって、その形成促進のモデル事業が始められている。そこでも、1つのパターンとして、ふるさと納税を通じた関係人口づくりが位置づけられ、その可能性の検証がおこなわれている。

その際のポイントは、次の諸点にあると思われる。①ふるさと納税の寄付者に各自治体が進めようとするプロジェクトを明示し、寄付先を選択できるようにする、②寄付者に対して、そのプロジェクトの状況や成果を詳しく報告する、③この一連の過程を通じて、寄付者と地元との関係を一層強めるような工夫をする。そして、④返礼品は、できれば、このプロジェクトに何らかの形で関係するもの（プロジェクトの成果物やその副産物）が理想的であろう。

その方向性は「ふるさと納税の関係人口論的運用」と表現できる。現状では、①については、総務省の調査（「2018年度ふるさと納税に関する現況調査」）によれば、寄付者が「具体的な事業を選択できる」のは255団体（1788団体の14.3％）に過ぎないが、前年度の200団体からは増加している。また、②にかかわり「寄付者に事業の進捗状況・成果を報告している」のは499団体（同27.9％）であり、これも前年度の433団体と比べ増えている。

つまり、「関係人口論的運用」は、地方自治体の中では、まだ少数派であるが、確実に広がっている。

4 「関係人口論的運用」の事例―北海道上士幌町

　このような対応を積み重ねることにより、ふるさと納税を契機として、地域の持続的なファンや応援団を増やすことにつながる可能性は高まろう。それは、最終的には、移住につながることもあり得る。それを示したのが図4-7-1である、

　例えば、①特定事業への寄付→②頻繁な訪問（リピーター）→③地域でのボランティア活動→④年間のうち一定期間住む（2地域居住）→⑤移住・定住というプロセスをたどる者が想定される。その最初のステップとしてふるさと納税は特に適合的である。また、移住まで至らなくとも、頻繁な訪問をする地域ファンは、地域における内発的地域づくりを進めるためには、重要な仲間と言える。

　実際にふるさと納税をこのようなことを強く意識して、運用している自治体もある。例えば、北海道上士幌町である。同町へのふるさと納税の寄付総額は2017年で16.7億円にもなり、北海道でもトップクラスである（2017年度は道内第2位）。

　この寄付額の大きさは、返礼品（ジェラートアイスや牛肉など）の魅力や

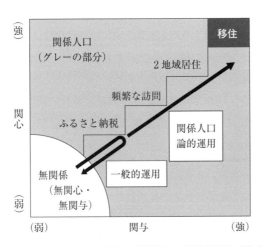

図4-7-1　ふるさと納税の「関係人口論的運用」（模式図）

いち早くふるさと納税のための寄付金のクレジットカード決済を可能としたことなどが背景にある。しかし、それに加えて、資金を育児支援に集中投資することを表明し、「ふるさと納税少子化対策夢基金条例」（2014 年）により、新たな基金を創設したことも寄付者の共感を呼んでいる。この基金により、町の認定こども園の保育料を 10 年間無償化し、外国人の英語教員の配置も行っている。そのため、この園の園児数は持続的に増加している。

また、2018 年度には、新たにクラウドファンディング型のふるさと納税にも取り組んでおり、そのメニューとして「起業家支援」（そば屋の開業経費支援）、「移住交流プロジェクト支援」（移住者住宅の改装）を掲げ、特に前者には 242 件、315 万円の寄付が集まり、2019 年 1 月には移住者が開業を実現している。

さらに、ふるさと納税寄付者等を対象に、東京での「まるごと見本市」の開催も注目される。これは、2018 年で 4 回目となり、約 1000 人の来訪者があり、特に移住相談コーナーの充実に力をいれている。また、寄付者等から移住体験モニターを募集し、町内の滞在期間中は、町の社会教育活動である「生涯活躍かみしほろ塾」のスタッフとして参加できる仕組みは、地域住民の交流の場の形成という効果がある。

これらのベースになるのは、1 万 3000 人にも及ぶ寄付者のメーリングリストであり、寄付後のつながりがこうした形で確保されている。そして、これらの多彩な関係人口づくりの延長線上に移住者が増え続けている。上士幌町の人口は、2014 年末に 4884 人でボトムとなり、その後は増加をして、2018 年末には 5000 人まで回復している。

他の自治体でも、このような「関係人口論的運用」ができる否かが、ポスト返礼品競争期のふるさと納税の課題であろう。つまり、政府による規制の基準となっている量的水準のみならず、ふるさと納税が寄付者と地域の関係の持続化に資するか否かという質的な水準の向上も重要である。

5　返礼品競争の問題点

ふるさと納税の「関係人口論的運用」が必要なのは、実は前向きの対応と

してのみではない。返礼品競争には、次のような問題点が潜在しているからである。

年末のCM合戦から透けて見えたように、ふるさと納税は、多くのケースでは高級品の格安入手の場と見られている。その場合、特に、単品の高級農水産物に当てはまるが、特定の産品に大量の「格安」需要が生まれることは、せっかく確立したそのブランドを壊すことにならないか。いわゆる「ブランドの毀損」である。実際、自治体のHPを含めて、多くのふるさと納税サイトは「たった2000円で手に入る」ことを強調し、「格安」を煽っている。単純に考えても、2000円（この制度では最終的な自己負担は2000円となる）で入手できるのであれば、その何倍もの市場価格で購入する者は減少する。しかも、制度の仕組みにより、その「購入枠」（本来は「寄付枠」）は高額所得者ほど多く、購買力がもともと消費者がより多量に高級品の格安購入ができる。

現実には、「ブランド毀損」は、いくつかの条件が重なり発生するものであり、管見の限りでは今のところその兆しはない。しかし、その可能性がどこにでも存在することを関係者は認識すべきであろう。それは今回の政府による規制でも避けられない。

仮にこのような関係が成立するのであれば、将来の農水産物の価格低下、生産者の所得減少を前提として、自治体は寄付金を集め、財政を補填していることとなり、その罪は深い。また、生産者も現在は返礼品需要による恩恵を受けているとしても、それが長期化すると、逆に「格安品」というイメージが固定化し、農水産物の市場価格が低迷することがありうる。「ふるさと納税特需」にはこのような危うさがあることを生産者も認識すべきであるが、そうした警戒感はどこからも聞こえてこない。

だからこそ、寄付者を単なる消費者としてはならない。先の図4-7-1に示したように、単なる消費者になることにより、ふるさと納税をしても、その地域に対して「無関係人口」に戻ってしまうこともある（図中の「一般的運用」のコース）。実際、筆者の知人は、年末に複数の地域の農水産物を「返礼品」として入手しているが、産品は覚えていても、寄付対象の地域名はほとんど覚えていなかった。少なくともその人物と寄付先地域にはつながりは

なんら残っていない。

そこで、やはり「関係人口」の視点が重要である。産品を媒介として、例えば、寄付者が地域の生産現場を訪れることを誘導するなど、より深い関係づくりを段階的に促進するような対応が自治体には求められる。その点からも、ふるさと納税の「関係人口論的運用」の広がりを期待したい。

〔注〕

(1) 拙稿「農山村を見捨てるなかれ」(『日本の論点・2008』文藝春秋、2008年)。

コラム⑨

「信託住民」構想

「信託住民」という考え方がある。

1980年代後半の東京圏一極集中傾向が強まるなかで、著名な都市社会学者である故磯村英一氏は、安定的な自治体経営を実現するために、住民概念の拡張を提案した [1]。地域外に住みながらも、その地域環境に関心を持ち、その地域を応援したいと思う「信託住民」制度の設定である。そして、「信託住民」は一定の基準による納税の義務を果たせば、その自治体の選挙にも参加することができるとした。

同じ時期、地域社会学、特に中山間地域研究をリードした小川全夫氏(山口県立大学大学院教授)は、空洞化が顕在化し始めた中山間地域において、この「信託住民」構想が重要な意味を持つことを論じた [2]。

この構想を拡張し、「ある村に自分が心を寄せるとしたならば、その村のために住民活動をする、寄付金活動をする、あるいは様々なアイデアを提供する」という多様な信託住民活動が考えられ、それにより「少なくとも税の再配分ではない、もう1つのお金の流れが出来上がってくるし、それがさらに発展して心の交流にもつながっていく」と主張した。

都市・農村交流にいち早く注目していた氏は、地域外の住民による資金、労役、知識・知恵の提供が、地域内の内発的エネルギーと結びやすい

こと、そしてここにこそ地域の再生の糸口があることを見通していたのである。

　現在議論されている「ふるさと納税」のあるべき基本的な考え方が、ここにあるように思われる。つまり、心を寄せる自治体に対して、地域再生の志を、資金とともに移転しようという発想である。ここでは地域間の税収格差を埋めるような規模の資金移転である必要はない。むしろ、金額の多寡は大きな問題ではない。中山間地域では、「他の地域の人びとから、気にかけられている、見守られているということだけで心の支えになる」（長野県阿智村岡庭村長）からである。

　こうした目的で制度設計するのであれば、直接の納税にこだわる必要もないであろう。むしろ重要なのは、資金提供者である「信託住民」からのメッセージが、その思いが薄れることなく届く仕組みの構築である。「ふるさと納税」はそのようなものと考えたい。

　都市と農村をそれぞれフィールドとする2人の先達が提唱した「信託住民」構想は、20年の歳月を経て、実現されようとしている。

（「町村週報」第2615号、2007年9月17日）

〔注〕

(1)　磯村英一『東京遷都と地方の危機』（東海大学出版会、1988年）。

(2)　小川全夫「座談会・中山間地帯における地域農業振興の課題」（農政調査委員会『中山間地域における農業・地域振興の課題』1990年）。

第5部 地方創生下の農村
―動き出す人びとと地域

1章 地方創生の論点

1 地方創生とその特徴

(1) 地方創生法の意義

　2014 年 9 月より本格的に政府による地方創生が始まった。紆余曲折はありつつも、農村で現在進みつつある地域づくりとこの地方創生がどのように関連づけられるのか、政策の内容に踏み込んで考える必要がある。

　そこで、まず、地方創生政策の枠組みを見ていこう。そのためには、2014年 11 月に制定された、「まち・ひと・しごと創生法」（以下、「地方創生法」）を見るのが適当だろう。意外にもこの法律そのものが議論されることは多くはない。

　図 5-1-1 は政府が示したこの法律の概要であり、これで全体が収まるほどのコンパクトな法律（条文数は 20）となっている。地方創生の定義や政策の枠組みを示し、さらに 2014 年 9 月に設置された「まち・ひと・しごと創生本部」（以下、地方創生本部）をこの法律で規定している。つまり、地方創生の根拠法と言える。

　この法律の特徴として、次の諸点が指摘できる。

　第 1 に、この法律の目的は「少子高齢化の進展に的確に対応し、人口の減少に歯止めをかけるとともに、東京圏への人口の過度の集中を是正し、それぞれの地域で住みよい環境を確保して、将来にわたって活力ある日本社会を維持していく」（第 1 条）とされており、そこには、①人口減少対策（人口減少の歯止め）と②地方対策（東京圏一極集中の是正）の両者が掲げられている。これは、「地方消滅」を論じた増田レポートの問題意識と重なる。

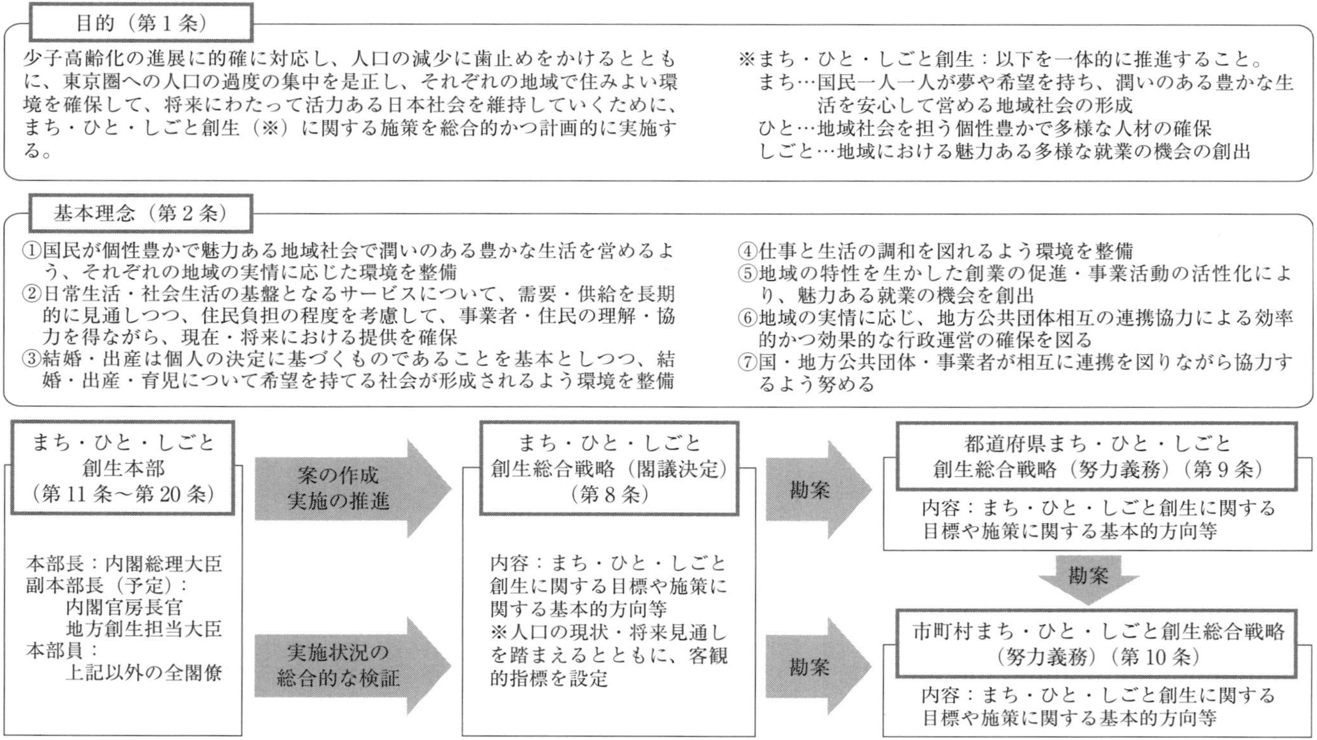

目的（第1条）

少子高齢化の進展に的確に対応し、人口の減少に歯止めをかけるとともに、東京圏への人口の過度の集中を是正し、それぞれの地域で住みよい環境を確保して、将来にわたって活力ある日本社会を維持していくために、まち・ひと・しごと創生（※）に関する施策を総合的かつ計画的に実施する。

基本理念（第2条）

①国民が個性豊かで魅力ある地域社会で潤いのある豊かな生活を営めるよう、それぞれの地域の実情に応じた環境を整備
②日常生活・社会生活の基盤となるサービスについて、需要・供給を長期的に見通しつつ、住民負担の程度を考慮して、事業者・将来における提供を確保
③結婚・出産・育児について個人の決定に基づくものであるのを基本としつつ、結婚・出産・育児について希望を持てる社会が形成されるよう環境を整備

まち・ひと・しごと創生本部
(第11条～第20条)

本部長：内閣総理大臣（予定）
副本部長：内閣官房長官
　　　　　地方創生担当大臣
本部員：上記以外の全閣僚

※まち・ひと・しごと創生：以下を一体的に推進すること。
まち…国民一人一人が夢や希望を持ち、潤いのある豊かな生活を安心して営める地域社会の形成
ひと…地域社会を担う個性豊かで多様な人材の確保
しごと…地域における魅力ある多様な就業の機会の創出

④仕事と生活の調和を図れるよう環境を整備
⑤地域の特性を生かした創業の促進・事業活動の活性化により、魅力ある就業の機会を創出
⑥地域の実情に応じ、地方公共団体相互の連携協力による効率的かつ効果的な行政の確保を図る
⑦国・地方公共団体・事業者が相互に連携を図りながら協力するよう努める

都道府県まち・ひと・しごと創生総合戦略（努力義務）（第9条）
内容：まち・ひと・しごと創生に関する施策や目標や施策に関する基本的方向等

市町村まち・ひと・しごと創生総合戦略（努力義務）（第10条）
内容：まち・ひと・しごと創生に関する施策や目標や施策に関する基本的方向等

まち・ひと・しごと創生総合戦略（閣議決定）（第8条）
内容：まち・ひと・しごと創生に関する目標や施策に関する基本的方向等
※人口の現状・将来見通しを踏まえるとともに、客観的指標を設定

案の作成・実施の推進

実施状況の総合的な検証

勘案

図 5-1-1　地方創生法の概要

資料：地方創生本部資料より引用。

第2に、ⓐ「まち」、ⓑ「ひと」、ⓒ「しごと」が、それぞれ、ⓐ国民一人ひとりが夢や希望を持ち、潤いのある豊かな生活を安心して営むことができる地域社会の形成、ⓑ地域社会を担う個性豊かで多様な人材の確保、ⓒ地域における魅力ある多様な就業の機会の創出と定義され、「地方創生」とは、この三者を一体的に推進することと位置づけられている（第1条）。それは、地方創生が地域社会（コミュニティ）・人材・就業機会に関わる総合的施策であることを明らかにしたものと言えよう。

第3に、この法律では、地方創生本部の設置や総合戦略の策定を除き、具体的な国レベルの政策的規定はなく、第7条で「国は、まち・ひと・しごと創生に関する施策を実施するため必要な法制上又は財政上の措置その他の措置を講ずるものとする」という、一般的な規定がなされているにとどまっている。

それとは対照的に、第4に、「まち・ひと・しごと総合戦略」に関しては、第8〜10条で具体的に規定されている。「客観的な指標を設定する」こと、また都道府県や市町村が、国を含めた3層の体制を勘案して総合戦略を「定めるように努めなくてはならない」と、地方自治体の努力義務が書き込まれている（第8条、第9条）。法律全体のボリュームから見ても、この法律はここに重点があると言えよう。

以上のことから、地方創生法で定められているのは、①人口減少対策と地方対策を同時に進めることを目的として、それを、②まち（地域社会）、ひと（人材）、しごと（就業機会）の各領域を一体的に振興することでそれを実現しようとするものであるが、③その具体的な手法は国と地方自治体による総合戦略の策定に主に委ねられる、ということだと理解できる。

このような枠組みの中で、①の目的規定に関わり、次の2点は重要な論点だろう。第1は、この法律が「人口減少の歯止め」と「東京圏一極集中の是正」を法律上で明記している点である。いままでも、それぞれは政府の重要な方針であったとしても、それが法律に書き込まれたのは初めてのことだろう。当時の政策担当者はさらに踏み込んで次のように指摘している。「法律で定めた以上、少なくとも一内閣や時々の政権の意向のみによって変更することはできない」[1]。この点の重みは、関係者のみならず、国民にもっと認

識されてよいのではないだろうか。

　他方で、第2に「人口減少の歯止め」「東京圏一極集中の抑制」という二重の目的がセット化されている点には問題もある。そこから、必然的に地方創生と人口動態が直結するという関係が意識されることになる。この後、地方版総合戦略が都道府県や市町村で作成されることになったが、同時に各地の人口ビジョンの策定が求められるのは、ここに根拠があると考えてよいだろう。しかし、現実には、両者は常に直結するものではない。地方創生の「ひと」がそもそも人口ではなく「人材」として位置づけられているのは、その点を認識してのことではないだろうか。しかし、両者を並べることで、常に人口動態が意識され、地方創生の評価が人口動向を中心になされてしまう可能性を生み出しているように思われる。

（2）　地方創生の実現手段

　こうして人口減少や東京圏一極集中の防止という国政上の重大課題が、前項で指摘したように最終的には地方自治体、特に市町村の総合戦略とその実践に委ねられるという枠組みが、この地方創生法を出発点として生まれてくることになった。そして、国レベル、特に地方創生本部が、課題の実現に強い意欲を持てば持つほど、自治体の総合戦略を通じた政策実現という手段が選択されることになる。そこで登場するのが、「自治体の総合戦略づくりと国から地方自治体への交付金配分をセット化する」という手法である。

　この点については、少し説明が必要だろう。まず、交付金についてであるが、折しも、地方創生が国政レベルの重要課題となるなかで、地方自治体には、国からの財政支援への期待が強まっていた。そのため、都道府県知事会等の地方6団体は、「自由度が高い」「使い勝手がよい」などの特徴を持つ「新型交付金」の創設を要望していた。そして、それに応えるように、2014年12月に決定された国レベルの総合戦略では「使途を狭く縛る個別補助金や、効果検証の仕組みを伴わない一括交付金とは異なる、第3のアプローチを志向する」として、そうした交付金の検討が明記されている。

　また、地方版総合戦略は先の地方創生法で「努力義務」として規定されたものだが、地方創生本部は「国が12月27日に閣議決定した『長期ビジョン』

及び『総合戦略』を勘案し、都道府県及び市町村は、平成27年度中に『地方人口ビジョン』及び『地方版総合戦略』を策定する必要がある」として、そのための「通知」やその参考とする「手引き」を示した。その際、地方6団体が要求した「新型交付金」については、補正予算による「地方創生先行型」の交付金を設定し、「地方版総合戦略の早期かつ有効な実施には手厚く支援する」ことが明記されている。これは各自治体が作る総合戦略の内容次第で交付金が左右されることを意味している。

つまり、地方創生法（先の図5-1-1）で見たように、国においては、直接的な政策手段が十分に準備されていなかったにもかかわらず、地方が「自由度が高い」と要望したものを逆手にとり、総合戦略の評価とセットとすることにより、むしろ、地方にとってというよりも、国にとって自由度が高い政策システムが構築されることとなったと言えよう。「自治体の総合戦略づくりと国から地方自治体への交付金配分をセット化する」とはこのような意味を持っているのである。

2　地方創生と地域づくり─2つの論点

(1)　領域としての「まち」「ひと」「しごと」

このようにして、2014年12月に地方自治体に先駆けて国レベルの総合戦略（2015〜2019年度が対象期間）と、より長期にわたる展望や方向性を論じた長期ビジョン（2060年までの期間を想定）が策定された。

繰り返しになるが、特に国の総合戦略は、地方創生法により都道府県や市町村が「勘案」するものであり、地方自治体が作成する戦略に大きな影響を与えたものと言える。その総合戦略と長期ビジョンの概要は、地方創生本部により、図5-1-2のように示されている。

これを見て、すぐに気がつくことは、先に見た地方創生法の枠組みとこの2つの戦略・ビジョンは必ずしも対応していないことである。形式からわかることをまず記してみよう。

第1に、目標に相当する「長期ビジョン」に、地方創生法などでは見当た

長期ビジョン	総合戦略（2015 ～ 2019 年）
中長期展望（2060 年を視野）	基本目標（成果指標、2020 年）

「しごと」と「ひと」の好循環作り

地方における安定した雇用を創出する
◆若者雇用創出数（地方）
　2020 年までの 5 年間で 30 万人
◆若い世代の正規雇用労働者等の割合
　2020 年までに全ての世代と同水準
　（15 ～ 34 歳の割合：92.2%（2013 年））
　（全ての世代の割合：93.4%（2013 年））
◆女性の就業率　2020 年までに73%（2013 年69.5%）

Ⅰ．人口減少問題の克服
◎2060 年に 1 億人程度の人口を確保
◆人口減少の歯止め
・国民の希望が実現した場合の出生率（国民希望出生率）= 1.8
◆「東京一極集中」の是正

地方への新しいひとの流れをつくる
状況：東京圏年間 10 万人入超
◆地方・東京圏の転出入均衡（2020 年）
　・地方→東京圏転入　6 万人減
　・東京圏→地方転出　4 万人増

若い世代の結婚・出産・子育ての希望をかなえる
◆安心して結婚・妊娠・出産・子育てできる社会を達成していると考える人の割合
　40％以上（2013 年度 19.4%）
◆第 1 子出産前後の女性継続就業率
　55%（2010 年 38%）
◆結婚希望実績指標
　80%（2010 年 68%）
◆夫婦子ども数予定（2.12）実績指標
　95%（2010 年 93%）

Ⅱ．成長力の確保
◎2050 年代に実質GDP 成長率 1.5 ～ 2%程度維持（人口安定化、生産性向上が実現した場合）

好循環を支える、まちの活性化

時代に合った地域をつくり、安心なくらしを守るとともに、地域と地域を連携する
◆地域連携数など
＊目標数値は地方版総合戦略を踏まえ設定

図 5-1-2　地方創生総合戦略概要

資料：地方創生本部資料より抜粋。

らない、「成長力の確保」という目標が付加されている。つまり、地方創生には、今までの、①少子化対策（人口減少の歯止め）、②地方対策（東京一極集中の是正）に加えて、③成長力の確保を含めて3つの目標が設定されたことになる。先に、①と②が必ずしも対応しないことを指摘したが、それに加えて③を加えることは、地方にとって重たすぎる目標となっていることが予想される。

第2に、地方創生法での「まち」＝地域社会、「ひと」＝人材、「しごと」＝就業機会というそれぞれの位置づけが、必ずしも維持されていないことである。たとえば、「ひと」に相当する部分は、①「地方への新しい人の流れをつくる」、②「若い世代の結婚・出産・子育ての希望をかなえる」に分割されており、これが法律にあった「地域社会を担う個性豊かで多様な人材の確保」を指しているとは思えない。「ひと」が人材ではなく、やはり人口に引き寄せられてしまっているのではないだろうか。

この点の確認と全体の整理のために、表5-1-1を作成した。

この表では、まず「まち」「ひと」「しごと」について、地方創生法と総合戦略の記述を比較している（左側）。それに加えて、本書第1部でも触れた、「地域づくり」の体系化の挑戦として著名な長野県飯田市の取り組み（人材サイクル戦略）も重ね合わせている（右側）。こうしたことを試みたのは、実は、飯田市の取り組みにも表れ、地域づくりの3要素と言える「コミュニティ」「人材」「経済」は、そのまま地方創生の「まち（地域社会）」「ひと（人材）」「しごと（就業機会）」と重なると思われるからである。

確かに、こうして比較して見れば、（A）欄の地方創生法の3つの要素は、地域づくりの3要素（（C）欄）、そして飯田市で実践されている内容（（D）欄）とほぼ一致する。一見して突飛とも思われる、「まち・ひと・しごと」は、地域づくりの視点から見れば、適切な領域設定であることがわかる。

しかし、問題は総合戦略の（B）欄で、それと他の欄の内容やその意味合いとは、やはりギャップがあるように見える。たとえば、「まち」については、平板な内容で、その本質である地域コミュニティという側面が十分にとらえきれていないように思われる。また、（B）欄の「ひと」についての違和感はすでに指摘した通りである。

表 5-1-1　地方創生と地域づくりの関係

| | 地方創生 | | 地域づくり | |
	(A) まち・ひと・しごと創生法	(B) まち・ひと・しごと総合戦略	(C) 地域づくりの3要素	(D)〈事例〉飯田市・人材サイクル戦略
「まち」	国民一人一人が夢や希望を持ち、潤いのある豊かな生活を安心して営める地域社会の形成	地方で安心して暮らせるよう、中山間地域等、地方都市、大都市圏等の各地域の特性に即して課題を解決する。	コミュニティ	住み続けたいと感じる地域づくり（地域づくりの「憲法」ともいえる自治基本条例を策定し、地域活動の基本単位となっている公民館ごとに新たな自治組織を立ち上げ、その運営を市の職員が全面的にサポート）
「ひと」	地域社会を担う個性豊かで多様な人材の確保	・地方への新しい人の流れをつくるため、若者の地方での就労を促すとともに、地方への移住・定着を促進する。・安心して結婚・出産・子育てができるよう、切れ目ない支援を実現する。	人材	帰ってくる人材づくり（「飯田の資源を活かして、飯田の価値と独自性に自信と誇りを持つ人を育む力」を「地育力」として、家庭—学校—地域が連携する「体験」や「キャリア教育」を主軸とする教育活動を展開）
「しごと」	地域における魅力ある多様な就業の機会の創出	若い世代が安心して働ける「相応の賃金、安定した雇用形態、やりがいのあるしごと」という「雇用の質」を重視した取り組みが重要。	経済	帰ってこられる産業づくり（「外貨獲得・財貨循環」（地域外からの収入を拡大し、その地域外への流出を抑える）をスローガンに、地域経済活性化プログラムを実施）

注）「創生法」「総合戦略」はそれぞれの「概要」より引用。飯田市の事例は、拙著『農山村再生』（岩波書店、2009 年）より引用。

　このように整理して見ると、地方創生法と農村における地域づくりの実践には、かなりの近似的要素があり、むしろ国レベルの総合戦略が異質であることがわかる。

(2)　地方創生の仕組みと地域づくり

　もうひとつの論点として、先に触れた「自治体の総合戦略づくりと国から地方自治体への交付金配分をセット化する」という手法から生じる問題点も

指摘したい。

この手法のため、一部の自治体の首長や職員は、「できるだけ早く、できるだけ国に気に入られるものを作り、できるだけ多くの金を獲得する」手段として、総合戦略を意識してしまっている。そこでは、①総合戦略づくりの時間が制約されている、②中央政府がその価値観で（総合戦略に位置づけられる）交付金事業を審査する、という仕組みが問題となる。それぞれ見ていこう。

まず、①のために、地域からのボトムアップによる総合戦略づくりが回避される傾向があった。事実、時間がかかる地域コミュニティ・レベルからの積み上げ型の計画策定というプロセスは、ごく一部の自治体で実践されたに過ぎない[2]。中には、住民参加の仕組みづくりに熱心だった地域でも、「今回はその時間がない」とせっかくの仕組みを活用しないところも見られる。

そして、②のために、国のマニュアルなどに示された一つひとつのことが、自治体サイドの最重要事項として扱われてしまっている。その結果、この間、多くの地方自治体の地方創生担当者の目は、住民ではなく、むしろ霞が関の動きに注がれていた。どうしたら、交付金を獲得できるのか、その情報を得ようとしたからである。

このようにして、いつのまにか自治体の国への従属的な意識が強まっているように感じられる。1990年代の第1次地方分権改革以降、紆余曲折はありながらも進んでいた地方分権は、意識の上で後退し、忘れ去られてしまっているように感じられる。地方創生にとって、地方分権は前提的な条件でもあり、地方創生を原因として、このまま後退してしまうとすれば、それは本末転倒に他ならない。

別著[3]において、地方創生に先行した「地方消滅論」により、地方の一部の住民には諦めが生じていると指摘した。さらに、ここで見たように地方創生により、自治体の国への依存が生じているとも言える。実は、この諦めと依存はコインの裏表であろう。一般に、人びとは諦めるから依存し、依存するから諦めるのではないだろうか。つまり、住民レベル、自治体レベルで、同じ問題が進行している可能性は否定できない。

このような状況は、内発的な地域づくりの対極にある。現在の地方創生の

持つ問題点を意識的に克服するような対応をしなければ、いままで積み上げてきた農村の地域づくりさえも後退することになりかねないのである。

〔注〕

(1) 溝口洋「まち・ひと・しごと創生の経過と今後の展開」（『アカデミア』113巻、2015年）。溝口氏は当時、地方創生本部の参事官だった。

(2) その数少ない自治体に北海道ニセコ町がある。そこでは、時間をかけ、中学生や高校生までを巻き込んだ積み上げ型の会議を重ね、地方版総合戦略を策定した。町長の片山健也氏は次のように発言する。「もちろん1000万円の交付金（総合戦略を早期に提出すれば得られる可能性がある交付金―引用者）はのどから手が出るほどほしい。（中略）実際、1000万円のために端折って計画を出すこともできる。だけどそれはまちづくり基本条例や、これまでのニセコの歴史、自治体としての矜持としてやるべきではないことであり、それを議会のみなさんにも理解してもらった」（「（インタビュー）民主主義は納得のプロセス」（『ガバナンス』2016年11月号）より）。

(3) 拙著『農山村は消滅しない』（岩波書店、2014年）、40～46頁。

コラム⑩

地方創生法案―格差是正の視点が欠落

「まち・ひと・しごと創生法案」の国会審議が始まった。安倍晋三首相はこの臨時国会を「地方創生国会」としており、その議論の内容と広がりが注目される。

この時期に、地方振興の「基本法」にも相当する同法案が、国会で議論されることは歓迎されるべきことである。2020年東京オリンピックに向けて、政治や経済の関心が、ともすれば「世界都市TOKYO」の創造に移りがちである。その中で、なぜ地方振興が必要なのかという基本な論点を含め、国民的な議論の場が形成されることになろう。また、仮にTPPの農林水産物を含めた貿易交渉等が妥結すれば、それがこの法律の目的と矛盾しないのか否かが問われる。安易な決着の歯止めとなるものであろう。

その点で、この法案には農業・農村関係者はもっと関心を持ってよい。

しかも、そのような視点から本法律案を見ると、徹底してある言葉が排除されていることに気づくであろう。それは「格差是正」である。過疎法をはじめ、地域振興立法の中には当たり前に位置づけられているこの言葉が見あたらない。東京一極集中の抑制が言われているにもかかわらず、「格差是正」がない点はむしろ不思議でさえある。

　もちろん、地方創生は格差是正だけでは実現できない。地域の個性あふれる「内発的発展」と基礎的な条件に関する「格差是正」の両者が必要であり、後者は前者の前提となる。いずれかに偏りがちななかで、最適な組み合わせを探り出すことが、その時々の地域政策の課題であろう。その点で「格差是正」なき地方創生はあり得ない。

　そして、おそらくは、その視点が明確でないが故に、重大な政策変更が進みつつあることを指摘しておきたい。公立学校の統廃合の推進である。

　報道によれば、文部科学省は公立小中学校の学校区の指針の見直しを準備しているという。徒歩通学を前提とし、小学校であれば4km以内という基準を、スクールバスを想定して「1時間以内」にするという。それが実現すれば、広大な学校区が標準化し、急速な統廃合が進むこととなろう。背景には、地方部、とりわけ農山村の小規模校の「割高」な財政支出を削減する意図があると推測できる。

　しかし、学校、特に小学校は地域の拠点でありシンボルでもある。全国で小学校を中心とする地域づくりを進めてきた例は数限りない。また、その拠点の維持のために、各地で懸命な努力が行われている。例えば、広島県三次市青河地区のように、小学校を維持するために、住民の一部が出資して会社を作り、移住者のための住宅整備を行った事例もある。さらに、活発化する農山村移住者にとっては、病院と同時に身近な学校は欠かせない要素である。

　このような動きが、地方創生の下に進むことには強い違和感がある。むしろ、格差是正の視点から、その地域づくりの果たす役割を考え、小規模校を支えるのが地方創生にふさわしい政策ではないだろうか。国会での、そして国民的議論が求められる。

（「日本農業新聞」2014年10月27日）

2章　田園回帰

1　「田園回帰」傾向の顕在化

　最近、政策文書の中に「田園回帰」という言葉が使われるケースが増えている。

　例えば、農林水産省・活力ある農山漁村づくり検討会による報告「魅力ある農山漁村づくりに向けて（2015年3月）の副題には「都市と農山漁村を人々が行き交う『田園回帰』の実現」が掲げられている。

　また、国土交通省・国土審議会計画部会で検討されている新たな国土形成計画に向けた「中間とりまとめ」（2015年3月）でも、「これまで、ともすれば都市の生活が優れているとの価値観が大勢を占め、地方住民の『都会志向』が見られたが、最近では都市住民の間で地方での生活を望む『田園回帰』の意識が高まっており、特に若者において『田園回帰』を希望する者の割合が高い」と記載されている。

　この動きを先駆的に明らかにしたのが、島根県中山間地域研究センターの藤山浩氏である。藤山氏は独自の計数整理を行い、島根県内の中山間地域における基礎的な218の生活圏単位（公民館や小学校区など）の人口動向（住民基本台帳ベース）を解析した[1]。その結果、2008～2013年の6年間に全生活圏単位の3分の1を超える73のエリアで、4歳以下の子どもの数が増えていることを明らかにした。

　幼少人口の増加は、多くはその親世代の増加に伴うものであり、そこに若者を中心とした農山村移住の増大を確認することができる。こうした実態が「田園回帰」である。

　しかし、その背景には国民の農山漁村への関心が、様々な形で深化するプ

表 5-2-1　移住者数とその動向

		2009 年度	2010 年度	2011 年度	2012 年度	2013 年度
合計人数（人）		2,864	3,877	5,176	6,077	8,181
順位	1	島根県	鳥取県	島根県	鳥取県	鳥取県
	2	鳥取県	島根県	鳥取県	島根県	岡山県
	3	長野県	長野県	長野県	鹿児島県	岐阜県
	4	北海道	富山県	北海道	岐阜県	島根県
	5	福井県	北海道	岐阜県	長野県	長野県

注 1)　毎日新聞・明治大学合同調査による（2014 年 12 月実施）。
　　2)　調査・集計方法の詳細は、阿部亮介・小田切徳美「地方移住の現状」（『ガバナン
　　　ス』2015 年 4 月号）を参照。

ロセスがあり、これは広義の「田園回帰」と言えよう。人びとの関心は、世代、性別、居住地域などにより多様であり、それが若者を中心に、現実の移住（狭義の「田園回帰」）につながっていると考えることができる。

　島根県で析出されたこの動きは、全国的にも確認されるものなのか、そしてその動向にはどのような傾向があるのか。それを明らかにする公的統計はない。そこで、筆者の研究室（明治大学農学部地域ガバナンス論研究室）では、毎日新聞と共同で全国の移住者調査を行った。

　「移住者」の定義は意外と難しい。なにも制限をつけないと、自治体の「移住者」理解の差から、正確な全体像を把握できない可能性がある。そのため、①県を跨いで転入した人、②移住相談の窓口や支援策を利用した人という、やや制約的な 2 つの条件を付して調査した。

　人口が集中する東京都と大阪府を除き、市町村の情報を把握している鳥取県や島根県、高知県などの 17 県については調査の重複を避けるため、その数値を利用し、残りの 28 道府県の市町村からは直接聞き取りを行った。

　その結果、表 5-2-1 のとおり、移住者数は 2013 年度には全国で 8181 人を数え、2009 年から 4 年間で 2.9 倍、実数で 5000 人以上の増加となっており、この増大のスピードが注目される。

　そして、2013 年度の移住者数が最も多かったのは鳥取県、岡山県、岐阜県、島根県、長野県と続く。この 5 県での合計は 3357 人で、全国合計の41％を占め、移住先には、かなり集中傾向があることが分かる。特に、中国

地方の諸県は比較的多くの移住者を集めており、過疎化が先発した地域でこうした動きが活発であることが予想される。

2　農山村移住の実態

　量的側面だけでなく、農山村移住には、質的な変化も見られる。移住者が多く見られる中国山地における実態から、それをまとめてみよう。

　まず、第1に世代別に見れば、20 ～ 30歳代の移住者が目立っている。鳥取県のデータ（鳥取県地域振興部とっとり暮らし支援課資料―県外から県内市町村へ移住を対象）によれば、2013年度に移住した623世帯のうち、世帯主の年齢が39歳以下の世帯が全体の65％を占めている。

　他方で、「団塊の世代」を含む60歳代以上の世帯は15％にすぎない。つまり、この間の動きは期待されていた「団塊の世代」の退職に伴う地方移住が主導した傾向とは言えず、1つの特徴となっている。

　第2に、性別では女性比率が確実に増えている。単身の女性の移住が増えていることに加え、夫婦や家族での移住も増大しているからである。実際の移住相談業務に関わる認定NPO法人ふるさと回帰支援センター副事務局長の嵩和雄氏は、「これまで動きがなかったファミリー層が動き出した」と表現する。このことは、従来の若者移住者は圧倒的に単身男性であったことを考えると、大きな変化であろう。

　また、これは次の点でも重要である。周知のように、いわゆる「増田レポート」（日本創成会議・人口減少問題検討分科会）は、2014年5月に若年女性（20 ～ 39歳）の大幅な減少という推計結果から、「地方消滅」を予測し、今に至るまで話題となっている。しかし、実は最近では、この部分にこそ変化が見られる。「増田レポート」における推計は総務省が2010年に報告した国勢調査の統計数値をベースとするものであるが、先の表5-2-1に見られるように、それ以降、特に活発化したこの動きをレポートは見逃している。

　具体的な例を見よう。「増田レポート」による予測で、島根県邑南町は2010年に801人を数えた若年女性が2040年には334人に、58％減少すると予測され、その結果「消滅可能性」の烙印を押された。しかし、同町の特徴

的な取り組みにより（この点は後述）、この世代の女性は、最近ではむしろ
増加傾向にあり、2014年末には814人に増加している。「田園回帰」はまさ
に、「消滅可能性」の対抗軸となっている。

　そして第3に、移住者というと、いわゆる「Iターン」を思い浮かべがち
であるが、Uターンの増加も目立っている。先の鳥取県の数値では、2013
年度のIターン世帯は前年度比較32%増であるの対して、Uターン世帯は
52%増と、その伸び幅は大きい。

　現地調査によれば、この両者にはある種の関係があり、Iターンが増加す
る地域ではUターンが増えるという傾向が見られる。おそらくは、前者が
後者を刺激する関係にあることが予想される。Iターンの振興には、地域か
ら「よそ者偏重」という批判がしばしば見られたが、現実には、彼らだけに
とどまらない効果が生み出されつつある。

　さらに第4として注目する変化が、移住者の職業である。従来は専業的農
業就業を目指す者が多かったが、必ずしも農業のみではなくなってきてい
る。農業を含めた「半農半X型」が多数を占めており、具体的には移住夫
婦で「年間60万円の仕事を5つ集めて暮らす」ことを目指す姿がしばしば
見られる。

　最近では、こうした稼得のパターンは「ナリワイ」と呼ばれ、それは「大
掛かりな仕掛けを使わずに、生活の中から仕事を生み出し、仕事の中から生
活を充実させる。そんな仕事をいくつも創って組み合わせていく」[(2)]と表
現される、都市と農村に共通する若者のライフスタイルである。その1つの部
門に農業が位置づけられているのである。もちろん、全ての移住者がそれを求
めてはいないだろうが、多様化の中でこのような「しごと」も生まれている。

　以上のように、農山村移住者は量的に増えただけではなく、質的にもいく
つかの変化を随伴している。それは、一言で言えば、移住者の多様化の中で
生まれてきた特徴と言えよう。多様な移住動機があり、多彩な職業選択がな
されている。

　このことは、特に政策的対応を考える際に前提とすべき重要なポイント
で、移住者を特定の「鋳型」にはめ込み、「こうあるべきだ」という視点か
らの政策は有効性を持たないであろう。

3　農山村に求められる対応—地域と自治体

　このような農山村移住には、従来から「しごと」「すみか（空き家の流動化）」「むら（人間関係が濃密過ぎるコミュニティ）」という三大問題があると言われている。しかし、農山村移住の進展は、こうした問題にも変化や有効な対応策が生まれ始めてきたことを意味している [3]。

　もちろん、これらの問題がより改善されるためにも、継続的な対応が必要であるが、むしろ、新しい問題の認識も欠かせない。それは、移住者の将来を見据えた「定住の長期化」への対応である。

　移住者が定住し、それが長期化すれば、子どもを含めた家族としての暮らしになる。つまり、家族単位でより長期間定住するためには、家族のライフステージに応じた課題に対応していかなければならない。

　例えば、子どもの学校（小・中学校）進学時には、地域の学校の存続問題と向き合うことになるかもしれない。そして、さらに子どもの大学進学が視野に入る頃になれば、それに伴う諸費用の負担が課題とならざるを得ない。先にも触れたように、夫婦で300万円を所得目標とする移住者には、この負担は絶望的な壁となる可能性もある。

　これらのことは、起こり得る問題の一例である。指摘しておきたいことは、従来の移住者に対する政策的支援が、「移住」に集中しており、その長期化という政策上の関心が著しく薄いことである。移住者家族のライフステージに応じたサポートが議論されるべき時期にきているのである。

　また、移住の本格化を農山村の地域がどのように受け止めるべきかという点では、次の原則を強調しておきたい。それは、移住者は各地の地域づくりが持つ戦略（地域の「思い」）に対して、共感を持ち、選択して参入することも少なくないことである。

　そのために農山村の自治体に求められることは、それぞれの地域の資源を活かし、地域をさらに磨き上げることであろう。それは、地方創生が華々しく論じられる中で、むしろ地道な「地域づくり」への原点回帰と言える。

　この点は、和歌山県那智勝浦町色川地区の原和男氏の発言がその本質を教

えてくれている。移住第一世代の原氏らが、その後の移住者の世話役となることによって、今や地区内の45％が移住者となっている。このような実践を担ってきた原氏による次の言葉は重い。「若者が本当にその地域を好きになったら、仕事は自分で探したり、つくり出したりする。その地域にとって、まずは、地域を磨き、いかに魅力的にするかが重要だ」

より具体的な移住者への対応としては、このように地域を磨くことを基礎として、それに応じた「人」が重要となる。移住者にインタビューすると、移住者が「地域の魅力」と同時に「人の魅力」を挙げるケースが意外なほど多い。その「人」とは、先輩の移住者や行政の担当者、集落の住民など、様々である。

先に触れた島根県邑南町の取り組みは、それを意識した実践であった。役場には、定住支援コーディネーターと呼ばれる「衣食住すべてのお世話をする者」（石橋良治町長談）が常駐するワンストップ窓口が設置されている。その専従担当者は自らも移住者であり、相談者と同じ目線で対応することができるため、移住者からの評価は高い。

また、2014年から地元の地域精通者2人が定住促進支援員として委嘱され、空き家情報の提供や移住者の日常的な相談を担っている。さらに、2015年4月からは兼任ではあるが、女性職員2人がコーディネーターに加わっており、特に女性の移住者への対応を担っている。これが先に述べたような、同町における若年女性人口の増加の背景となっている。

4 「田園回帰」の展望

こうした地方移住、特に農山村移住（田園回帰）をめぐっては、「そんな動きが、いくら太くなっても『糸』のようなものにすぎない」という議論があり得る。

筆者も、「今後予想される急激な人口減少に対して、たかだかそれだけの動きにいかなる意味があるのか」という批判を、ある中央省庁の幹部より受けたことがある。

確かに、先に述べたように4年間で2.9倍に増えたとはいえ、年間8181

人という数字はそうした議論を呼び起こしてもおかしくない。

　しかし、それを強調する議論は、移住者の質的側面を見逃している。Iターン移住者は地域に対して、なにがしかの共感を持ち、それを選択して参入している。また、Uターン組でも、地元に戻る決意を選択した者が大多数であろう。これらの場合に、移住者は単なる頭数を超えた力となる。

　そうした人びとが持つ発信力は、フェイスブックやツイッターなどのSNSによって、従来には見られないレベルとなり、その発信力がさらに移住者を呼び込むという、好循環が生まれることがある。

　これにより次のことが言える。現在の局面では、「増田レポート」以来、地方創生では、もっぱら人口が課題となっており、多くの市町村で現在作成している地方版総合戦略では地方人口ビジョンを必須としている。

　しかし、むしろ地域への思いを持った「人材」の確保や増大が課題であり、その追求にこそ、地域や自治体は力を注ぐべきであろう。人口減少は不可避であることから「人口減・人材増」が農山村の将来目標にこそふさわしい。その意味からも、移住者の動きを過小評価してはならない。

　だが、このような農山村移住があるからといって、農山村がそれだけで持続できるものではない。むしろ、「田園回帰」傾向とは、大都市や地方都市、農山漁村がそれぞれの違いを活かして、共生関係を構築し、支え合うことを前提としている。

　他方で、グローバリゼーションの時代には、都市こそが重要だという声が高まる。しかも、わが国では2020年東京オリンピックを契機として、グローバリゼーションにふさわしい「世界都市TOKYO」のための集中的な官民の投資が行われ、東京への人口集中がさらに加速化する可能性がある。

　つまり、私たちの目の前には2つの分かれ道がある。1つは、成長路線を掲げ、「地方たたみ」を進めながらグローバリゼーションにふさわしい「世界都市TOKYO」を建設するのか。もう1つは、国民の「田園回帰」を促進しつつ、どの地域も個性を持った持続的な都市農村共生社会を構築するのか、である。

　2014年は東京オリンピック50周年であった。また、「過疎」という言葉も、そのころに生まれたと言われている。オリンピックが開催され、過疎化

が本格化してから半世紀が過ぎたこの時期に、地方創生が言われているのは偶然ではない。つまり、地方創生をめぐり、「今までの50年、これからの50年」というスケールでの国民的議論が求められている。「田園回帰」もそのような射程の議論の中で位置づけられるべきであろう。

〔注〕

(1) 藤山浩「田園回帰時代が始まった」(『季刊地域』No.19、2014年)。

(2) 伊藤洋志『ナリワイをつくる』(東京書籍、2012年)。

(3) この三大問題とその変化については、拙著『農山村は消滅しない』(岩波新書、2014年)、第5章を参照。

コラム⑪

孫ターン⁽¹⁾

　近年活発化している若者の農山村移住(田園回帰)の調査をしていると、いろいろな実態に出会う。なかでも、興味深いのは、農山村住民の孫世代の「Uターン」である。子ども世代を飛ばしてのUターンなので、「1世代飛び越し型Uターン」などと呼んでいる。

　筆者がそれにはじめて気がついたのは、中国山地のある町の移住者調査であった。その対象となった女性は、結婚して夫の祖父母の住むこの町に移住していた。町営住宅に住み、夫婦それぞれが仕事に就くと同時に、町内の祖父母の家に通い、兼業的に農業を始めていた。

　それ以降、各地で注意深く見ると、こうした事例にぽつぽつと出会う。既に、繰り返し述べているように、若者の田園回帰のエネルギーは高まっている。そして、その実践を考え始めた若者が、その移住先を探す時に、1つの候補地に挙げるのが、かつてお盆や正月に訪ねたことがある、祖父母が住む「田舎」である。このなかで、孫の「Uターン」が生まれている。

　しかし、このような孫の動きはどこかで聞いたことはないだろうか。他ならぬ、NHKドラマ「あまちゃん」(宮藤官九郎脚本)である。被災地・

岩手を舞台に3世代の女性の生き方を、時にはコミカルに、時には含蓄深く描いた名作である。このドラマは、若い世代にも支持され、最近の「NHKの連続テレビ小説」復調のきっかけとなったと言われている。そして、このなかで、田舎を飛び出した母親とは異なり、祖母が住むその地域をこよなく愛する孫が、「あまちゃん」として描かれていた。

脚本を書いた宮藤氏は、いまや時代の潮流と言える若者の農山漁村回帰をこの段階で掴んでいたのであろうか。そうであれば、その鋭敏な時代感覚に驚かされると同時に、こうした孫の動きが、時代の象徴として意図的に描かれていることに気がつく。孫の「Uターン」にはそうした意味合いがある。

しかし、先ほどから「Uターン」という言葉を使っているが、これは正しくない。この場合の孫は、その地域の出身者ではないからである。しかし、だからと言って、「見ず知らずの土地への移住」を意味する「Iターン」でもない。あえて言えば「孫ターン」である。

ドラマから飛び出し、いまや現実となり始めている「孫ターン」を、町村から呼びかけてはどうであろうか。「孫ターン歓迎」「孫よ来い、わが町村に」と。

（「町村週報」第2908号、2015年2月9日）

〔注〕

(1) 本稿発表後、「孫ターン」という用語は嵩和雄氏（ふるさと回帰支援センター）が、同センター内部で既に使用し、氏が編集する同センターの機関誌『100万人のふるさと』では、2014年早春号で「キーワード」として、「孫ターン」が紹介されていることを知った（執筆者はふるさと島根定住財団）。

また、氏自身による「孫ターン」の紹介としては、嵩和雄（筒井一伸監修）『イナカをツクル』（コモンズ、2018年）がある。そこでも、「私は『孫ターン』の命名者だ」（36頁）という表現がある。氏による「孫ターン」のネーミングに敬意を表したい。

3章 地域おこし協力隊

1 田園回帰の重層性—3つの田園回帰

「田園回帰」傾向が、2005年に、「若者はなぜ、農山村に向かうのか」(『現代農業・増刊』)により指摘されてから久しい。

この間、各種のデータにより、この動きの深まりが指摘されているが、2018年に公表された総務省「『田園回帰』に関する研究会」報告書による分析は、国勢調査という全数調査によるものだけに、その信頼性は高い。そこでは、調査時点で過疎地域に居住し、5年前には大都市部(三大都市圏および政令指定都市)にいた者を「移住者」と把握して、地区単位(2000年4月段階の市町村—平成の大合併の前のもの)にその人口や属性等が把握されている(本書第1部表1-5(29頁)を参照)。

その結果、「移住者」が増えた地域は、2000～2010年では108地区(過疎地域の地区の7.1%)であったものが、2010～2015年には397地区(同26.1%)に増加している。この傾向は、特に人口規模の小さな地区で顕著であり(2010～2015年)、人口2000人以下の地区では36%で増加が見られたのに対して、人口2万人を超える地区では20%に過ぎない。

また、それを地図上で見ると、上記のことと関連して、離島や県境地区、つまり都市から距離がある遠隔地で移住者の増加が確認できる。まさに「田園回帰」である。とはいうものの、この現象には地理的な「まだら」傾向も顕著であり、従来からも指摘されている地域的偏在傾向を維持したままで田園回帰は現在も進展している。

しかし、この「田園回帰」は、必ずしも農山村移住という動向だけを指す狭い概念ではない。移住者のみならず、地域やさらに国土全体にもかかわる

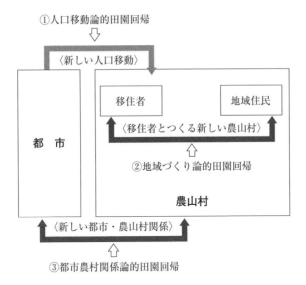

図5-3-1　3つの「田園回帰」（概念図）

注）小田切徳美・筒井一伸編著『田園回帰の過去・現在・未来』
（農山漁村文化協会、2016年）、21頁より引用。

概念であろう。そこで、筆者を含めた共同研究[1]の場で作成したのが図5-3-1である。これは、「田園回帰」を3つの重層的な概念と認識し、さらに図式化したものである。その「3つの田園回帰」とは次の3点を指している。①が先に見た移住であり、それは狭義の田園回帰と言えよう。そして、②と③はより広義の概念である。

①人口移動論的田園回帰

②地域づくり論的田園回帰

③都市農村関係論的田園回帰

②の地域づくり論的田園回帰は、移住者が地域の人びととともに新しい農山村をつくりあげるという意味での「田園回帰」である。それは、従来から「地域づくりなくして移住者なし。移住者なくして地域づくりなし」という関係性が言われていたことと関連している。

例えば、第5部2章でも触れた移住先発地域の和歌山県那智勝浦町色川地区（約40年前より移住が始まり、現在では地区内の45％の人びとが移住者

となっている地域）の地域リーダーである原和男氏は、「人の思い・人のエネルギー・地域の雰囲気とでも言おうか。人が化学反応を起こすわけだ。山里の空間や地元の人が持っている魅力とそれに惹かれてやってきた人たちのさまざまな色のエネルギーがまた新たな魅力となって人を呼ぶ」[2]と指摘する。

　これは、田園回帰と地域づくりの関係を端的に表現しており、冒頭の国勢調査分析結果でも紹介した地方移住者数に大きな地域差があることの背景を示唆している。田園回帰の地域差は移住者に対する呼び込み施策の差違、とくに保育料や医療費、あるいは起業資金支援などの金銭的メリット措置の差異として、説明されることもある。ところが、そのような条件は多くが平準化するものであり、説得的ではない。むしろ、先の原氏が指摘している「地域の雰囲気」の良さやそれを的確に移住候補者に届けることができたのか否かに起因していると考えられる。魅力的な地域に移住者が集まり、それが地域差として表れている可能性が強い。

　つまり、地域づくりが農山村移住を促進し、農山村移住が地域づくりを支えるという「地域づくりと田園回帰の好循環構造」の構築が求められており、これこそが地域づくり論的田園回帰が意味することである。

　そして、この移住者と地域づくりの相互規定関係により、磨かれた農山村は、さらに都市との共生に向けて動き出している。これが、③の「都市農村関係論的田園回帰」である。つまり「都市なくして農村なし。農村なくして都市なし」という関係性の構築であり、相互の共生関係への接近である。

　こうした両者の共生関係は、古くから論じられており、時には国レベルの政策のスローガンにもなっていた。しかし、最近では、現実に地域自身がその実現のために動き出している。特に注目すべきは、都市と農村のつなぎ役として、移住者がその役割を果たすことが少なくない点である。都市生活と農村生活の両者を経験した彼らは、都市と農村のボーダーを意識することなく動き、両者をつなぐ人材として活躍し始めている。田園回帰とはこうしたより大きな動きも意味している。

　このように、田園回帰は何重にも奥行きがある概念として理解すべきものであろう。表5-3-1にそれをまとめているが、「人」（①人口移動論的田園回

表 5-3-1　3つの「田園回帰」

3つの田園回帰	視点	移住者の主な役割	「田園回帰」の定義
①人口移動論的田園回帰	人	移住者（そのもの）	狭義
②地域づくり論的田園回帰	地域	地域サポート人（協働者）	広義
③都市農村関係論的田園回帰	国土	ソーシャル・イノベーター	

帰）、「地域」（②地域づくり論的田園回帰）、「国土」（③都市農村関係論的田園回帰）を対象とする重層的な構造を持つ。そして、それぞれの担い手は、「移住者」（①）、地域の再生にかかわる「地域サポート人」（②）、都市と農村の関係を変える「ソーシャル・イノベーター」（③）である。

2　協力隊の実態と性格—多様性と段階性

（1）　協力隊の多様性

　以上で論じたことは、実は地域おこし協力隊（協力隊）にも当てはまる。というよりも、協力隊の動きはこうした「3つの田園回帰」のむしろ中心にある。

　つまり、協力隊は、それぞれの条件と意志により、「移住者」「地域サポート人」「ソーシャル・イノベーター」という3つの顔を持つ。この3者は、はっきりと分かれるものではなく、一人の協力隊が同時に複数の顔を持つものであるが、その比重によりその存在形態が異なる。その結果生じるのが、「多様な協力隊」としてしばしば論じられる特徴である。

　表 5-3-2 は、JOIN（移住・交流推進機構）による協力隊アンケート結果により、応募理由を見たものであるが、複数回答でも単一回答（最大の理由）でも、選ばれた選択肢の分散傾向は大きい。特に、単一回答結果では、最大項目でも15％のシェアであり、①「自分の能力や経験を活かせると思ったから」、②「活動の内容がおもしろそうだったから」、③「現在の任地での定住を考えており、活動を通じて、定住のための準備ができると思ったから」、④「地域の活性化の役に立ちたかったから」、⑤「一度、地域（田

表 5-3-2 「地域おこし協力隊」の応募理由（アンケート結果、2017 年 12 月）

（単位：％）

順位	応募理由	最大理由 （単一回答）	全理由 （複数回答）
1	自分の能力や経験を活かせると思ったから	15	56
2	活動の内容がおもしろそうだったから	13	47
3	現在の任地での定住を考えており、活動を通じて、定住のための準備ができると思ったから	12	31
4	地域の活性化の役に立ちたかったから	11	48
5	一度、地域（田舎）に住んでみたかったから	10	38
6	現在の任地への何らかのつながりがあったから	8	31
7	現在の任地に誘ってくれる仲間や組織などがいたから	7	20
8	農林水産業に従事したかったから	5	12
9	地域資源を活かして起業したかったから（農林水産業以外）	4	17
10	地元（同一県内を含む）で働きたかったから	4	13
11	都会の生活に疲れたから、都会の生活はもういいかなと思ったから	3	21
12	他の就職先が見つからなかったから	1	3
－	その他	8	8
回答者数（単一回答 1,726 人、複数回答 1,800 人）		100	100

注 1) 資料：移住・交流推進機構（JOIN）「地域おこし協力隊・隊員アンケート調査」
（2017 年 12 月実施）による。
  2) アンケートの設問は「あなたが『地域おこし協力隊』に応募した理由は何ですか」である。順位は「最大理由」によった。

舎）に住んでみたかったから」が 10％台で並んでいる。先の「3 つの顔」に当てはめれば、③⑤は典型的な「移住者」志向であり、④は「地域サポート人」志向、①には「ソーシャル・イノベーター」志向も含まれるものであろう。

このように、協力隊がそれを選んだ多様な動機は、そのまま田園回帰の多様性を反映したものと言えよう。

（2） 協力隊の段階性―事例

こうした多様性は、時間軸上で「多段階性」となるケースも見られる。つまり、協力隊自身が、「移住者」→「地域サポート人」→「ソーシャル・イノベーター」と成長し、その関心も「自身」→「地域」→「国土」と広がる

様子が一部の協力隊には現れている。

その一例として、著名な新潟県十日町市の多田朋孔氏の事例を紹介しよう。多田氏の多彩な活動は、氏自身による著作[3]をはじめ既に数多くの文献等に取り上げられている。その活動のプロセスは概ね以下のとおりである。

氏の移住先である同市池谷集落は1960年には37世帯を擁する中規模な集落であったが、人口流出が進み、2004年には8世帯、人口22名、高齢化率62%の小規模高齢化集落となっていた。そこに2004年10月23日、中越地震が直撃した。幸いなことに人的被害はなかったものの、農地や集落道、神社などに大きな被害が出た。

それに対して、支援に乗り出したのが海外の紛争地や被災地で救援復興活動を行うNGO（NPO法人）であった。この団体は、池谷集落の廃校となった小学校（分校）を拠点として全国からボランティアの受入れを行った。そして、このボランティア活動に参加していた一人が多田氏である。多田氏は、この集落を知るにつれ、「この集落で行われていることは、抽象的な理想論ではなく、活動が具体的で地に足がついている」と思うようになり、また、地域のリーダーの言う「ここでの取り組みは日本の過疎の問題、農業の問題、食料の問題に立ち向かうつもりでやっている」という発言を聞き、「自分がやりたいことはこれだ」と移住を決断し、2010年には家族と集落内に転居した。

移住後、氏は十日町市の地域おこし協力隊として、池谷集落を含む飛渡地区（合計14集落）の地域づくりサポートを担当した。池谷集落では、集落再生ビジョンづくりにかかわり、その流れでビジネス・コンペへの応募（6次産業化が内容）や集落メンバーとその関係者によるNPOづくり（特定非営利活動法人・十日町市地域おこし実行委員会）のために奔走した。

その間、このような地域活動に触れ、「こんな素敵なところに住みたい」「なりたい大人として憧れる」と2名の女性が2011年に移住した。その結果、震災後にはさらなる人口減少で6世帯13人まで縮小していた集落規模は11世帯23名となり、年少人口（0〜14歳）割合は26.1%まで回復した。このことから、池谷集落は「『限界集落』を脱した『奇跡の集落』」と呼ばれるようになり、その挑戦はしばしばマスコミでも報道されている。

　こうして再生が始まった集落では、その後、設立されたNPOを中心に、米の直売事業や加工品づくり（おかゆ、干し芋）、体験型イベントの実施、また若い農業インターンの受入れやそのための後継者住宅の建設・運営等に取り組んだ。さらに2014年からはNPOが生産主体となり、稲作も開始している。多田氏はそのNPO法人の事務局長として諸活動を支えている。

　このように、多田氏の移住は、震災の被災から立ち上がった地域の姿に影響を受けている。困難な中でも前向きな集落の魅力が、氏と家族を呼び込んだのであろう。それと同時に、多田氏の移住が集落を変えるという逆の効果も確実に見られる。移住という「人」の動きから、「人」を含めた「地域」の動きにつながっているのである。その中で、多田氏は移住者から地域づくりの協働者へとそのポジションを変えている。

　しかし、多田氏の活動はそれにとどまらない。池谷集落での経験を他の地域にも広げる活動に乗り出している。以前より、農水省や総務省に登録された「アドバイザー」として、他の地域へのコンサルテーション活動はしていたのであるが、2016年には、「ビジネスモデルデザイナー®」の認証を受け、地域づくりの本格的なアドバイザー活動を始めている。先に紹介した氏の著書もこうした活動の一環として著されたものである。

　都市での生活や仕事と、農山村の資源や集落での暮らしという両者の認識と経験を持つ者として、独自のポジションからの活動と言えよう。それは、地域づくりのサポート人を越えて、都市と農山村を結び、両者の共生社会形成の契機を主導する可能性がある。つまり、田園回帰は、地域づくり論的田園回帰の段階から都市農村関係論的田園回帰の段階へとさらにフェーズを変えつつある。都市と農山村の両者を知る多田氏は、両者の関係をソーシャル・イノベーターとして、実践を通じて変えようとしている。

3　協力隊制度の位置づけと展望

　本章で見てきたように、田園回帰が重層的な性格を持つように、地域おこし協力隊の仕組みは、移住を促進しつつ、そこで地域づくりとの好循環を生み出し、そして都市と農村をつなぐソーシャル・イノベーターを創り出す多

面的な性格を持つ。

　しかし、だからといって、すべての協力隊が上記の多田氏のようにこのプロセスを歩むものでもないし、その必要性もない。むしろ「移住者」として、地域資源を活用して、新しい「しごと」を作り出し、そこに定住し続けることも、協力隊やそれを経験した者の大きな目標であろう。

　例えば、奈良県川上村では、隊員自らが構想するエコツアー、宿、家具工房などの地域資源を活用した多彩なプロジェクトが、地域からの様々な支援により、そのまま隊員の仕事となり、彼らの定住につながっている。また今治市協力隊 OB の重信幹広氏は、協力隊としての活動の意義は多面的であるものの、地域の人びとにとっての関心は、「移住者がしっかり継続してこの地で住み続けるか否か」に集中していることを指摘し、その目線で成果を出すことの意義の大きさを論じている。重要な指摘ではないだろうか。移住促進、そしてその定住化のための協力隊制度の役割は、やはり小さくないというべきであろう。

　さらに、「地域サポーター」として活躍し続けることも重要である。これにより「地域づくりと田園回帰」の好循環が生まれ、これが「人が人を呼ぶ関係」と表現されている。それは、協力隊の地域づくり活動により地域が開かれたことが要因であろう。同時に、その過程で協力隊本人も魅力的な存在となり、それが他の人びとを惹きつけている側面もある。協力隊制度の「看板」である、「地域おこし」は、こうしたプロセスのなかで意義ある取り組みである。

　このように、地域おこし協力隊の制度は、隊員の意志と地域の受入れの目的による、弾力的な制度の位置づけが可能である。その点を総括的に示したのが、図5-3-2である。このような協力隊のポジションの多様性により、制度としての位置づけも、「移住促進制度」であったり、「地域サポート制度」であったり、さらには地域間の交流促進を意識するより高度な「地域サポート制度」と柔軟な活用が可能となる。

　そうであれば、重要なことは、自治体と協力隊を受け入れる地域や組織がどのようなタイプの制度活用をすべきかをしっかりとイメージすることであろう。特に、自治体が協力隊の任務や位置付けを明確化して、募集する際に

〈協力隊制度の位置づけ〉

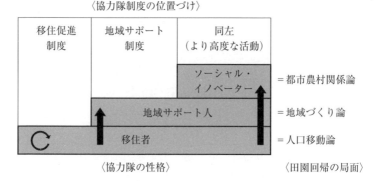

図 5-3-2　地域おこし協力隊の多様性と制度

その活動像を含めて発信することは決定的に重要となろう。別の言葉で言えば、制度が柔軟であることを利用した、意志ある活用が求められる。

　最後に次の点も付言しておきたい。こうした柔軟性は制度設立時の関係者の努力と叡智によるものである。それがこの制度が 10 年間、課題を持ちながらも、各地で前向きに利用されてきた一つの要因と言える。

　しかし、その前提には、①農山村の現場からの「補助人」（サポート人）制度への強い要請の声、②当時、顕在化し始めた田園回帰の潮流、そして③大胆な制度設計を許容した政治的条件（政権交替直前という条件）があった。筆者は、この政策の検討と決定を近い距離で見ていたが、その体験を踏まえて表現すれば、それは様々な条件が揃った一瞬の「間」を利用した「奇跡の制度」形成だと言える。つまり、この制度は今、新たに創設しようとしても容易ではないであろう。

　そのため、これを活用する自治体や地域の組織・団体に強く求められているのは、この仕組みを無理のない範囲で上手に活用しつつ、より良いものに育てていくことではないだろうか。それこそが、地域おこし協力隊制度のさらなる継続と拡充を支える国民的合意形成を積み上げることにつながると考えたい。

〔注〕
（1）小田切徳美・筒井一伸編著『田園回帰の過去・現在・未来』（農山漁村文化

協会、2016 年)。

(2) 原和男「移住者は地域の担い手になりうるか—色川への初期移住者の目から」(前掲・小田切・筒井編著『田園回帰の過去・現在・未来』)、54 頁。

(3) 多田朋孔・NPO 法人地域おこし『奇跡の集落—廃村寸前「限界集落」からの再生』(農山漁村文化協会、2018 年)。

地域の不満・大学の不安

　各地で大学と地域の連携が進められている。国や地方自治体による「域学連携」政策も目白押しである。現在では、地域貢献を標榜しない大学を見つけるのが難しいほどである。

　しかしながら、それらのすべてがスムーズに進行しているわけではない。むしろ、地域、大学の両者から、戸惑いの声が聞こえる。

　地域サイドからは、現場からの要望に対して、大学が直接の解決策を示してくれないという「不満」が広がっている。その前提には、「大学と連携すれば、なんとかなる」という強い期待がある。他方で、大学の教員には「なんでもかんでも頼まれて、対応しきれない。このままでは自分の時間がなくなってしまう」という強い「不安」が生まれている。この「地域の不満・大学の不安」という構図は各地で一般化している。

　こうした問題は、直接的には、両者のコミュニケーション不足によるものだろう。しかし、そのさらに背景には、大学の地域連携をめぐる変化を、地域もそして大学自体も見逃していることが指摘できる。

　そもそも、理系の分野、とりわけ工学や農学等の領域では、大学が産学連携の一環として地域課題に関わることは以前から見られたことである。したがって、現状のように文系学部を含めて、ほぼすべての分野で地域連携が実践されているのは、大学の別の側面に光が当てられているからであろう。それは、「若者の拠点」という性格である。

　実際、若い学生が、地域の課題を探り、住民とともに問題の根源を発見し、それへの解決策をともに立案する事例が見られる。大学生である以上は、なんらかの専門性を持っているのは当然としても、学生は、まずは

「ワカモノ」「ヨソモノ」として地域に接している。特に、地域づくりに不可欠な、地域の「宝」や資源を発掘するワークショップでの学生の役割は大きい。そして、このプロセスでは、大学サイドにとっても、学生が自らの専門性を高めるという成長過程となっている。つまり、連携により、地域も大学も共に成長・発展している。

　ここでは、大学は「特効薬」でも「即効薬」でもない。むしろ、時間をかけて、試行錯誤を許容しながら進められるのが、新しい連携の特徴とさえ言える。そうであれば、実は、現在見られる各地での「不満」と「不安」は、この試行錯誤の一過程と捉えられる。「不満」「不安」をバネとする、地域と大学の共振的な発展が期待される。

（「町村週報」第 2961 号、2016 年 5 月 30 日）

4章 関係人口と「にぎやかな過疎」

1 関係人口とは何か―その解釈

最近、「関係人口」という言葉に接する機会が多くなった。

「東北食べる通信」の活動で注目される高橋博之氏[1]や『月刊ソトコト』編集長の指出一正氏[2]はともに、都市における「関係人口」の形成を新たな潮流としてとらえ、このような人びとが地方部に新しい展望をもたらすと主張する。なかでも、指出氏は、空き家のリノベーションを楽しみながら進める新潟県十日町市の若者建築集団などのユニークな活動をする人びとを紹介し、「関係人口とは、言葉のとおり『地域に関わってくれる人口』のこと。自分のお気に入りの地域に週末ごとに通ってくれたり、頻繁に通わなくても何らかの形でその地域を応援してくれるような人たち」[3]と明確に説明した。そして、「いくつかの地域ではそうした関係人口が目に見えて増えている」としている。

筆者もこのような認識を共有化している。その立場から、それをさらに次のように理解したい。

第1に、関係人口の「関係」とは、「関心」という意識と「関与」という行動の両者に及ぶものであろう。つまり、関係人口とは、地方部に関心を持ち、関与する都市部に住む人びとである。したがって、その存在領域を図示すれば、後に詳しく見る図5-4-1の薄い色をつけた領域となる。関心も関与もない「無関係人口」はもちろん、強い関心を持ち既に移住した者はそこには含まれない。しかし、逆に、今まではあまり議論の対象となっていない、関心は強いが、なかなか積極的な行動に結びついていない人びとも関係人口に含まれる。

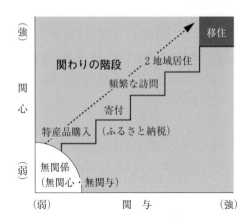

図 5-4-1　関係人口の図式化と「関わりの階段」

　第2に、関係人口は、「人口」と表現されているものの、実はかならずしも数量的概念ではない。むしろ、個々人を対象とした言葉である。「関係人口が増える」という議論はするものの、その場合でも、地域と相手との関係性をより意識しているものである。先の指出氏も、「大切なのは、全体ではなく、個としての存在をしっかりと歓迎することです。そろそろ、人を数で語る時代とはさよならをして、顔と名前を覚える時代が、『地方創生』の次なるステップになるかもしれません」[4] と指摘している。

　そして第3に、関係人口と「交流人口」との関係も触れておきたい。関係人口を論じる時、「定住人口でも交流人口でもない」と説明されることがあるが、その場合の「交流人口」とは主に観光で短期滞在する人が念頭に置かれている。しかし、「都市と農村の交流」が語られ始めた1980年代から90年代の「交流」とは、もっと多様で奥行きがあるものが想定されていた。たとえば、この分野でまとまった議論を展開した社会学者の小川全夫氏は、交流には「ヒトが動くことにより、モノが動き、ココロが動くといった全体的な関係を作り出すこと」が期待されているとした[5]。ところが、その後の経過のなかで、この「交流」がいつのまにか短期の観光として語られる傾向が出てきた。そうしたなかで、関係人口という新しい言葉が、本来の意味での交流人口に代わり、後に見るようなさらに新たな要素をともない、登場しているのであろう。

2 関係人口の背景

　なぜこうした関係人口が、注目されるほど増えているのだろう。この点については、次のように理解したい。

　第1に、大状況としての、人びとのライフスタイルの多様化である。この点は、既に言い尽くされたことではあろう。しかし、筆者が移住者の調査をして、あらためて気づくことは、移住に至る動機や契機が実に多彩だということである。ある人は、「地域でなにか貢献したい」と考え、また別の者は「そこにビジネスチャンスがある」と目論む。「あの人に惚れた」と集落の高齢者や先輩移住者の固有名詞を出す人も多い。さらに、最近の筆者のインタビューでは、「自分がイヌを散歩するシーンを思い浮かべる時、このマチの雰囲気があっていると思った」と感性的に移住動機を説明するIT関係の移住者がいた。こうした多様な生き方、暮らし方、住まい方をする人の一部に、地域との様々な「関係」を求める者が出てきているのであろう。

　また、第2にその「関係」にかかわり、その手段としての情報通信技術の進化があげられる。なによりも、地元から多数の地域情報が、日々、SNSを通じて発信されている。各種の被災地からの支援要請の情報はもちろん、「空き家改修ボランティアの募集」などは地域情報の定番となっている。また、クラウド・ファンディングは、地域が利用する今や当たり前のツールであり、それはもちろんICT時代の産物であろう。

　第3に、これら2つの要素を条件とする「関わり価値」の発生を指摘できる。これは、地域とのかかわりを持つこと自体にある種の価値を感じる人びとが生まれていると言い換えてもよい。この点については、既に次のような指摘がある。地域産業論研究者の松永桂子氏は、「これからは、仕事の場、雇用の場がある地域よりも、なにかしら新たな仕事をつくっていくことができる土壌に、意識や志の高い人びとが引き寄せられていくのではないだろうか」として、それを「ソーシャルに働く」と表現する。そして、「（その）意味は、他者のため、地域のためにという直接的な動機よりも、他者と関係性を築くこととそのプロセスに重きが置かれている」[6]と論じている。

表 5-4-1　農村の維持活動に対する国民意識の変化（2008 年と 2014 年、内閣府世論調査結果）

（単位：%）

		積極的に維持活動に協力したい			機会があれば維持活動に協力したい			協力したいとは思わない			合計
		2008年	2014年	増減	2008年	2014年	増減	2008年	2014年	増減	
男性	20 歳代	13.4	22.9	9.5	64.7	60.0	-4.7	19.3	17.1	-2.2	100.0
	30 歳代	17.5	15.7	-1.8	63.9	58.8	-5.1	15.3	23.5	8.2	100.0
	40 歳代	18.9	20.6	1.7	56.8	54.5	-2.3	18.9	22.4	3.5	100.0
	50 歳代	19.0	20.1	1.1	61.7	52.2	-9.5	14.3	22.0	7.7	100.0
	60 歳代	23.4	21.5	-1.9	55.0	48.4	-6.6	15.6	23.3	7.7	100.0
	70 歳以上	25.4	24.3	-1.1	46.1	38.6	-7.5	17.2	28.6	11.4	100.0
	男性計	19.0	18.3	-0.7	60.8	54.5	-6.3	12.9	20.1	7.2	100.0
女性計		17.8	15.7	-2.1	63.9	58.4	-5.5	9.9	16.9	7.0	100.0

注 1)　資料は、内閣府、2008 年「食料・農業・農村の役割に関する世論調査」、同、2014 年「農山漁村に関する世論調査」。

　　2)　質問と選択肢は両年とも共通。表中では「その他」、「わからない」の表示を省略した。合計の 100.0 はそれらを加えた値である。

　全般的なライフスタイルの多様化のなかで、このように地域やそこに住む人びととの関係性を持つことに意義を見い出す人びと、特に若者が生まれているのであろう。別の言葉で言えば、「関わり価値」の形成である。

　この点で、興味深い世論調査結果（内閣府）がある。2008 年と 2014 年の調査に、「農業の停滞や過疎化・高齢化などにより活力が低下した農村地域に対して、あなたは、どのように関わりたいですか」という同一の設問があり、この間の変化を見ることができる（表 5-4-1）[7]。

　その結果を見ると、全般的に言えば、「積極的に維持活動に協力したい」という者は男女とも微減し、「協力したいとは思わない」が男女共通して急増している。むしろ、農村への「関わり価値」を感じる者は減少しているかのように見える。ところが、ここには世代別に鋭い傾向差がある。表では紙幅の都合で男性のみを表示しているが、「協力したい」の割合は 20 代で急増し、逆に「協力したいとは思わない」が 50 歳代より上の層で大きく割合を増やしている（表示を略した女性の年代別では若い世代でも「協力したい」が減少）。つまり、特に男性の若い世代に動きがあり、ここに「関わり価値」

が認識され始めている状況が示唆される。

　ただし、この調査が対象とした「農作業や環境保全活動・お祭りなどの伝統文化の維持活動の協力」をする者だけが関係人口ではなく、その動きの全貌はこれだけではつかみ切れてはいないであろう。より詳しい調査が求められる。

3　関係人口論の意義

　この「関係人口」という概念の登場は、人びとの地域へのかかわり方が多様であることをあらためて理解する助けとなる。そのことは、移住に対する認識やそれに基づく政策を深めることとなる。

　2014年より始まった地方創生により、地方の人口動向が焦点となり、人口の社会動態が注目されている。その時には、移住したという結果のみが取り上げられることが多い。しかし、つぶさに実態を見れば、人びとの農村へのかかわりは段階的である。例えば、観光としての訪問を契機として、①地域の特産品購入→②地域への寄付→③頻繁な訪問（リピーター）→④地域でのボランティア活動→⑤準定住（年間のうち一定期間住む、2地域居住）→⑥移住・定住というプロセスを経る人がいる。先に掲げた図5-4-1（290頁）でそれを示せば、そのプロセスを階段状（関わりの階段）に示すことができる。この状況をある時点で切り取れば、人びとの農村への関係は「無関心─移住」という両端ばかりではなく、その中間に広範囲に生じることになり、それが関係人口の多様性である。

　このことから政策的には、次のことが導かれる。第1に、移住を促進するためには、もっと多様な階段を想定し、準備することの必要性である。先に示したものはあくまでも一例であり、「段」（ステップ）のオプションはもっと多く、そしてその組み合わせのバリエーションは多数ある。最近ではよく見られる「お試し移住」などは、比較的新しいステップであろう。

　第2に、移住促進政策とは、下から上のステップに上ることをサポートすることであることが見えてくる。関係人口がこの階段を踏み外さぬよう、きめ細かい対応が必要になろう。例えば、特産品を購入した者に対して、地域のためのクラウド・ファンディングや「ふるさと納税」を丁寧に案内するの

は、有効な手段となろう。

なお、「ふるさと納税」もこの階段の1つの重要なステップである。そうした視点から見れば、昨今議論されている、返礼品をめぐる問題も、それが寄付者（関係人口）と地域との関係の持続化またはステップアップ化に資するか否かという点での評価こそが重要である。寄付者に、もっぱら格安での商品購入という意識が生じているとすれば、そこには「関わりの階段」は成立していない。

そして、第3に最も重要なこととして、注目されている田園回帰はこの関係人口の厚みと広がりの中で形成された現象であることがわかる。つまり、若者をはじめとする多彩な農村への関わりが多数見られ、その1つの形として移住者が生まれている。逆に言えば、「関わりの階段」を上る人びとの裾野の広がりがなければ、田園回帰もいまほど活発化していないだろう。

しかし、関係人口論はこのような「関わりの階段」論を超えた新しい議論でもある。1つは、指出氏が活写した関係人口の諸事例は、「関わりの階段」を上ることに必ずしもこだわっていない人びとがほとんどである。同じステップに踏みとどまり、移住などは考えない人びとも立派な関係人口である。ローカルジャーナリストの田中輝美氏は、移住への過度の誘導を、逆に「定住しなくては地域にかかわる資格がない」というメッセージとなると、鋭く批判する [8]。

2つは、階段から外れている関係人口も生まれている。先の田中輝美氏が詳しく論じた「風の人」である [9]。それは、特定の農村に強い思いを持ちながらも、あえてその地域に定住しないライフスタイルを選ぶ若者群である。彼らのなかには、地域外に住み、その地域への関わりのコーディネートをする者もいる。先の図では煩雑さを避けるために示していないが、図中の上部に位置し、時には右上の「移住」から左方向へ移動することを意味している。

こうした新しい傾向を含めて、地方部、特に農村への人びとの行動の全体像を把握するために、関係人口概念は有効性を持っており、それは生まれるべくして生まれたと言えよう。それにより、注目されている田園回帰の輪郭もさらに明瞭になるのではないだろうか。

4　地域の対応と政策

　こうしたなかで、地域の内発的な再生の動きとこの関係人口をつなげることが期待されるが、地方自治体や住民には何が求められるであろう。

　実は、その検討が政府内で行われている。総務省に設置された「これからの移住・定住に関する研究会」である。その研究会の中間報告（2017年4月）では、「地域や地域の人々と多様に関わる者である『関係人口』に着目し、『ふるさと』に想いを寄せる地域外の人材との継続的かつ複層的なネットワークを形成することにより、このような人材と『ふるさと』との関わりを深め、地域内外の連携によって自立的で継続的な地域づくりを実現することが重要」であると関係人口を論じている。おそらく、政府関係では初めて関係人口を位置づける文書であろう。

　また、具体的対応の方向性については、①「関わりの階段」を意識した段階的な移住・交流の支援、②地域に想いを寄せる関係人口の受け皿となる自治体レベルの新しい仕組み、③中間支援組織などによる①や②等へのサポートが論じられている。

　特に重点的に行われた議論の一部を紹介すれば、自治体が関係人口と継続的なつながりを持つ機会をつくるため、②として、新たに「ふるさと住民制度」をめぐる意見交換があった。

　ここで、「新たに」としたが、外部の住民を自治体が「ふるさと住民」として公募する仕組みは、福島県三島町が既に1974年より「特別町民」制度として取り組んでいた。この40年以上前に始まった挑戦は、会費を納入する地域外者を特別町民に認定するものである。町に来れば事実上町民として過ごせる仕組みをつくろうという目標も含め、「ふるさとづくり」運動の先駆けとして全国的にも早くから注目されていた。最近では、シンクタンクの「構想日本」が、2015年に同様の政策提言を行い、参加した鳥取県日野町をはじめとするいくつかの自治体の取り組みも新たに始まっている。また、既に報道にあるように、総務省は自治体が関係人口に対して地域づくりに関わるきっかけを提供するモデル事業（「『関係人口』創出事業」）を新年度

（2018年度）に計画している。

　こうした取り組みの成果や実践的課題を踏まえて、今後、「ふるさと住民」の仕組みを国レベルの制度とするのか否か、さらに進んで、「ふるさと住民」の活動への国レベルのなんらかの財政支援が必要であるのか否かが議論となろう。

　他方で、求められる住民レベルでの取り組みの方向性も、今までの議論から明らかであろう。それは、各地での「関わり価値」の磨き上げである。若者をはじめとする、なんらかの関わりを持ちたいと思う都市住民に対して、「関わり価値」を発信するだけでなく、そこに関わるに値する、「面白い人」「面白い地域」「面白い場面」を積極的に地域自らがつくっていくことが求められる。それは一言で言えば、基本的な地域づくりの積み重ねであろう。

5　新たな構想―にぎやかな過疎へ

　このように関係人口を巻き込むような新しい農村も一部には生まれている。筆者が「にぎやかな過疎」[10] と呼んでいる状況である。

　ここ数年、訪ねた地域で「過疎地域にもかかわらず、にぎやかだ」という印象を持つことがある。人口データを見る限りは依然として過疎であり、高齢者の死亡による自然減少が著しいために、減少トレンドはむしろ加速化している。しかし地域内では、小さいながら新たな動きがたくさん起こり、なにかガヤガヤしている雰囲気が伝わってくる。

　例えば、徳島県美波町である。ここでは、移住促進のためのサポートが早くから行われていたが、そこにサテライトオフィスという形での仕事の持ち込み（筆者は「移業」と呼ぶ）が生まれ、それを支援する会社も設立された。そして、移住した若者が、祭りをはじめとする各種の地域活動に参加する姿も見られる。また、複数の飲食店の新規開業も生じている。同じような状況は、筆者が最近歩いた地域に限定しても、北海道ニセコ町、福島県三島町、愛知県東栄町、鳥取県智頭町、島根県邑南町、岡山県西粟倉村、山口県阿武町、同県周防大島町などに見られる。

　当然のことながら、これは移住者や関係人口だけが創り出したものではな

い。やはり、中心となるべきは農山村の地元住民であり、「内発性」「多様性」「革新性」という特徴を持つ地域づくりの取り組みがその中心に位置付けられている。

つまり、「にぎやかな過疎」のステージに立つプレイヤーは、①開かれた地域づくりに取り組む地域住民、②地域でみずから「しごと」をつくろうとする移住者（その候補としての地域おこし協力隊）、③何か地域に関われないかと動く関係人口に加えて、④これらの動きをサポートするNPO法人や大学、⑤SDGsの動きの中で社会貢献活動を再度活発化し始めた企業である。

こうした多彩なプレイヤーが交錯するのが「にぎやかな過疎」であり、その結果、人口減少は進むが、地域にいつも新しい動きがあり、人が人を呼ぶ、しごとがしごとを創るという様相（人口減・人材増）が、先の美波町をはじめとするいくつかの地域で生まれているのである。

これらの地域では、地域のもともとの住民と移住者が気軽に話をできる交流の場所・拠点を、シェアハウス、カフェなどの形でつくっているという共通点も見られる。このような多様な人びとの交流を、最近では「ごちゃまぜ」というキーワードでその重要性が表現されることもある⁽¹¹⁾。多彩な人びとが気兼ねなく訪れ、交流し、時には新しい行動の出発点となる拠点の存在も注目される。「にぎやか」という印象はここから発信されていることが多い。

要するに「にぎやかな過疎」とは、地域内外の多様な主体が人材となり、人口減少社会にもかかわらず、内発的な発展を遂げるプロセスと目標を指しているのである。このように考えると、そこには農山村のみでなく、日本の地方部全体が目指すべき姿が示されているように思われる。また、それは「だれひとり取り残さない」ことを標榜するSDGsの地域への具体化の一つの姿でもあろう。

過疎農山村や離島を中心にこうした意義ある「にぎやかな過疎」と言える状況が確かに生まれている。しかし、それはまだ少数派である。なかにはスタートとなるべき地域づくりに取り組めず、そのため移住者や関係人口にもアピールすることもできない地域も多い。

その結果、最近、生じているのが、同じ農村間での格差である。都市部でも人口減少による停滞傾向が強い地域が生まれていることを勘案すれば、従来の都市と農村間の格差（まち・むら格差）から、地方圏、特に農村間の格差（むら・むら格差）が生じていると言える。

実は、この点が、最近の「東京圏一極集中と田園回帰の併存」という現象の背景にある。両者がトレードオフの関係ではないのは、地方中核都市が東京圏流入人口の大きな供給源であると同時に、農村部でも移住者を集める地域とそうでないところの両極化もあるからであろう。その点で、「にぎやかな過疎」の横展開は現在の国政上の大きな課題であり、地方創生の任務の1つはここにあろう。

また、先発的にそれを実現した地域が、「にぎやかさ」を持続化するために、特に、①若者を中心とした「しごと」の安定化、②「ごちゃまぜ」の「場」の整備、③それらを支える地方自治体の十分な財政の確保などの課題も少なくない。①と②の支援は農村政策の中心的課題とも言える。また、③については、2021年3月に失効し、新法制定が検討されている「ポスト過疎法」による政策が支えることが期待される。

これらの動きを持続化するためには、より大きな視点からの農村の国民的位置付けが必要である。ところが、様々な局面で見られる社会の閉塞状況は、ともすれば人びとの分断を生み出し、とくに地理的な対立、つまり都市と農村の対立となりがちである。そうではなく、「都市なくして農村なし、農村なくして都市なし」という都市農村共生社会の理念の国民的共有化こそが求められる。その点で、関係人口の増大は、そのような対立を越えて、両者が共生する社会を草の根的に創造する一つの条件を形成しているのではないだろうか。

〔注〕
(1) 高橋博之『都市と地方をかきまぜる』（光文社、2016年）。
(2) 指出一正『ぼくらは地方で幸せを見つける』（ポプラ社、2016年）。
(3) 前掲・指出『ぼくらは地方で幸せを見つける』、219頁。
(4) 前傾・指出『ぼくらは地方で幸せを見つける』、245頁。

(5) 小川全夫「都市と農村の交流」(『日本の農業』177号、農政調査委員会、1990年)。

(6) 松永桂子「『ローカル志向』をどう読み解くか」(松永佳子・尾野寛明『ローカルに生きる・ソーシャルに働く』農山漁村文化協会、2016年)、20～21頁。

(7) 選択肢は以下のとおり。「積極的にそのような地域(集落)に行って、農作業や環境保全活動・お祭りなどの伝統文化の維持活動に協力したい」「機会があればそのような地域(集落)に行って、農作業や環境保全活動・お祭りなどの伝統文化の維持活動に協力してみたい」「地域のことは地域で行うべきであり、農作業や環境保全活動・お祭りなどの伝統文化の維持活動に協力したいとは思わない」

(8) 田中輝美『関係人口をつくる』(木楽舎、2017年)。

(9) 田中輝美『よそ者と創る新しい農山村』(筑波書房、2017年)。

(10) この表現は、テレビ金沢による秀逸なドキュメンタリー「にぎやかな過疎—限界集落と移住者たちの7年間」(2013年5月28日放映)のタイトルによる。そこでは、能登半島の過疎化した集落に入る移住者とそれによりにぎやかになっていく地域の変化が丁寧に記録され、見る者に感動を与えている。

(11) 竹本鉄雄・雄谷良成『ソーシャルイノベーション—社会福祉法人佛子園が「ごちゃまぜ」で挑む地方創生!』(ダイヤモンド社、2018年)。

コラム⑬

人口から人材へ—第2期地方創生の特徴

　2020年度より、地方創生の第2期対策が始まる。そのため、多くの自治体は地方版総合戦略の改定作業を進めていることであろう。当然のことながら、それぞれの地域の課題や第1期対策の成果と問題点を認識して、独自の計画づくりが進められるべきものである。

　その際、国の「総合戦略」に変化があることは認識されてよい。それは、2019年6月に公表された「まち・ひと・しごと創生基本方針2019」により先取りされている。筆者の個人的な理解では、そこには「人口から人材へ」というシフトがある。

　しばしば、誤解されがちであるが、地方創生の正式名称である「まち・ひと・しごと」の「ひと」は、「地域社会を担う個性豊かで多様な人材の確保」（まち・ひと・しごと創生法）と明記されており、「人口」ではない。確かに、同法上でも「人口の減少に歯止めをかける」ことが地方創生の目的とされているが、そのためにも「人材の確保」が位置づけられ、より重要である。

　その人材育成にかかわり、地方創生の新しい「基本方針」において従来以上に書き込みがあるのが地元高校である。例えば「高等学校等における『ふるさと教育』などの地域課題の解決等を通じた探究的な学び、地域留学、グローカル人材育成など、地方創生のための取組を推進する」と記されている。

　最近では、小中学校で行われている「総合的学習の時間」の成熟化により、子供達が地域のキーパーソンと出会い、そこで地域や可能性の課題を学ぶケースが多い。なかには充実した「ふるさと教育」により、「大人より子供達の方が地域の状況をよく知っている」（新潟県村上市）という声を聞く。

　ところが、せっかくのこうした状況も、高校進学によりリセットされてしまう。一部の専門高校を除き、地元で活躍する人びとと高校生が接点を持つことが、むしろ稀だからである。しかし、近年、高校の教育課程では「総合的学習」が「総合的探求」に再編され、高校でも地域課題とその解決のための探究的活動が本格的に取り組まれるようになった。

　そのため、「基本方針」では「その実現のため、地域と高等学校の協働によるコンソーシアムの構築や、中間支援組織に対する支援、地域と高等学校をつなぐコーディネーターの育成など、地域との協働による高等学校改革を総合的に推進する」と論じられ、「コンソーシアム構築」「コーディネーター育成」などのかなり具体的な政策支援の方向が示されている。それは、島根県で先発的に行われている挑戦の全国展開とも言える。

　こうしたことが実現されることにより、高校生時代には無関心になりがちであった地元の経済的課題や可能性が彼らの視野に入り、また解決すべき具体的地域課題も認識されよう。そして、なによりも卒業後、一度は大都市に出たとしても、Uターンしようとする時に、誰に相談すればよいのかがわかる。ネットワークが接続されるからである。従来は、当事者から

見て、そこに足がかりさえなく、それにもかかわらず「Uターン」を呼び
かけても無理があった。

このよう地道な対応こそが「人材の確保」であろう。「人材」というと、
バリバリ活躍する人びとへのアクションを想定しがちだが、人材の裾野の
広がりをつくることは、特に地方部の長期的な再生過程には欠かせない。

今回の「基本方針」における、こうした高校への注目は一例にしか過ぎ
ず、このほかにも「大学の地域連携」も従来以上に具体化され、また新た
に「関係人口」も取り上げられている。やはり、「人口から人材へ」への
シフトは確実に見られるのである。

それに対して、自治体で進む、新しい総合戦略づくりでは、人材育成は
どのように位置づけられているであろうか。人材の具体像やその形成プロ
セスは充分に議論されてしかるべきであろう。それを総合戦略にまとめる
ためにも、国などの関係者には、今回は自治体が時間をかけて、じっくり
と議論する環境を整えることを求めたい。5年前の第1期地方創生の立ち
上がり期がそうであったように、「地方が消滅する、さあ大変だ」「自治体
の総合戦略を早く作れば、交付金を増やしましょう」などの品のない「あ
おり」や「キャッチ」は人材をめぐる議論には相応しくないからである。

（「自治日報」2019年10月11日）

5章 ポスト・コロナ社会と農村

1 はじめに—感染拡大をめぐる地域性

　新型コロナウイルス感染症によるパンデミックは、世界各地に影響をもたらしている。その中で、国別、地域別に感染状況が大きく異なることがしばしば話題となっている。国内でも、同様に地域差があり、とくに大都市と地方でその現れ方は顕著に異なっている。表 5-5-1 にそれをまとめているが、死亡者の 67%、感染者の 73% が大都市圏（東京、大阪等の 8 都府県）に集まっている。この地域の人口シェアはたしかに大きいが、それでも国内の51% である。人口比以上に大都市に感染者が多いことがわかる。それは、同じ表に掲載した人口 10 万人当たりの死亡者数が、大都市圏 3.69 人、地方圏1.82 人という 2 倍近い差となり、はっきり現れている。いわゆる「三密」が常態化している大都市の状態そのものが感染拡大と関連していることが容易

表 5-5-1　新型コロナウイルスの感染状況（大都市圏と地方圏）

	構成比			指標			
	死者数（人）	感染者数（人）	人口（万人）	構成比（%）			死亡率（人口 10 万人当たり）
				死者数	感染者数	人口	
大都市圏	2,352	172,462	6,366	67.4	73.1	50.5	3.69
地方圏	1,140	63,438	6,251	32.6	26.9	49.5	1.82
全国	3,492	235,900	12,617	100.0	100.0	100.0	2.77

資料：感染状況は「朝日新聞」（2021 年 1 月 1 日付、2020 年 12 月 31 日午後 10 時現在—ダイアモンドプリンス号関係は含まない）、人口は総務省「人口推計」（2019 年 10 月現在）による。
注）「大都市圏」は、埼玉、東京、千葉、神奈川、愛知、大阪、兵庫、福岡の都府県。「地方圏」はそれ以外。

に予想できる。

　しかし、だからといって、地方圏が安泰であるわけではない。後に見るように医療体制の脆弱性は地方部においては、感染者数やその割合以上に不安の源となっている。そのことから、地方部では都市部からの移動に対して、多くの地域でナーバスになり、いままでは当たり前だった都市農村交流が拒絶される事態が生まれている。

　つまり、感染状況に差はあるが、都市も地方も困難に直面している。本章では、こうした中で地方部、とくに農村部を中心にして現下の影響（コロナ・ショック）を整理し、また将来的な展望（ポスト・コロナ社会）も論じてみたい。

2　コロナ・ショックと地方創生

　農村部におけるコロナ・ショックの影響を、地方創生（まち・ひと・しごと創生）の枠組みで確認してみよう。感染拡大とそれにともなう各種の活動の停滞は「まち」「ひと」「しごと」のそれぞれの領域に大きなインパクトを与えている。

　もっとも顕著な動きは、「しごと」の領域で起こっている。地方部の「経済成長の主要エンジン」（2018年度『観光白書』）とされている観光産業の停滞は周知の通りであるが、なかでもインバウンドの状況は想像を超える。2020年4月から7月の訪日外国人が対前年比99.9％減少という状況（日本政府観光局「訪日外客数」）は、インバウンド需要の「蒸発」とさえ表現されている。コロナ以前には、いわゆるゴールデンルート（東京、富士山、京都、大阪等を巡る広域周遊ルート）から浸みだした「農村インバウンド」が新たに注目されていたが、その「蒸発」は続いている。また、1次産業では、品目によりその現れ方は異なるものの、外食や学校給食向け需要の減退により、生産者の所得減も報告されており、農村部の経済的停滞は明らかであろう。

　それに加えて、可視化はされていないが、農村部の「小さな経済」への影響も甚大であろう。筆者は、農山漁村においては、たとえば、月額3〜5万

円程度の経済活動に重要性があることを論じていた[1]。高齢者層では、年金をベースとして、この水準を追加所得として求める傾向があるからである。また、移住した若者には、こうした所得源を複数集める「多業」への指向性も存在しており、近年の1つのビジネスモデルといえる。

前者の典型は農家民泊、農家レストラン等のいわゆる「交流産業」であるが、その「交流」こそがもっとも影響を受けている。また、後者では、移住者による起業・継業がそれに該当し、この実態も見逃せない。工夫をこらしたゲストハウスや飲食店等を、用意周到に事業化を進めても、今回の想定外のショックには対応できていない。また、新規開業であるために、過去実績もなく、政府による持続化給付金の対象とならなかったケースも見られた。

「まち」(コミュニティづくり)についても、深刻なインパクトが見られる。地域コミュニティの再生プロセスの出発点は、地域住民の当事者意識づくりであることは、最近では当然視されている[2]。そして、この当事者意識の形成、合意形成、計画策定、実践始動の諸過程で、いわゆるワークショップの重要性が再確認されはじめている。ここでは、人びとが対面で議論をする「密接」が当たり前であり、時には多人数による「密集」も見られた。

つまり、コミュニティづくりを、感染防止のための「社会的距離の保持」(ソーシャルディスタンシング—WHOは「物理的距離(フィジカルディスタンス)」にいいかえ)が根本的に制約しているのである。当面は、オンライン会議システム等の活用が考えられるものの、遠隔地をつなぐメリットもあるが、参加者のリアルな息遣いが認識できるようにするためには、さらなる工夫が必要であろう。

また、集落レベルの小さな「夏祭り」をはじめとして、地域コミュニティによる各種のイベントや文化活動の開催が中止されていることも見逃せない。こうした活動が、地域コミュニティを構成するメンバーの結集や参入者の入口であることも少なくなかった。それができないことの影響もまた、地域への潜在的な負の作用力となっている。

地方創生の「ひと」(人材)の領域については、2020年4月からはじまった第2期地方創生の大きな柱だった。なかでも、「関係人口」は「第2期地

方創生総合戦略」（2019年12月）で「地域外から地域の祭りに毎年参加し運営にも携わる、副業・兼業で週末に地域の企業・NPOで働くなど、その地域や地域の人々に多様な形で関わる人々、すなわち『関係人口』を地域の力にしていくことを目指す」と位置づけられている。しかし、この関係人口も、訪問を前提としている限りでは、移動の自粛により、その量的拡大や質的深化が困難となっている。地方部に移動できない状況は「祭りの参加」や「副業」にとっては阻害要素であり、関わりを深める「関わりの階段」[3]を昇ることもできず、地域を支える人材としての前進は阻害されている。ここでも、当面はオンラインで繋がり、関係性を維持すること（オンライン関係人口）という発想が重要になるが、その可能性はまだわからない。

　以上のように、コロナ・ショックは、息の長い地方創生のプロセスにおいて、その中断として作用していることが多く、それにともなう問題点は、今後さらに拡大する可能性もある。

3　ポスト・コロナ社会への期待—「分散型社会」形成

　新型コロナウイルス感染症は、ここまで見たコロナ・ショックとしての短期的影響のみならず、「ニューノーマル」といわれるように、社会そのものを変えていく可能性がある。その在り方を論じる「ポスト・コロナ社会」の議論も活発化しており、それは農村部を含めた地方圏の再デザインの議論へと繋がっている。

　この点は、新聞の社説を見ると明白である（表5-5-2）。全国紙でも地方紙においても、コロナ禍への対応として、一極集中の是正をこぞって主張している。たとえば、「日本経済新聞」は、「新型コロナウイルスは『密』な大都市の感染リスクを浮き彫りにした。私たちは分散を基本とした新しい生活様式を定着させ、感染症に強い国にしたいと考える。感染症に抵抗力を持つ適度な『疎』は地方にある。東京一極集中のリスクを直視し、地方への人の分散にカジを切るときである」（2020年6月28日社説）と踏み込んだ主張を展開している。また、同社説には「東京のリスクを見据え、地方分散を進めることはSDGs（持続可能な開発目標）にもかなう」という表現もあり、

表 5-5-2　新聞社説における「東京一極集中の是正」等（2020 年 4 月以降）

	月	日	新聞名	社説のテーマ（メインタイトル＋見出し）
全国紙	6	21	毎日新聞	コロナ禍と一極集中　「脱東京」今度こそ推進を
	6	28	日本経済新聞	コロナ禍が問うもの　東京リスク直視し地方に分散を
	7	29	読売新聞	一極集中是正　働き方の多様化を追い風に
ブロック紙・地方紙	4	16	京都新聞	一極集中リスク　社会維持へ分散化要る
	5	23	北日本新聞	東京一極集中是正　コロナ禍教訓に本腰を
	5	23	静岡新聞	感染症と一極集中　危機回避の社会構造に
	5	31	秋田魁新報	コロナと人口過密　一極集中是正の契機に
	6	1	熊本日日新聞	東京一極集中　コロナ後へ分散化推進を
	6	5	北日本新聞	コロナと東京一極集中　生活様式見直す機会に
	7	14	北国新聞	東京一極集中是正　理念倒れに終わらせまい
	7	14	北日本新聞	東京一極集中是正　地方分散に本腰入れよ
	7	25	東京新聞	一極集中是正　権限財源を移譲せねば
	7	27	北海道新聞	一極集中の是正　コロナ便乗では進まぬ
	8	2	徳島新聞	コロナと地方移住　今の流れを確かなものに
	8	8	京都新聞	人口減過去最大　コロナ機に集中是正を
	8	11	信濃毎日新聞	一極集中の是正　地方移住の動き後押しを
	8	14	神奈川新聞	人口減と一極集中　コロナ機に地方回帰へ
	8	16	南日本新聞	地方創生方針　「分散型社会」へ本腰を

資料：各種データベースより検索。

強い主張となっている。

　また、地方紙でも、「（「分散型社会」を）コロナ禍で東京の脆弱性が露呈した今、政府は待ったなしの覚悟で取り組むべきである」（「南日本新聞」8 月 16 日）と「分散型社会」の創造を異口同音に主張している。

　それに対して、現実の人の動きはどのようになっているのであろうか。この間、東京圏（東京都、神奈川県、埼玉県、千葉県）の人口動態はマスコミでも話題となっているが、表 5-5-3 にそれをまとめた。いうまでもなく、2019 年には各月とも大幅な転入超過傾向であった。それと比べた 2020 年（11 月まで）の動態は、感染拡大が本格化する 4 月以降、超過量が対前年比で大幅に減少している。そして、7 月には遂にその値がマイナス、つまり東京圏からの転出超過が発生し、その後も継続的ながらその傾向が見られる。これは、「外国人を含む移動者数の集計を開始した 2013 年 7 月以降はじめての転出超過」[4] と指摘されている。ただし、表の細部を見ると、こうした動きは東京圏からの転出者の大幅な増加によって導かれているものではない

表 5-5-3　東京圏への人口移動（2019 年と 2020 年の比較）（単位：人）

	1 月			2 月			3 月		
	転入者数	転出者数	転入超過数	転入者数	転出者数	転入超過数	転入者数	転出者数	転入超過数
2019 年	29,425	23,066	6,359	30,854	23,510	7,344	134,271	64,833	69,438
2020 年	28,691	23,118	5,573	30,835	23,076	7,759	**143,647**	**72,842**	70,805

	4 月			5 月			6 月		
	転入者数	転出者数	転入超過数	転入者数	転出者数	転入超過数	転入者数	転出者数	転入超過数
2019 年	96,206	70,061	26,145	37,772	30,043	7,729	30,049	24,659	5,390
2020 年	**77,801**	**64,746**	**13,055**	**23,162**	**21,895**	**1,267**	30,849	**26,591**	**4,258**

	7 月			8 月			9 月		
	転入者数	転出者数	転入超過数	転入者数	転出者数	転入超過数	転入者数	転出者数	転入超過数
2019 年	34,694	32,419	2,275	33,084	27,327	5,757	32,080	25,906	6,174
2020 年	**29,103**	**30,562**	**-1,459**	**28,452**	**28,911**	**-459**	**27,629**	**27,542**	**87**

	10 月			11 月			1 ～ 11 月合計		
	転入者数	転出者数	転入超過数	転入者数	転出者数	転入超過数	転入者数	転出者数	転入超過数
2019 年	32,002	26,858	5,144	24,352	20,469	3,883	514,789	369,151	145,638
2020 年	**28,141**	27,023	**1,118**	**22,166**	**22,446**	**-280**	470,476	368,752	101,724

資料：総務省「住民基本台帳人口移動報告」より作成。
注 1）東京圏＝東京都、神奈川県、埼玉県、千葉県。
　　2）太字は前年比で 1,000 人以上の変化があった項目。

ことがわかる。むしろ、転出者、転入者の両者が停滞するなかで生まれた傾向であり、移動の自粛が主要因であろう。その点で、東京圏人口の転出超過という新しい傾向は、必ずしも地方部への「分散型社会」の兆しとは、今のところいえない（2020 年 11 月は、転出者数の増加が転出超過に結びついており、この後の動きの注視が必要）。

　このように、コロナ禍によって、無条件に分散型の「ポスト・コロナ社会」が進むわけではなく、それを実現するための課題がこの間の事態で明らかになったと考えるべきであろう。次節でそれをまとめてみよう。

4　ポスト・コロナ期農村の課題

(1)　地方部の医療キャパシティ

　この間、一貫して地方圏の医療キャパシティが議論になり、地域の「医療崩壊」に対する住民の強い不安が生じている。各地の地方自治体の首長が、2020年のゴールデンウィークや夏休み（盆）の大都市からの移動に対して、さまざまな反応を示したのはこのためである。

　しかし、対応できる病床数をみれば、表5-5-4のような状況が浮かび上がってくる。先の表5-5-1と同様に圏域別にまとめているが、地方圏に55％が存在しており、表5-5-1で見た人口比（地方圏50％）よりも多く分布する。むしろ、感染状況をも加味すれば、人口に対する病院施設の状況は都市部で相対的に脆弱である。

　だが、今回の感染症がとくに高齢者にリスクが高いことを考えると、同じ表にある高齢化率の大きな差は地方圏の不安材料である。さらにそれに加えて、この地域を対象に病床削減の動きも進んでいた。2019年9月には、厚生労働省は、地方の医療需要の減少から、高度医療の診療実績が少ない病院

表 5-5-4　感染症即応病床数をめぐる状況

	即応病床数（計画）(A)		参考指標				
	病床数	構成比	人口高齢化率(B)（65歳以上）	再編・統合検討対象病院 (C)			
				病院数	病床数	構成比	
						病院数	病床数
大都市圏	12,403	45.0	26.0	84	16,269	19.8	24.2
地方圏	15,182	55.0	30.9	340	50,895	80.2	75.8
全　国	27,585	100.0	28.4	424	67,164	100.0	100.0

資料：(A) は厚生労働省「療養状況等及び入院患者受入病床数等に関する調査」（2020年9月2日現在の「最終フェーズにおける即応病床（計画）数」）、(B) は総務省「人口推計」（2019年10月時点）、(C) は厚生労働省ウェブサイト資料（2019年9月26日公表）。
注：1)「大都市圏」「地方圏」の都道府県は表5-5-1と同じ。
　　2) 参考指標の病床数は、対象病院の総病床数であり、そのまま削減されることを意味していない。

や近隣に機能を代替できる民間病院がある病院を「再編・統合についてとくに議論が必要」と位置づけ、424病院（公立257カ所、公的167カ所）の実名を公表した。そして、その候補となる病院やその病床数は同表にもあるように、地方圏に約8割も集中している。そのような状況が、地方圏の人びとの不安のベースにあったことは容易に予想される。

このコロナ対応病床の状況は一例であるが、こうした生活条件の現実の改善なしに、期待される「分散型社会」は実現できない⁽⁵⁾。

（2） 分断・対立を越える架橋

コロナ・ショックの深刻さは、感染防止のためのソーシャルディスタンシングが、感染者とその家族―非感染者、医療関係者とその家族―非関係者、若者―高齢者、都市住民―地方住民など、縦横の分断と対立を徐々に深めていることである。極端な事例ではあろうが、「コロナ自衛団」のよる自粛期の開店飲食店への妨害や地方圏への帰省者や県外ナンバー車へのいやがらせなども報じられている。そして、こうしたことが、放置され、根深くなり、社会が脆くなっている。

それは、本来は人びとの結集がみられる災害下で、「心の分断」が生じたといってよく、東日本大震災の際の福島の放射線汚染とも類似している⁽⁶⁾。しかし、今回は被災地だけでなく、世界レベルでそれが生まれ、とくに日本国内では、「自分や他人の責任を問い合う、監視社会のようになりつつあります。みんなで社会のルールを決めるという民主主義の原理ではなく、『自分勝手なことをするな』という道徳的な感情が前に出てきてしまっている。（中略）分断や対立が拡大し、自由がどんどん狭くなっています」⁽⁷⁾という状況を生み出している。一時的な感情の対立ではなく、民主主義的基盤の危機とさえいえる。

このようなかで、地域間対立はポスト・コロナ期に続く可能性もある。したがって、地方サイドには、今回の対応への丁寧な説明と同時に、不安と不満が累積する大都市住民へのメッセージを含めた積極的な対応が求められている。現実にそのような動きがはじまっている。たとえば、新潟県燕市は、「若者がどこにいても、燕市は、いつでも笑って帰ってこれる元気な燕市で

ありたい。『君が育った燕市は、今も、君たちを応援している』」というメッセージとともに、同市出身の学生にコシヒカリとマスクを送った。2020年の4月からスタートしたこのプロジェクトの利用者は500人を超えるという。この動きは、学生へのふるさとからの必需品の供給に貢献したのみならず、社会全体に分断・対立ではない道のありようを示したように思われる。

また、鳥取県智頭町でも、よく知られている「疎開保険」(災害時に町への避難を保証するもの) の加入者に対して、「心の疎開プロジェクト」として、町からのメッセージとともに町内産の米や加工品等を送っている。それに対して、疎開保険加入者からは「当地は感染者が多く、窮屈な日々を余儀なくされておりますが、ご配慮にすごく元気が出てきました」等の反応があった。

このように農村サイドから、都市の人びとや困窮者に地元の農産物やその加工品を供給する試みは、決して少なくない。たとえば、「日本農業新聞」で見れば、自治体やJAからの農産物等の支援は、4～6月だけで26件(「日本農業新聞データベース」による) が確認され、この時期の農村の取り組みの特徴とさえいえる。

これは、農村部から、遠ざかりがちな都市部に架橋したものといえ、その事業規模は決して大きくはないが、地域の特産、特に農産物が有効に使われている。これにより、双方が直接結びついていることを実感させるものとなり、小さいながら分断の拡大への抵抗力となる。そして、その積み重ねは大きな力となろう。この延長線上には、関係人口づくりをベースとする都市農村共生の追求があり、農業に即していえば、産直、直売所販売等の「顔の見える流通」が改めて重要になると思われる。それらは「離れてつながる」[8] (鎌田實氏) ことの農業・農村的実践である。

(3) 移住の性格変化への対応

上記の2つの条件((1) と (2)) がクリアされれば、たしかに地方移住が今以上に活発化することは予想できる。ところが、その移住には性格変化の可能性もある。コロナ禍下では低所得世帯ほどその影響による所得減少が著しいことが指摘されている[9]。

このように、顕在化する経済的格差の下で、富裕層にこそ、感染リスクが小さい地方圏に移住し、オンラインの仕事と生活を続ける条件が生まれている。このため、医療施設も備えた低密度の「高級ビレッジ」づくりが、地方部で進む可能性がある。そこは地元とは隔てられ、住民との恒常的な交流を避けられるように設計されるかもしれない。そして、そのようなビジョンを実現する「低密度空間開発ビジネス」が、苦境下の地方の救世主のように振る舞い、各種の規制緩和を要求しながら、バラ色の地方ビジョンを描くことも想定される。また、別荘とは異なり、富裕層の住民税収入が期待できることから、地元の自治体がその開発の先頭に立つことさえも予想される。

このような塀で囲まれ、入り口を警備員により守られている閉鎖的な居住区間は、「ゲート・コミュニティ」といわれ、アメリカやオーストラリアでは当たり前に存在している。日本でそのようなものが一般化しなかったのは、農村地域にももともと人びとが住み、活動していたからである。

こうした動きが見られれば、地方圏・農村部に住む人びとや彼らによる地域づくり、さらにそれと連携する関係人口などは、むしろ不要な要素とされてしまう。

しかしコロナ過以前の農村の再生の動きは、いろいろなプレイヤーの「ごちゃまぜ」に価値があった。そのような地域では、人口は減少するが、人材が集まり、ワイワイガヤガヤという雰囲気を作り出す「にぎやかな過疎」が生まれていた[10]。「ゲート・コミュニティ」とかけ離れた、「ミックス・コミュニティ」である。そこでは、わざわざゲートで閉じられた空間を作る必要もないし、勝手に低密度空間を利用しようとするビジネスには、抵抗力を見せることもできよう。つまり、ポスト・コロナ期においても、移住者や関係人口を呼び込むような、地域内発的な地域づくりが求められているのである。

5　おわりに—政策課題

以上のように、ポスト・コロナ期の農村を持続可能な社会にするためには、その入口で最低限、次のような課題がある。

①地方部の不安の根源となる医療アクセスの確保

②進行する社会や地域の分断への架橋

③ミックス・コミュニティを実現する地域づくり

これを、より一般的な政策課題に読み替えれば、①安心のための地域間格差是正、②連帯をめざした都市と農村の共生の実現、③外部に開かれた地域づくり（内発的発展）の促進といえる。

地域政策の基本は、本書でもたびたび、地域の内発的発展という要素とその前提としての格差是正という要素を同時に追求することであることを指摘している。①は後者の課題であり、②、③は前者の政策系列に属すものであろう。その点で、格差是正と内発的発展の両者を同時に実現するという戦略は、ポスト・コロナ社会実現のためにも重要である。

しかし、従来の農村政策では、たとえば、2005年の食料・農業・農村計画は、「…これまでのように都市との格差を是正するという画一的な考え方から、地域の個性・多様性を重視する形に転換する…」（2005年基本計画）というスタンスがとられており、今回の2020年の新基本計画でも、その本文中に「格差（是正）」という文言が1回も登場しない。

このような格差是正か内発的発展かの二者択一ではなく、重要なのはそのバランスである。その新しい適正なバランスへの意識的転換なしに、農村部を含めた「分散型社会」形成は実現できないであろう。それは、いうまでなく、省庁横断的な課題であり、あらためて、「地域政策の総合化」（2020年「食料・農業・農村基本計画」）の実践力が問われている。

〔注〕

(1) 拙著『農山村は消滅しない』（岩波書店、2014年）。

(2) 牧野光朗著・事業構想大学院大学出版部編『円卓の地域主義』（宣伝会議、2016年）。

(3) 拙稿「関係人口という未来」（『ガバナンス』2018年2月号、本書第5部4章として所収）。

(4) 総務省統計局『統計 Today』No. 161（2020年）。

(5) 厚生労働省は2020年9月までに、これらの病院の対応方針の報告を都道府

県に求めていたが、コロナ禍における状況を踏まえて、その延期を発表している（2020年8月時点）。

(6) 菅野典雄『までいの村に帰ろう』（ワニ・プラス、2018年）。

(7) 山崎望「〈論耕〉政府の責任を個人に転嫁」（「朝日新聞」4月25日）。

(8) 鎌田實氏の発言（朝日新聞社編『コロナ後の世界を語る』朝日新聞出版社、2020年）。鎌田氏は「離れてつながる」ことを提唱し、それを「フィジカルディスタンシング、ソーシャルコネクティング」と呼ぶ（176頁）。

(9) たとえば、朝日新聞デジタルアンケート結果（2020年7月5日掲載記事）など。

(10) 拙稿「人口減・人材増の『にぎやかな過疎』」（『AFCフォーラム』2019年12月号）。

コラム⑭

バックキャスティングへの疑問

「バックキャスティング」（以下、BC）が注目されている。

「現状からの予想」ではなく、「未来の目標からの逆算」で考えるというBCは、それが生まれた環境分野以外にも広がりをみせている。

この手法では、将来の目標設定（ビジョニング）を関係者一同で行うことが重視されている。そこに当事者意識が生まれ、目標に向かって動き出すエネルギーとなるからである。逆算して作成した道筋は、「みんなの手作りロードマップ」でもある。その点で、地域づくりの「現場」で特に有効なものであろう。

また、あえて現状から出発しないのは、排除できない制約を肯定しつつ、その中で展望性のある目標をセットするためである。だから、しばしばBCが描く未来は前向きである。「ワクワクドキドキ心豊かに生きる」ための手法とも言われている[1]。つまり、ここには「未来を前向きに捉える」という思想性があり、やはり、地域づくりとの親和性が高い。

ところが、このBCが、国の政策形成に取り入れられる時には注意が必要である。例えば、市町村の「圏域単位での行政のスタンダード化」などを提言して話題となった総務省「自治体戦略2040構想研究会」はBC手法を使い、「将来の危機とその危機を克服する姿を想定した上で、現時点

から取り組むべき課題を整理する」としている。

しかし、国の研究会がビジョニングを行っても、地域の当事者意識が強まるものではない。むしろ、設定された目標から逆算することは、「政府が勝手に作った目標やロードマップになぜ付き合わなければいけないのか」という疑問が出てくる可能性がある。その点で、国の政策形成に利用する時には、丁寧な説明が必要である。そうでなければ、BCは政府指針の地域への押しつけの便法にすぎない。

また、政府によるBCでは、特に人口減少による危機や惨状を強調しがちであるが、これはむしろ「反BC的」である。BCを使うからには、人口減少を受け入れ、そこで「ワクワクドキドキ心豊かに生きる」ための道筋を示すことが必要である。もし、BCが、人びとに危機を煽り、それを梃子とする新しい制度導入の手段となるのであれば、本末転倒ではないだろうか。

現在、新たな地方自治制度を検討する第32次地方制度調査会でも、BCが議論されている。それが、今後、どのように使われていくのか注視したい。

（「町村週報」第3083号、2019年6月17日）

〔注〕
(1) 石田秀輝・古川柳蔵『バックキャスティング思考』（ワニプラス、2018年）。

あとがき

　本書の構想は 2018 年の春に発案した。その時の動機は、「はしがき」に書いたような意味で、「古証文」をとりまとめ、研究や発言の記録としたいという、実に軽く、そして私的なものであった。ところが、幸か不幸か、大学や学会の役職で多忙になる中で、具体化する作業は遅延し、その後、2019 年には、国において「食料・農業・農村基本計画」の見直しが始まり、農村政策が急速に争点化した。また、2020 年になると、その基本計画の中で、「地域政策の総合化」が言われ、その実践が求められる段階となった。加えて、新型コロナウィルス感染症の拡大の中で、地方部や農村の役割をめぐる議論が強く求められるようになった。

　そうしたなかで、本書の枠組みも、筆者の独りよがりな「記録」から、わが国の農村政策をめぐる、「その軌跡と新たな構想」（本書副題）に深まり、ここに至っている。本書に限っては、筆者の根っからの怠惰さによる約束の先送りが、「吉」と出ている可能性もある。

　とはいうものの、目標とした「軌跡と新たな構想」を十分に解明できたか否かは怪しい。それは、今、述べたように初発の動機が"不純"なものであったことにもよるが、この間の一層のグローバリゼーションの進展や新型コロナウィルスの感染拡大による急激な情勢変化の中で、「新たな構想」を論じることに筆者自身がたじろいでいるからでもある。そのため、農村と農村政策にかかわる検討課題の自覚にとどまっているのが現実であろう。

　しかし、そのような不十分点も含めて、農村政策の「新たな構想」への少しばかりの接近、そのための政策の軌跡の整理というささやかな挑戦が、今後の議論の踏み石となり、それが最終的には地域の内発的発展に繋がれば幸甚である。

※

　このようにまとめてみると、この間、農村現場や地方自治体の人びとから実に多くを学んでいることに、改めて気づく。筆者のフィールドワークは特定の地域への反復的訪問が多いことを特徴としている。そのため、時には、集落レベルの人びとはもちろん、担当する市町村や都道府県の職員との部局

ぐるみの付き合いとなることもある。

　そのような関わりは、山口県から始まっている。各地の集落のリーダーや同県農林水産部の職員諸氏との交流は、既に30年を超える。同県内の現場や地域農政との対話は本書第2部、第3部の記述や分析に反映されているだけでなく、本書全体の輪郭となっている。特に、「コラム①」でも触れたように、全国から参加していただいた「集落協定の知恵袋」運動（中山間地域等直接支払制度の実践的事例集づくり）や山口県版中山間地域政策である「夢プラン」づくりへの参加は研究室と農村現場の架け橋となった。

　その後、こうしたスタイルの農村歩きの対象は各地に広がった。例えば、新潟県、高知県、鳥取県、島根県でも、集落、市町村、県庁等の各レベルと交流し、地域で次々と生まれる叡智あふれる挑戦を現在進行形で知ることができた。逆に、地域実践への提案などの機会もいただいており、このような双方向の関わりは筆者の大きな財産である。

　本書が対象とする農村政策は、省庁に当てはめれば、ほぼ全省庁にまたがる。その点で、2020年「食料・農業・農村基本計画」が農村分野で「地域政策の総合化」を論じたことは、当然のこととはいえ、農村政策の再生に向けた重要な契機である。筆者の発言も、地方自治、国土政策、観光政策、教育政策等にも踏み出し、研究でいえば行政学、社会学や地理学などの隣接分野への少しばかりの越境を含んでいる。それは、農業経済学・農政学の狭い場にいる筆者には逡巡しがちなことでもあった。しかし、そこに勇気を与えていただいたのが、各研究領域を代表する研究者である宮口侗廸氏（地理学）、大森彌氏（行政学）、小川全夫氏（地域社会学）、牧野篤氏（社会教育学）等との研究会、委員会での対話であった。本書に少しでも学際的視点があるとすれば、それはこれらの先達の導きによるものであろう。

　さらに、そのような越境経験は、現在では、領域横断的な中堅世代とのつながりとなっている。進行中のいくつかの研究プロジェクトでは、農業経済学はもちろん、社会学、環境社会学、農村地理学、農業土木学、農村計画学、地域経済学、行政学、社会福祉論の諸分野の気鋭のメンバーとともに共同研究を展開する機会に恵まれている。

　これらの先達や気鋭研究者との接触の中で考えることは、欧米では当たり

前に存在する rural studies（農村学）という研究領域の確立の必要性である。学際研究の重要性は、古来より言われているが、研究手法が細分化する中で、特に、「再建の学」としての農村学には、寄せ集めでない総合化が今こそ求められている。そのように考えると、政策当局が言う、「地域政策の総合化」の提起は、学界に向けられた問題提起でもあるのかもしれない。私自身にはその力はないが、次の世代によるその営みの契機がつくれれば嬉しく思う。

　また、こうしたことを含む研究の基本は、大学、大学院の恩師である故・今村奈良臣先生にご教授いただいた。その教えは、研究室と現場を往還する研究スタイルや政策議論の作法にも及んでいる。先生は、本書にも転載した筆者の論文や社会的発言の一つひとつに目を通すことを厭わなかった。そして、その鋭くも暖かいコメントは、早朝における手書きの長文ファックスとなることも少なくなかった。朝方、カタカタと打ち出されるファックスの音は、いつのまにか筆者の研究の動力源であったように思う。その恩返しには、ささやかすぎるものであるが、本書を先生の墓前に捧げたい。

　なお、この書物の編集では、農山漁村文化協会の金成政博氏にお世話になった。氏とは30年を超えるお付き合いであるが、いつものように辛抱強く、常にゴールを見据えて伴走していただいた。同協会退職後にもかかわらず、力を尽くしていただくことがなければ、本書は生まれなかったであろう。感謝したい。

　最後に私的すぎる記述をお許しいただきたい。筆者のはじめての単著（『日本農業の中山間地帯問題』）では「大学院進学以来の私の研究は、いつもの彼女の笑顔に励まされている」と書いた。その28年後に同じ言葉を、妻・順子に繰り返せることがなによりも嬉しい。

2021年1月　　　書斎に降りそそぐ地域の叡智と朝陽のなかで

小田切　徳美

※重複の削除や表現の統一、論文の結合等をおこなっている。

第1部　農村問題の理論と政策─その枠組みと再生への展望

「農村政策の理論と政策」田代洋一・田畑保編『食料・農業・農村の政策課題』筑波書房、2019年

「農村政策は蘇るか」『文化連情報』第511号、2020年

第2部　農村の変貌

1章　「農山村の空洞化とその新たな局面」小田切徳美『農山村再生─限界集落問題を超えて』岩波書店、2009年

2章　「中山間地域農業・農村の軌跡と到達点─農業地域類型別に見た日本の農業・農村」〈うち第5節を抜粋〉生源寺眞一編『21世紀日本農業の基礎構造─2000年農業センサス分析』農林統計協会、2002年

第3部　中山間地域等直接支払制度の形成・展開・課題

1章　「中山間地域の現局面と新たな政策課題」『農林業問題研究』第137号、2000年

2章　「直接支払制度の特徴と集落協定の実態─中山間地域で何が進んでいるのか？」『自然と人間を結ぶ（21世日本を考える）』第15巻第8号、2001年

3章　「地域農業の『組織化』と地域農政の課題」『農林業問題研究』第157号、2005年

4章　「日本農政と中山間地域等直接支払制度─その意義と教訓」『生活協同組合研究』第411号、2010年

第4部　農村政策の模索と展開─動き出した諸政策

1章　「農山村振興政策の新展開」『ガバナンス』2008年9月号、2008年

2章　「新政権の農山村政策」『農業と経済』第76巻第2号、2009年

3章　「新たな集落支援政策の課題」『農業と経済』第76巻第11号、2010年

4章　「『小さな拠点』と農山村再生」『小さな拠点＋ネットワークによる地域活性化（地域活性化ガイドブック）』地域活性化センター、2017年

5章　「新過疎法と過疎自治体─小規模団体との関係で」『ガバナンス』

2012 年 11 号、2012 年

6 章　「農山村と分権改革・市町村合併」『ガバナンス』2013 年 8 月号、
　　　2013 年

7 章　「ふるさと納税と地域づくり―『関係人口論的運用』のすすめ」『ガ
　　　バナンス』2019 年 3 月号、2019 年

第 5 部　地方創生下の農村―動き出す人びとと地域

1 章　「地方創生の論点―地域づくりとの関係」小田切徳美・尾原浩子
　　　『農山村からの地方創生』筑波書房、2018 年

2 章　「『田園回帰』と地方創生―農山村におけるその意義」『AFC フォー
　　　ラム』第 63 巻第 3 号、2015 年

3 章　「協力隊の実態と制度の展望」椎川忍・小田切徳美・佐藤啓太郎・
　　　地域活性化センター・移住交流推進機構編『地域おこし協力隊― 10 年
　　　の挑戦』農山漁村文化協会、2019 年

4 章　「関係人口という未来―背景・意義・政策」『ガバナンス』2018 年 2
　　　月号、2018 年
　　　「人口減・人材増の『にぎやかな過疎』」『AFC フォーラム』第 67 巻第
　　　9 号、2019 年

5 章　「ポスト・コロナ社会と農村の課題」『農業と経済』第 86 巻第 11 号、
　　　2020 年

※「コラム」については、各項目の末尾に記した。なお、「日本農業新聞」は
　「論点」欄、「自治日報」は「自治」欄、「町村週報」は「コラム」欄および
　「閑話休題」欄からの転載である。また、「コラム」の注は新たに挿入した。

■**著者略歴**

小田切　徳美［おだぎりとくみ］

1959 年、神奈川県生まれ。

明治大学農学部教授（大学院農学研究科長）。専門は農政学・農村政策論、地域ガバナンス論。

東京大学大学院単位取得退学、博士（農学）。（財）農政調査委員会専門調査員、東京大学農学部助手、高崎経済大学経済学部助教授、東京大学農学部助教授等を経て 2006 年より現職。

著書に『日本農業の中山間地帯問題』（農林統計協会）、『農山村再生—「限界集落」問題を超えて』（岩波書店）、『農山村は消滅しない』（同）、『農山村再生に挑む』（編著、同）、『新しい地域をつくる』（編著、同）、『農山村再生の実践』（編著、農山漁村文化協会）、『田園回帰の過去・現在・未来』（共編著、同）、『内発的農村発展論』（共編著、農林統計出版）、『農山村からの地方創生』（共著、筑波書房）など多数。

農村政策の変貌
　—その軌跡と新たな構想

2021 年 3 月 15 日　第 1 刷発行
2022 年 11 月 5 日　第 2 刷発行

　　　著　者　　小田切　徳美

発行所　一般社団法人　農山漁村文化協会
　　　　〒 107-8668　東京都港区赤坂 7 丁目 6-1
電話　03（3585）1142（営業）　　03（3585）1145（編集）
FAX　03（3585）3668　　　　　　振替　00120-3-144478
URL　https://www.ruralnet.or.jp/

ISBN 978-4-540-20173-8　　　　　　DTP ／ふきの編集事務所
〈検印廃止〉　　　　　　　　　　　印刷／（株）光陽メディア
ⓒ小田切徳美　　　　　　　　　　　製本／根本製本（株）
2021 Printed in Japan　　　　　　　定価はカバーに表示
乱丁・落丁本はお取り替えいたします。